駿台受験シリーズ

ハイレベル
数学Ⅰ・A・Ⅱ・Bの完全攻略

米村明芳・杉山義明　共著

駿台文庫

はじめに

本書のねらい

　本書では，近年の数学Ⅰ・数学A・数学Ⅱ・数学B（以下数ⅠAⅡBと略記．ただし数学Bは「数列」と「ベクトル」のみ）の入試問題から44問を選び，それをネタに数ⅠAⅡBについて解説します．レベルは入試問題における標準からやや難といわれるものです．誰でも解けるような易問でもなく，誰もが解けないような難問珍問奇問ではありません．いわゆる出来不出来が合否を分ける問題を厳選しました．

　数ⅠAⅡBの分野は習得すべき公式や定石，ルールなどがたくさんあります．体験すべき有名な問題や頻出の内容もあります．そこで本書のねらいは，教科書レベルを卒業した諸君に数ⅠAⅡB攻略の武器を与え，思考する道具を伝授することです．この本を卒業した暁には，どんどん他の入試問題を解きたいと思ってもらえることでしょう．厳しい道のりですが，さあとりあえず1問解いてみましょう．

本書の構成

　第Ⅰ部は問題編です．まずここを見て自分なりの解答を作ってみましょう．このとき計算はきちんと最後まで実行してください．立式はあってるから計算は省略とか，計算は間違ったが方針はあっていたから大丈夫だという勉強をしていては駄目です．こういう勉強をしているとあっという間に計算力が落ちてしまい，本番で計算ミスが命取りになって不合格ということになってしまいます．それに実は計算に大きな山場が隠れている問題もありま

す．なので入試の本番のつもりで解答を作ってみて下さい．

第II部は解答・解説編です．解答を作ろうとしてもまったく手が出ないときは，アプローチを読んでみましょう．そしてもう一度考え直してみて下さい．これでもわからないときは解答，フォローアップを読みましょう．ここでもし答え（結果）が合っていたとしても必ず隅から隅まで読んで下さい．それは答えが出ても議論の仕方がよくないとか厳密ではないことなどがありえるからです．必ず自分の答案と比較してみましょう．

アプローチ，フォローアップにある例題は見るだけではなく，これも鉛筆を動かして答えを導いてください．本書の最大の特徴は1問を1問で終わらせない解説です．本問に入る前のウォーミングアップになるような例題であったり，本問の内容を横に広げるような類題であったり，本問の奥行きを深めるような一般化であったり，一緒に学習すると本問の理解が深まり記憶に残りやすくするための参考問題であったり，一つの問題を解くことによって，その周辺の問題の何問分にもなるように解説をつけました．ですから1問の学習が他の問題集より大変かもしれません．この問題集を仕上げるのに問題数以上に時間がかかるかもしれません．牛歩ではありますが，これが完全攻略への王道なのです．

本書の利用法

●数IAIIBの履修後の自宅学習として……1週間に5問ずつで約2ヶ月で完成できます．莫大な量ではないのでヤル気を削ぐことなく，無理のない量で学習を継続維持させることができます．

●長期休みの課題として数IAIIBを復習……分量的には，この本に没頭すれば1週間で仕上げることができるでしょう．たった1週間でパワーアップした自分に驚くことになるでしょう．

●センター試験後に2次学力（記述式問題）の感覚を取り戻す……センターリサーチを待っている間や志望校決定に時間を費やしている間にこの一冊を終わらせます．ちょうどこの本を卒業する頃には，過去問演習に入る時期になるでしょう．2次学力が戻ってくれば難なく過去問対策もできます．

最後に一言

　本書ではひとつの問題に対する解答解説に 3 ページ以上を割き，1 問を 1 問で終わらせない内容を盛り込みました．何度もかみしめながら学習するのに耐えうる詳しさと内容の深さになっているはずです．皆さんの大学合格への強力なバックアップができることを願っています．

　末筆ではありますが，本書の企画に賛同していただいた駿台文庫の中塚桂介氏並びに加藤達也氏をはじめとする編集部の方々，校正や内容チェックで支援をいただいた駿台予備学校講師の井辺卓也氏に深くお礼申し上げます．

米村明芳
杉山義明
2013 年 2 月

目次

第 I 部　問題編 　　　　　　　　　　　　　　　　　　　　　　1

第 II 部　解答・解説編 　　　　　　　　　　　　　　　　　　　17

 1 – 折れ線関数の最大・最小 　　　　　　　　　　　　18

 2 – 不等式の変形：絶対値 　　　　　　　　　　　　　23

 3 – 整数：整除，直角三角形の内接円の半径 　　　　27

 4 – 整数：不等式 　　　　　　　　　　　　　　　　　30

 5 – 共通解 　　　　　　　　　　　　　　　　　　　　34

 6 – 有理数・無理数，2 直線のなす角 　　　　　　　　38

 7 – 整数係数の n 次方程式の有理数解：3 次方程式，
   有理数・無理数 　　　　　　　　　　　　　　　　42

 8 – 部屋割り論法 　　　　　　　　　　　　　　　　　47

 9 – 場合の数：組分け問題 　　　　　　　　　　　　　51

 10 – 確率の最大最小：離散変数関数の増減 　　　　　59

11 – 確率：排反事象に分ける，選んで並べる	64
12 – 確率：余事象，包含排除原理	70
13 – 確率：状態推移，漸化式	75
14 – 条件つき確率：カードを取る確率	84
15 – 三角比の応用：三角形の面積，余弦定理	89
16 – 三角方程式，対数方程式	94
17 – 三角方程式：2次方程式の解の配置	99
18 – 三角関数：和積の公式、正弦定理，相加相乗平均の関係	105
19 – 三角関数の定義：三角関数の次数下げ，傾きの関数	113
20 – $\cos\theta$ の n 倍角公式：チェビシェフ多項式	118
21 – 軌跡：円と直線，媒介変数消去	123
22 – 軌跡：極線	129
23 – 軌跡：媒介変数の存在条件，軌跡の追跡	132
24 – 領域と最大最小：対称式	136
25 – 座標平面：座標設定，必要条件から十分性の確認	142
26 – 平面ベクトル：内積，角の二等分線	147
27 – 平面ベクトルの内積：内積式の表す図形	153
28 – ベクトルの応用	158
29 – 空間ベクトル：直線の交点の位置ベクトル，分点比	162

30 – 空間座標：平面と直線の垂直，定点と円周上の動点の距離	169
31 – 空間ベクトル：四面体，内積	174
32 – 群数列	178
33 – 漸化式の応用：2円の位置関係，分数漸化式	181
34 – 連立漸化式：数列の剰余	191
35 – 数列：漸化式，帰納法	196
36 – 漸化式：n 乗の和，整数部分	201
37 – 3次関数の最大最小：2曲線が接する条件	206
38 – 3次関数のグラフの接線	213
39 – 放物線と円：3次方程式の実数解，通過範囲	217
40 – 絶対値関数の定積分	221
41 – 放物線と円：2次関数の最小値，領域の面積	226
42 – 不等式の証明：背理法	235
43 – 多変数関数の最大最小：対称式で表された関数の最大最小	242
44 – 3次方程式の解の範囲：媒介変数の存在条件	247

索引　　253

第Ⅰ部
問題編

1 関数 $f(x) = |x-a+2| - 2|x-a-1| + 1$ について，次の問いに答えよ．ただし，a は定数とする．
(1) $a = 1$ のときの関数 $f(x)$ のグラフをかけ．
(2) 関数 $y = f(x)$ の $0 \leq x \leq 3$ の範囲での最小値 $m(a)$ を a を用いて表せ．

〔山口大〕

2 a, b, c を実数とする．関数 $f(x) = ax^2 + bx + c$ が $0 \leq x \leq 1$ の範囲で，つねに $|f(x)| \leq 1$ を満たすとき，次の問いに答えよ．
(1) $f'(0)$ を $f(0), f\left(\dfrac{1}{2}\right), f(1)$ を用いて表せ．
(2) $|f'(0)| \leq 8$ であることを証明せよ．
(3) $|f'(0)| = 8$ となるときの $f(x)$ を求めよ．

〔横浜国立大〕

3 各辺の長さが整数となる直角三角形がある．
(1) この直角三角形の内接円の半径は整数であることを示せ．
(2) この直角三角形の三辺の長さの和は三辺の長さの積を割り切ることを証明せよ．

〔お茶の水女子大〕

4 以下の問いに答えよ．
(1) $f(x) = x^3 - 6x^2 - 96x - 80$ とする．$x \geq 14$ ならば $f(x) > 0$ となることを示せ．
(2) 自然数 a に対して，$b = \dfrac{9a^2 + 98a + 80}{a^3 + 3a^2 + 2a}$ とおく．b も自然数となるような a と b の組 (a, b) をすべて求めよ．

〔金沢大〕

5 p を素数,q を整数とする.2つの方程式
$$x^3 - 2x^2 + x - p = 0, \ x^2 - x + q = 0$$
が1つの共通解を持つとき,p,q の値を求めよ.

〔産業医科大〕

6 座標平面上で,x 座標,y 座標がともに整数である点を格子点という.次の問いに答えよ.ただし,$\sqrt{3}$ が無理数であることを証明なしに用いてもよい.
(1) 直線 $y = \dfrac{1}{1+\sqrt{3}}x + 1 + \sqrt{3}$ が通る格子点をすべて求めよ.
(2) 原点を通る2直線 l,m について考える.l,m がそれぞれ原点以外にも格子点を通るとき,l,m のなす角は,$60°$ にならないことを証明せよ.

〔山口大〕

7 $a = \sqrt[3]{\sqrt{\dfrac{65}{64}}+1} - \sqrt[3]{\sqrt{\dfrac{65}{64}}-1}$ とする.次の問に答えよ.
(1) a は整数を係数とする3次方程式の解であることを示せ.
(2) a は有理数でないことを証明せよ.

〔弘前大〕

8
(1) n を正の整数とする.$x_1, x_2, \cdots, x_{n+1}$ を閉区間 $0 \leqq x \leqq 1$ 上の異なる点とする.このとき,$0 < x_k - x_j \leqq \dfrac{1}{n}$ をみたす j,k が存在することを示せ.
(2) ω を正の無理数とする.任意の正の整数 n に対して,$0 < l\omega + m \leqq \dfrac{1}{n}$ をみたす整数 l,m が存在することを示せ.

〔千葉大〕

9 n を正の整数とし，n 個のボールを 3 つの箱に分けて入れる問題を考える．ただし，1 個のボールも入らない箱があってもよいものとする．以下に述べる 4 つの場合について，それぞれ相異なる入れ方の総数を求めたい．

(1) 1 から n まで異なる番号のついた n 個のボールを，A，B，C と区別された 3 つの箱に入れる場合，その入れ方は全部で何通りあるか．

(2) 互いに区別のつかない n 個のボールを，A，B，C と区別された 3 つの箱に入れる場合，その入れ方は全部で何通りあるか．

(3) 1 から n まで異なる番号のついた n 個のボールを，区別のつかない 3 つの箱に入れる場合，その入れ方は全部で何通りあるか．

(4) n が 6 の倍数 $6m$ であるとき，n 個の互いに区別のつかないボールを，区別のつかない 3 つの箱に入れる場合，その入れ方は全部で何通りあるか．

〔東京大〕

10 10 個の白玉と 20 個の赤玉が入った袋から，でたらめに 1 個ずつ玉を取り出す．ただし，いったん取り出した玉は袋へはもどさない．

(1) n 回目にちょうど 4 個目の白玉が取り出される確率 p_n を求めよ．ここで，n は $4 \leq n \leq 24$ を満たす整数である．

(2) 確率 p_n が最大になる n を求めよ．

〔神戸大〕

11 図の正五角形 ABCDE の頂点の上を，動点 Q が，頂点 A を出発点として，1 回さいころを投げるごとに，出た目の数だけ反時計回りに進む．例えば，最初に 2 の目が出た場合には，Q は頂点 C に来て，つづいて 4 の目が出ると，Q は頂点 C から頂点 B に移る．このとき，次の確率を求めよ．

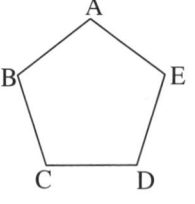

(1) さいころを 3 回投げ終えたとき，Q がちょうど 1 周して頂点 A にもどって来る確率

(2) さいころを 3 回投げ終えたとき，Q が頂点 A 上にある確率

(3) さいころを 3 回投げ終えたとき，Q が初めて頂点 A にもどって来る確率

〔秋田大〕

12 右図のような格子状の道路がある．左下の A 地点から出発し，サイコロを繰り返し振り，次の規則にしたがって進むものとする．

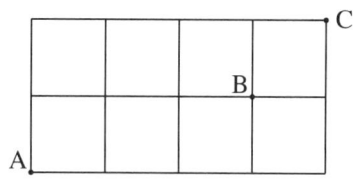

1 の目が出たら右に 2 区画，2 の目が出たら右に 1 区画，3 の目が出たら上に 1 区画，その他の場合はそのまま動かない．ただし，右端で 1 または 2 の目が出たとき，あるいは上端で 3 の目が出た場合は，動かない．また，右端の 1 区画手前で 1 の目が出たときは，右端まで進んで止まる．

n を 7 以上の自然数とする．A 地点から出発し，サイコロを n 回振るとき，ちょうど 6 回目に，B 地点以外の地点から進んで B 地点に止まり，n 回目までに C 地点に到達する確率を求めよ．ただし，サイコロのどの目が出るのも，同様に確からしいものとする．

〔東北大〕

13 以下の文章の空欄に適切な数または式を入れて文章を完成させなさい．

四角形の 4 つの頂点に 1，2，3，4 と時計まわりに番号がつけられている．時刻 0 において，この四角形の頂点 1 と頂点 3 の上をそれぞれ 1 つずつの粒子が占めているとし，頂点 2 と頂点 4 の上には粒子は存在しないものとする（図 1 を参照のこと）．その後，1 秒ごとに，存在する粒子の中で最小の番号の頂点上を占める粒子が，確率 $\dfrac{1}{2}$ で消滅し，確率 $\dfrac{1}{4}$

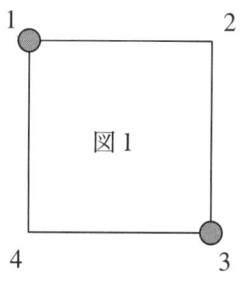

ずつで隣り合う 2 つの頂点のいずれかに移動する．ただし，移動した頂点上をすでに他の粒子が占めている場合は，その粒子と合体して 1 つの粒子になるものとする．以下，n，m を自然数とする．時刻 n（秒）において，この四角形の 4 つの頂点のうち 1 つの頂点上にのみ粒子が存在する確率を P_n で表し，4 つの頂点のいずれの上にも粒子が存在しない確率を Q_n で表す．

(1) $P_2 = \boxed{}$，$Q_2 = \boxed{}$ である．

(2) 一般に，$P_{2m-1} = \boxed{}$，$P_{2m} = \boxed{}$ であり，
$Q_{2m-1} = \boxed{}$，$Q_{2m} = \boxed{}$ である．

〔慶應大〕

14 袋の中に，両面とも赤のカードが2枚，両面とも青，両面とも黄，片面が赤で片面が青，片面が青で片面が黄色のカードがそれぞれ1枚ずつの計6枚のカードが入っている．その中の1枚を無作為に選んで取り出し机の上に置くとき，表が赤の確率は ア ，両面とも赤の確率は イ である．表が赤であることが分かったとき，裏も赤である確率は ウ である．

最初のカードは袋に戻さずに，もう1枚カードを取り出して机の上に置くことにする．最初のカードの表が赤と分かっているとき，2枚目のカードの表が青である確率は エ である．最初のカードの表が赤で，2枚目のカードの表が青であることが分かったとき，最初のカードの裏が赤である確率は オ である．

〔慶應大〕

15 すべての内角が $180°$ より小さい四角形 ABCD がある．辺の長さが $AB = BC = r$，$AD = 2r$ とする．さらに，辺 CD 上に点 E があり，3つの三角形 △ABC，△ACE，△ADE の面積はすべて等しいとする．$\alpha = \angle BAC$，$\beta = \angle CAD$ とおく．

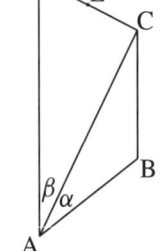

(1) $\alpha = \beta$ を示せ．
(2) $\cos \angle DAB = \dfrac{3}{5}$ であるとするとき，$\sin \angle CAE$ の値を求めよ．

〔東北大〕

16
(1) 方程式 $\dfrac{1}{\sin x} + \dfrac{1}{\sin 3x} = 3$ の $0 \leqq x \leqq \dfrac{3}{4}\pi$ における解の個数を求めよ．

(2) x, y, z は1と異なる正の数で，次の条件を満たしている．
$$\log_y z + \log_z x + \log_x y = \dfrac{7}{2}, \quad \log_z y + \log_x z + \log_y x = \dfrac{7}{2},$$
$$xyz = 2^{10}, \quad x \leqq y \leqq z$$
x, y, z を求めよ．

〔横浜国立大〕

17 a を実数,$0 \leq \theta \leq \pi$ とするとき,θ についての方程式
$$\cos^2 \theta + 4a \sin \theta + 3a - 2 = 0$$
について,次の問いに答えよ.
(1) 上の方程式が解をもつための a の範囲を求めよ.
(2) 上の方程式がちょうど 2 個の解をもつための a の値の範囲を求めよ.

〔島根大〕

18 三角形 ABC は半径が $\frac{1}{2}$ である円に内接しているという条件の下で,以下の問いに答えよ.AB,BC,CA でそれぞれ線分 AB,線分 BC,線分 CA の長さを表す.
(1) $\angle A = \alpha$,$\angle B = \beta$,$\angle C = \gamma$ とおくとき,AB,BC,CA を α,β,γ を用いて表せ.
(2) $AB^2 + BC^2 + CA^2$ の最大値を求めよ.
(3) $AB \times BC \times CA$ の最大値を求めよ.

〔岐阜大〕

19 xy 座標平面において,原点 O $(0, 0)$ を中心とする半径 1 の円 S と,2 点 A$(0, 2)$,B$(0, -2)$ を考える.S 上の点 P$(\cos \theta, \sin \theta)$ に対し,直線 AP と x 軸との交点を X_A,直線 BP と x 軸との交点を X_B とする.次の問に答えよ.
(1) 2 点 X_A,X_B の x 座標をそれぞれ θ を用いて表せ.
(2) $0 < \theta < \frac{\pi}{2}$ の範囲で点 P$(\cos \theta, \sin \theta)$ が S 上を動くとき,線分 $X_A X_B$ の長さの最大値を求めよ.

〔大阪市立大〕

20 次の問いに答えよ．

(1) n を正の整数とする．どんな角 θ に対しても
$$\cos n\theta = 2\cos\theta\cos(n-1)\theta - \cos(n-2)\theta$$
が成り立つことをを示せ．また，ある多項式 $p_n(x)$ を用いて $\cos n\theta$ は $\cos n\theta = p_n(\cos\theta)$ と表されることを示せ．

(2) $p_n(x)$ は n が偶数ならば偶関数，奇数ならば奇関数になることを示せ．

(3) 多項式 $p_n(x)$ の定数項を求めよ．また，$p_n(x)$ の 1 次の項の係数を求めよ．

〔九州大〕

21 m を実数とする．円 $C:(x-m)^2+y^2=m^2+1$ と直線 $l:y=-mx+3$ が異なる 2 つの共有点をもつとする．

(1) m の値の範囲を求めよ．

(2) C と l の異なる 2 つの共有点を P，Q とし，線分 PQ の中点を N とする．N の x 座標と y 座標を m を用いて表せ．

(3) m が(1)で求めた範囲を動くとき，(2)の中点 N の軌跡を求め，それを図示せよ．

〔徳島大〕

22 xy 平面上で，原点を中心とする半径 2 の円を C とし，直線 $y=ax+1$ を l とする．ただし，a は実数である．

(1) 円 C と直線 l は異なる 2 点で交わることを示せ．

(2) 円 C と直線 l の 2 つの交点を P，Q とし，点 P における円 C の接線と点 Q における円 C の接線との交点を R とする．a が実数全体を動くとき，点 R の軌跡を求めよ．

〔奈良女子大〕

23 次は［問題♯］とそれに対する［A君の途中までの解答］である．

> ［問題♯］s, t が $0 \leqq s \leqq 1$, $0 \leqq t \leqq 1$ の範囲を動くとする．このとき関係式 $\begin{array}{l} x = s+t \\ y = s^2 \end{array} \Big\}$ … ① により定義される xy 平面上の点 (x, y) が動く範囲を図示せよ．
> ［A君の途中までの解答］$0 \leqq s \leqq 1$ と①の第2式より $0 \leqq y \leqq 1$ である．さらに，①から s を消去すると $y = (x-t)^2$ である．つまり，問題♯は $0 \leqq t \leqq 1$ のとき，$\begin{array}{l} y = (x-t)^2 \\ 0 \leqq y \leqq 1 \end{array} \Big\}$ … ② を満たす (x, y) を考えることと同値である．

［A君の途中までの解答］における問題点をその理由とともに指摘し，［問題♯］に対する正しい解答を与えよ．ただし，［問題♯］に対するあなた自身の解答は，A君の解答に必ずしもそう必要はない．

〔札幌医科大〕

24 実数 x, y が $x^2 + y^2 \leqq 1$ を満たしながら変化するとする．
(1) $s = x+y$, $t = xy$ とするとき，点 (s, t) の動く範囲を st 平面上に図示せよ．
(2) 負でない定数 $m \geqq 0$ をとるとき，$xy + m(x+y)$ の最大値，最小値を m を用いて表せ．

〔東京工業大〕

25 平面上の四角形 ABCD を考える．
(1) 四角形 ABCD が長方形であるとき，この平面上の任意の点 P に対して
$$PA^2 + PC^2 = PB^2 + PD^2$$
が成り立つことを証明せよ．
(2) 逆にこの平面上の任意の点 P に対して
$$PA^2 + PC^2 = PB^2 + PD^2$$
が成り立つならば，四角形 ABCD は長方形であることを証明せよ．

〔信州大〕

26 三角形 ABC において，

$$|\vec{AB}| = c, \qquad |\vec{BC}| = a, \qquad |\vec{CA}| = b,$$

$$\vec{p} = \frac{\vec{AB}}{c}, \qquad \vec{q} = \frac{\vec{BC}}{a}, \qquad \vec{r} = \frac{\vec{CA}}{b}$$

とおき，$b < c$，$\angle B < \angle C$ とする．

(1) $|\vec{r} - \vec{q}| < |\vec{q} - \vec{p}|$ であることを示せ．

(2) 定数 s, t に対して，辺 AB 上の点 D，辺 AC 上の点 E があって

$$\vec{BE} = s(\vec{q} - \vec{p}), \quad \vec{CD} = t(\vec{r} - \vec{q})$$

となっている．このとき，s, t を a, b, c で表し，さらに $|t(\vec{r} - \vec{q})| < |s(\vec{q} - \vec{p})|$ であることを示せ．

〔広島大〕

27 A，B，C，D を平面上の相異なる 4 点とする．

(1) 同じ平面上の点 P が

(∗) $\quad |\vec{PA} + \vec{PB} + \vec{PC} + \vec{PD}|^2 = |\vec{PA} + \vec{PB}|^2 + |\vec{PC} + \vec{PD}|^2$

を満たすとき，$\vec{PA} + \vec{PB}$ と $\vec{PC} + \vec{PD}$ の内積を求めよ．

(2) (∗) を満たす点 P の軌跡はどのような図形か．

(3) (2)で求めた図形が 1 点のみからなるとき，四角形 ACBD は平行四辺形であることを示せ．

〔愛媛大〕

28 a, b, c は 0 以上の実数とする．3 点 $A(a, 0)$，$B(0, b)$，$C(1, c)$ は，$\angle ABC = 30°$，$\angle BAC = 60°$ をみたす．

(1) c を求めよ．

(2) AB の長さの最大値と最小値を求めよ．

〔一橋大〕

29 1辺の長さが1の正四面体 OABC において,$\overrightarrow{OA} = \vec{a}$, $\overrightarrow{OB} = \vec{b}$, $\overrightarrow{OC} = \vec{c}$ とする.線分 AB を $1:2$ に内分する点を L,線分 BC の中点を M,線分 OC を $t:1-t$ に内分する点を N とする.さらに,線分 AM と線分 CL の交点を P とし,線分 OP と線分 LN の交点を Q とする.ただし,$0 < t < 1$ である.
(1) $|\overrightarrow{OP}|$ の値を求めよ.
(2) $\overrightarrow{OQ}$ を t, $\vec{a}$, $\vec{b}$, $\vec{c}$ を用いて表せ.
(3) 三角形 QOC の面積と三角形 QAM の面積が等しくなる t の値を求めよ.

〔福島県立医科大〕

30 空間に4点 A$(-2, 0, 0)$,B$(0, 2, 0)$,C$(0, 0, 2)$,D$(2, -1, 0)$ がある.3点 A,B,C を含む平面を T とする.
(1) 点 D から平面 T に下ろした垂線の足 H の座標を求めよ.
(2) 平面 T において,3点 A,B,C を通る円 S の中心の座標と半径を求めよ.
(3) 点 P が円 S の周上を動くとき,線分 DP の長さが最小になる P の座標を求めよ.

〔大阪市立大〕

31 四面体 ABCD は各辺の長さが1の正四面体とする.
(1) $\overrightarrow{AP} = l\overrightarrow{AB} + m\overrightarrow{AC} + n\overrightarrow{AD}$ で与えられる点 P に対し $|\overrightarrow{BP}| = |\overrightarrow{CP}| = |\overrightarrow{DP}|$ が成り立つならば,$l = m = n$ であることを示せ.また,このときの $|\overrightarrow{BP}|$ を l を用いて表せ.
(2) A,B,C,D のいずれとも異なる空間内の点 P と点 Q を,四面体 PBCD と四面体 QABC がともに正四面体となるようにとるとき,$\cos \angle \text{PBQ}$ の値を求めよ.

〔東北大〕

32 正の整数 k に対して,a_k を $\sqrt{k}$ にもっとも近い整数とする.例えば $a_5 = 2$,$a_8 = 3$,$a_{20} = 4$ である.
(1) $\displaystyle\sum_{k=1}^{12} a_k = a_1 + a_2 + \cdots + a_{12}$ を求めよ.
(2) $\displaystyle\sum_{k=1}^{2020} a_k = a_1 + a_2 + \cdots + a_{2020}$ を求めよ.

〔早稲田大〕

33 次のように円 C_n を定める.まず,C_0 は $\left(0, \dfrac{1}{2}\right)$ を中心とする半径 $\dfrac{1}{2}$ の円,C_1 は $\left(1, \dfrac{1}{2}\right)$ を中心とする半径 $\dfrac{1}{2}$ の円とする.次に C_0,C_1 に外接し x 軸に接する円を C_2 とする.さらに,$n = 3, 4, 5, \cdots$ に対し,順に,C_0,C_{n-1} に外接し x 軸に接する円で C_{n-2} でないものを C_n とする.C_n $(n \geq 1)$ の中心の座標を (a_n, b_n) とするとき,次の問いに答えよ.ただし,2 つの円が外接するとは,中心間距離がそれぞれの円の半径の和に等しいことをいう.
(1) $n \geq 1$ に対し,$b_n = \dfrac{a_n{}^2}{2}$ を示せ.
(2) a_n を求めよ.

〔名古屋大〕

34 自然数 n に対して,2 つの数列 $\{a_n\}$,$\{b_n\}$ を
$$a_1 = 1,\ b_1 = 4,\ a_{n+1} = 2a_n + b_n,\ b_{n+1} = 4a_n - b_n$$
で定める.
(1) $a_{n+1} + tb_{n+1} = k(a_n + tb_n)$ がすべての n について成り立つような t,k の値が 2 組ある.その値 (t_1, k_1),(t_2, k_2) を求めよ.
(2) a_n,b_n を n で表せ.
(3) a_n が 16 で割り切れるのは $n = 4$ のときだけであることを示せ.

〔大阪医科大〕

35 次の条件で定められた数列 $\{a_n\}$ を考える．
$$a_1 = 1, \quad a_{n+1} = \frac{3}{n}(a_1 + a_2 + \cdots + a_n) \quad (n = 1, 2, 3, \cdots)$$

(1) $a_1, a_2, a_3, a_4, a_5, a_6$ を求めて，一般項 a_n を n の式で表せ．

(2) (1)で求めた一般項が正しいことを数学的帰納法を用いて示せ．

〔福井大〕

36 2次方程式 $x^2 - x - 1 = 0$ の解を $\alpha, \beta\ (\alpha > \beta)$ とし，$L_n = \alpha^n + \beta^n\ (n = 0, 1, 2, \cdots)$ によって数列 $\{L_n\}$ を定める．次の問いに答えよ．

(1) L_0, L_1, L_2 を求めよ．

(2) $n = 0, 1, 2, \cdots$ に対して L_n はつねに自然数であることを数学的帰納法により証明せよ．

(3) $n = 2, 3, 4, \cdots$ に対して $L_n = \left[\alpha^n + \dfrac{1}{2}\right]$ が成り立つことを証明せよ．ただし，$[x]$ は x を越えない最大の整数を表すものとする．

〔鳴門教育大〕

37 3次関数 $f(x)$ および2次関数 $g(x)$ を
$$f(x) = x^3, \quad g(x) = ax^2 + bx + c$$
とし，$y = f(x)$ と $y = g(x)$ のグラフが点 $\left(\dfrac{1}{2}, \dfrac{1}{8}\right)$ で共通の接線を持つとする．このとき以下の問いに答えよ．

(1) b, c を a を用いて表せ．

(2) $f(x) - g(x)$ の $0 \leqq x \leqq 1$ における最小値を a を用いて表せ．

〔千葉大〕

38 (a, b) は xy 平面上の点とする．点 (a, b) から曲線 $y = x^3 - x$ に接線がちょうど2本だけひけ，この2本の接線が直交するものとする．このときの (a, b) を求めよ．

〔東北大〕

39 xy 平面上に点 $(a, 2)$ を中心とし，原点 O を通る円 C がある．C が放物線 $y = x^2$ と異なる 4 点で交わるとき，次の問いに答えよ．
(1) a の満たす条件を求めよ．
(2) a が (1) で求めた条件を満たしながら変化するとき，C の動く範囲を図示せよ．

〔横浜国立大〕

40 関数 $f(x) = \displaystyle\int_0^1 |2t^2 - 3xt + x^2| \, dt$ について
(1) $f(1)$ の値を求めよ．
(2) $1 \leq x \leq 2$ のとき，関数 $f(x)$ を求めよ．
(3) $\displaystyle\int_{-1}^3 f(x) \, dx$ を求めよ．

〔群馬大〕

41 放物線 $y = x^2$ を C_1 とする．また，y 軸上の点 $(0, a)$ $(a > 0)$ を中心とする円を C_2 とし，その半径を r とする．
(1) 円 C_2 の半径 r を 0 から大きくしていくとき，放物線 C_1 とはじめて共有点をもつときの共有点の座標を求めよ．
(2) (1) で求めた共有点における C_2 の接線が $\left(0, -\dfrac{3}{4}\right)$ を通るとする．このとき，C_2 の方程式を求めよ．
(3) (2) で求めた円 C_2 と放物線 C_1 で囲まれた図形 (右図の斜線部) の面積を求めよ．

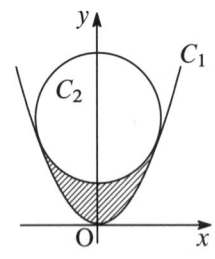

〔徳島大〕

42 すべての項が正である数列 $\{a_n\}$ に対して,
$$S_n = a_1 + a_2 + \cdots + a_n, \quad T_n = \frac{1}{a_1} + \frac{1}{a_2} + \cdots + \frac{1}{a_n}$$
とおく．このとき
(1) すべての n に対して，$S_n T_n \geqq n^2$ が成り立つことを証明せよ．
(2) S_n, T_n のうち少なくとも一方は n 以上であることを示せ．

〔愛知医科大〕

43 三角形 ABC の各辺 AB, BC, CA 上に点 P, Q, R を
$$\frac{\text{AP}}{\text{AB}} + \frac{\text{BQ}}{\text{BC}} + \frac{\text{CR}}{\text{CA}} = t \quad (0 < t < 3)$$
を満たすようにとる．三角形 ABC の面積を S とするとき，次の問に答えよ．
(1) $\dfrac{\text{AP}}{\text{AB}} = x, \dfrac{\text{CR}}{\text{CA}} = z$ とおくとき，三角形 APR の面積は $x(1-z)S$ で表されることを示せ．
(2) 三角形 PQR の面積の最大値を $M(t)$ とする．$M(t)$ を求めよ．
(3) $M(t)$ の最小値を求めよ．また，そのときの点 P, Q, R は各辺 AB, BC, CA 上のどのような点であるか．

〔旭川医科大〕

44 x に関する方程式 $a^2 x^3 + x - a = 0$ ……(*) について次の問いに答えよ．
(1) 方程式 (*) が $x = \dfrac{1}{2}$ を解にもつような a の値を求めよ．
(2) a が正の数全体を動くとき，方程式 (*) の実数解がとる値の範囲を求めよ．

〔工学院大〕

第Ⅱ部
解答・解説編

―――― 折れ線関数の最大・最小 ――――

1 関数 $f(x)=|x-a+2|-2|x-a-1|+1$ について，次の問いに答えよ．ただし，a は定数とする．
(1) $a=1$ のときの関数 $f(x)$ のグラフをかけ．
(2) 関数 $y=f(x)$ の $0\leqq x\leqq 3$ の範囲での最小値 $m(a)$ を a を用いて表せ．

〔山口大〕

アプローチ

(イ) 実数 x に対しその絶対値 $|x|$ とは，数直線上において原点 O と点 P(x) との距離のことです．これから

$$|x|=\begin{cases} x & (x\geqq 0) \\ -x & (x<0) \end{cases}$$

がわかります．したがって，絶対値を扱う原則は「中身の符号による場合分け」です．上の x に $f(x)$ を代入すると

$$|f(x)|=\begin{cases} f(x) & (f(x)\geqq 0) \\ -f(x) & (f(x)<0) \end{cases}$$

となるので，$y=|f(x)|$ のグラフは，$y=f(x)$ の $y<0$ の部分を x 軸について折り返したものと $y\geqq 0$ の部分とをあわせたものになります．とくに，$f(x)$ が 1 次式のときは x 軸との交点のところで折れ曲がる折れ線です．

(ロ) 本問のような関数のグラフは折れ線 (区分的には直線) で，グラフに跳びはありません (理系では「連続関数」という)．直線は通る 1 点と傾きできまりますから，(絶対値の中身) $=0$ のところでの傾き (x の係数) の変化の様子をみればグラフは描けるはずです．ちょうど増減表のような，傾きの表を描いてみるとよいでしょう．

(ハ) $y=f(x)$ のグラフは(1)のグラフを平行移動したものになっていて，グラフの形は同じだから，$f(x)$ の増減の変わり目は $x=a+1$ であることがわかります．(2)では，考えている範囲 $0\leqq x\leqq 3$ に増減の変わり目がはいるかどうかで場合分けをします．また，$f(x)$ は極大値をもっていますが，極小値はもたないことがわかるので，$0\leqq x\leqq 3$ での最小値は両端での値

$f(0)$, $f(3)$ の小さい方 (正しくは「大きくない方」) です．ここで，
$$\min\{a, b\} = \begin{cases} b & (b \leqq a) \\ a & (a < b) \end{cases}$$
という記号を導入しておくと便利で，最小値は $\min\{f(0), f(3)\}$ とかけます．

解答

(1) $a = 1$ のとき
$$f(x) = |x+1| - 2|x-2| + 1$$
であり，絶対値の中身が 0 となる x の値は -1 と 2 だから，$f(x)$ は下の表のようになる．ゆえに，グラフは右図のようになる．

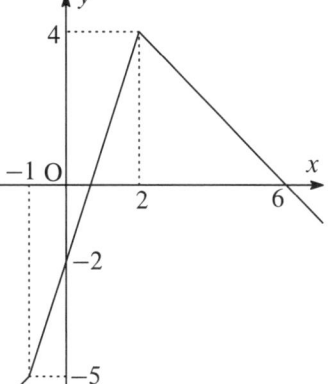

x	$\cdots$	-1	$\cdots$	2	$\cdots$
傾き	1		3		-1
$f(x)$	↗	-5	↗	4	↘

(2) $f(x)$ の絶対値の中身が 0 となる x の値は $a-2$ と $a+1$ で，$(a+1) - (a-2) = 3$ であり，
$$f(a-2) = -2|a-2-a-1| + 1 = -5$$
$$f(a+1) = |a+1-a+2| + 1 = 4$$
だから，$f(x)$ の増減は

x	$\cdots$	$a-2$	$\cdots$	$a+1$	$\cdots$
傾き	1		3		-1
$f(x)$	↗	-5	↗	4	↘

のようになる．ゆえに，$f(x)$ は $x \leqq a+1$ で増加，$a+1 \leqq x$ で減少である．

(i) $3 \leqq a+1$ つまり $2 \leqq a$ のとき，$f(x)$ は $0 \leqq x \leqq 3$ で増加だから
$$m(a) = f(0) = |-a+2| - 2|-a-1| + 1$$
$$= (a-2) - 2(a+1) + 1 = -a - 3$$

(ii) $a+1 \leqq 0$ つまり $a \leqq -1$ のとき，$f(x)$ は $0 \leqq x \leqq 3$ で減少だから
$$m(a) = f(3) = |5-a| - 2|2-a| + 1$$

$$= (5-a) - 2(2-a) + 1 = a+2$$

(iii) $-1 \leqq a \leqq 2$ のとき,
$$m(a) = \min\{f(0),\ f(3)\}$$
であり，ここで
$$f(0) = (2-a) - 2(a+1) + 1 = -3a+1$$
$$f(3) = a+2$$
$$f(3) - f(0) = 4a+1$$
だから，
$$m(a) = \begin{cases} f(3) = a+2 & \left(-1 \leqq a \leqq -\dfrac{1}{4}\right) \\ f(0) = -3a+1 & \left(-\dfrac{1}{4} \leqq a \leqq 2\right) \end{cases}$$

以上(i), (ii), (iii)から，
$$m(a) = \begin{cases} a+2 & \left(a \leqq -\dfrac{1}{4}\right) \\ -3a+1 & \left(-\dfrac{1}{4} \leqq a \leqq 2\right) \\ -a-3 & (2 \leqq a) \end{cases}$$

フォローアップ

1. ここで用いた max, min は，実数の部分集合 S について
$$\min S = (S\ \text{の要素で最小のもの})$$
を表す記号で，$\max S$ は右辺で最大としたものです．S が有限集合 ($\neq \emptyset$) のとき $\max S$, $\min S$ は必ずあります．とくに $S = \{f(0), f(3)\}$ としたものを解答で用いました．(3)(iii)のときは，$f(x)$ が $0 \leqq x \leqq a+1$ で増加，$a+1 \leqq x \leqq 3$ で減少と変化するのですが，最小値は両端のいずれかで起こることは変わりません．どちらになるかはすぐにはわからないので，この記号で表現するのです．

これらの記号は教科書にはありませんが，大学以上では普通に用いられる記号であり，入試問題にもときどき顔をだします．この記号をつかうと文字定数を含む関数の最大最小，通過範囲などに関する問題が，かなりすっきり解けることがあります (☞ 37, 39 フォローアップ 1.).

絶対値をつかうと，特別な場合の max, min が表現できます：
$$\max\{a, b\} = \frac{1}{2}(a+b+|a-b|), \quad \min\{a, b\} = \frac{1}{2}(a+b-|a-b|)$$

また，次のこともしばしば有効です．

$$\max\{a, b\} \leqq c \iff a \leqq c \text{ かつ } b \leqq c$$
$$\max\{a, b\} \geqq c \iff a \geqq c \text{ または } b \geqq c$$
$$\min\{a, b\} \geqq c \iff a \geqq c \text{ かつ } b \geqq c$$
$$\min\{a, b\} \leqq c \iff a \leqq c \text{ または } b \leqq c$$

普通なら「最小値が 0 以上となる」条件を求めよといわれると，最小値 m を求めてそれが 0 以上となる条件を調べますが，$m = \min\{a, b\}$ とかけるなら「$a \geqq 0$ かつ $b \geqq 0$」となり，a, b の大小による場合分けなしで扱えるのです．

2. 本問の(2)から $m(a)$ のグラフが描け，これもまた折れ線です．これから
「$0 \leqq x \leqq 3$ でつねに $f(x) \geqq 0$ であるような a の値の範囲を求めよ」

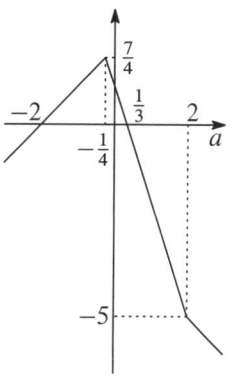

に答えられます．実際，上の条件は $m(a) \geqq 0$ と同じで，(2)から $m(a)$ グラフは右図のようになります．したがって，$m(a) \geqq 0$ となるのは
$$-2 \leqq a \leqq \frac{1}{3}$$
のときです．また
「$m(a)$ の最大値を求めよ」
についてもグラフから
$$m\left(-\frac{1}{4}\right) = \frac{7}{4}$$
とわかります．

3. 絶対値のついた 1 次関数の和については次のような問題があります．

> 例　正の整数 n に対して，関数
> $$f(x) = |x-1| + |x-2| + \cdots + |x-n|$$
> の最小値を求めよ．

n に 2 とか 3 あたりを代入して実験してみると，1 と n の真ん中あたりで最小になりそうだということがわかります．本問と同様に傾きの変化を調べます．

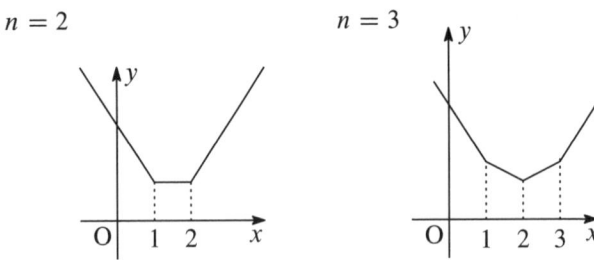

《解答》 $f(x)$ の x の係数は,$x \leqq 1$ のときは $-n \, (<0)$,$n \leqq x$ のときは $n \, (>0)$ である.$k \leqq x \leqq k+1 \, (k=1, 2, \cdots, n-1)$ のとき,
$$f(x) = (x-1) + \cdots + (x-k) - (x-k-1) - \cdots - (x-n)$$
$$= \{k - (n-k)\}x + (定数)$$
だから,x の係数は $-n + 2k$ であり,$k < \dfrac{n}{2}$ のとき負,$\dfrac{n}{2} < k$ のとき正である.

(i) **n が偶数のとき**,$f(x)$ は $x \leqq \dfrac{n}{2} - 1$ のとき減少で,$\dfrac{n}{2} \leqq x \leqq \dfrac{n}{2} + 1$ のとき定数,$\dfrac{n}{2} + 1 \leqq x$ のとき増加だから,$f(x)$ の最小値は

$$f\left(\dfrac{n}{2}\right) = f\left(\dfrac{n}{2} + 1\right)$$
$$= \left(\dfrac{n}{2} - 1\right) + \cdots + \left(\dfrac{n}{2} - \dfrac{n}{2}\right) + \left(\dfrac{n}{2} + 1 - \dfrac{n}{2}\right) + \cdots + \left(n - \dfrac{n}{2}\right)$$
$$= \left\{1 + \cdots + \left(\dfrac{n}{2} - 1\right)\right\} + \left(1 + \cdots + \dfrac{n}{2}\right)$$
$$= 2 \cdot \dfrac{1}{2}\left(\dfrac{n}{2} - 1\right)\dfrac{n}{2} + \dfrac{n}{2} = \boldsymbol{\dfrac{n^2}{4}}$$

(ii) **n が奇数のとき**,$f(x)$ は $x \leqq \dfrac{n+1}{2}$ で減少,$\dfrac{n+1}{2} \leqq x$ で増加だから,$f(x)$ の最小値は

$$f\left(\dfrac{n+1}{2}\right) = \left(\dfrac{n+1}{2} - 1\right) + \cdots + \left(\dfrac{n+1}{2} - \dfrac{n+1}{2}\right)$$
$$+ \left(\dfrac{n+1}{2} + 1 - \dfrac{n+1}{2}\right) + \cdots + \left(n - \dfrac{n+1}{2}\right)$$
$$= 2 \cdot \dfrac{1}{2} \cdot \dfrac{n-1}{2}\left(\dfrac{n-1}{2} + 1\right) = \boldsymbol{\dfrac{1}{4}(n^2 - 1)} \quad \square$$

―― 不等式の変形：絶対値 ――

2 a, b, c を実数とする．関数 $f(x) = ax^2 + bx + c$ が $0 \leq x \leq 1$ の範囲で，つねに $|f(x)| \leq 1$ を満たすとき，次の問いに答えよ．

(1) $f'(0)$ を $f(0)$, $f\left(\dfrac{1}{2}\right)$, $f(1)$ を用いて表せ．

(2) $|f'(0)| \leq 8$ であることを証明せよ．

(3) $|f'(0)| = 8$ となるときの $f(x)$ を求めよ．

〔横浜国立大〕

アプローチ

(イ) 関数の値域についての条件が与えられていますが，実際には $x = 0$, $\dfrac{1}{2}$, 1 での値だけをみています．したがって，関数ではなく不等式の問題です．

連立不等式の扱いでは「辺々をたす」，「正の実数をかける」ことができますが，「辺々をひく」とか「辺々をかける」などは一般にはできません．

$$\begin{cases} a \leq b & \cdots\cdots ⓐ \\ c \leq d & \cdots\cdots ⓑ \end{cases} \Longrightarrow a + c \leq b + d \quad \cdots\cdots ⓒ$$

は正しいですが，ⓐからⓑを引いた $a - c \leq b - d$ は偽です．引くにはⓑの両辺に -1 をかけて $-d \leq -c$ としⓐと辺々加えて $a - d \leq b - c$ としなければなりません（これはⓒと同値です）．このように，不等式の変形はずいぶんやっかいで，だからこそ難関大入試にはしばしば出題されるのです．

(ロ) ⓐとⓑのもとでⓒが成り立ちますが，ここで等号が成立する条件はなんでしょうか？ もちろん，ⓐとⓑの両方で等号が成り立つ「$a = b$ かつ $c = d$」のときです．これはもし $a < b$ か $c < d$ のいずれかが成り立てば，$a + c < b + d$ となることからわかります．

解答

(1) $f'(x) = 2ax + b$ だから $f'(0) = b$

$f(0) = c$, $f\left(\dfrac{1}{2}\right) = \dfrac{a}{4} + \dfrac{b}{2} + c$, $f(1) = a + b + c$ だから

$$4f\left(\dfrac{1}{2}\right) - f(1) = b + 3c = f'(0) + 3f(0)$$

$$\therefore \quad f'(0) = 4f\left(\dfrac{1}{2}\right) - f(1) - 3f(0)$$

(2) $-1 \leqq f(0) \leqq 1$, $-1 \leqq f\left(\dfrac{1}{2}\right) \leqq 1$, $-1 \leqq f(1) \leqq 1$ だから

$$-4 \leqq 4f\left(\dfrac{1}{2}\right) \leqq 4 \qquad \cdots\cdots\cdots ①$$
$$-1 \leqq -f(1) \leqq 1 \qquad \cdots\cdots\cdots ②$$
$$-3 \leqq -3f(0) \leqq 3 \qquad \cdots\cdots\cdots ③$$

これらを辺々加えて

$$-8 \leqq f'(0) = 4f\left(\dfrac{1}{2}\right) - f(1) - 3f(0) \leqq 8$$
$$\therefore \ |f'(0)| \leqq 8 \qquad \square$$

(3) $|f'(0)| = 8$, すなわち「$f'(0) = -8$ または $f'(0) = 8$」となるのは，①，②，③において，左右の $\leqq$ の同じ側で同時に3つの等号が成立するときだから，

$$\left(f\left(\dfrac{1}{2}\right),\ f(1),\ f(0)\right) = (-1,\ 1,\ 1)\ \text{または}\ (1,\ -1,\ -1)$$

ここで，(1)から $c = f(0)$, $b = f'(0) = 4f\left(\dfrac{1}{2}\right) - f(1) - 3f(0)$,

$$a = f(1) - b - c = 2f(1) + 2f(0) - 4f\left(\dfrac{1}{2}\right)$$

だから

$$(a,\ b,\ c) = (8,\ -8,\ 1)\ \text{または}\ (-8,\ 8,\ -1)$$

となり，

$$f(x) = 8x^2 - 8x + 1,\ -8x^2 + 8x - 1$$

これらのグラフは右図のようになり条件をみたす．

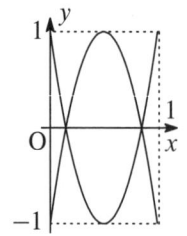

フォローアップ

1. 実数の和の絶対値について「三角不等式」とよばれるものがあります：
$$|a+b| \leqq |a| + |b|$$
ここで等号が成り立つのは $ab \geqq 0$ のときである．

《証明》
$$(|a|+|b|)^2 - |a+b|^2 = 2(|ab| - ab) \geqq 0$$

これから等号が成り立つのは $|ab| = ab$ つまり $ab \geqq 0$ のときである． $\square$

「絶対値の和は和の絶対値以下」というわけですが，$a - b = a + (-b)$ だから差の絶対値でも同じで

$$|a-b| \leqq |a|+|b|$$

また，

$$|a| = |(a+b)-b| \leqq |a+b|+|b| \quad \therefore \quad |a|-|b| \leqq |a+b|$$

a と b を入れ換えたものとあわせて，

$$||a|-|b|| \leqq |a+b| \leqq |a|+|b|$$

また，実数の和はいくつあっても同じです：3個の場合だと

$$|a+b+c| \leqq |a|+|b|+|c|$$

となります．

(2)でこれを用いると，次のようになります．
$|f(0)| \leqq 1$, $\left|f\left(\dfrac{1}{2}\right)\right| \leqq 1$, $|f(1)| \leqq 1$ だから

$$\begin{aligned}|f'(0)| &= \left|4f\left(\dfrac{1}{2}\right) - f(1) - 3f(0)\right| \\ &\leqq 4\left|f\left(\dfrac{1}{2}\right)\right| + |f(1)| + 3|f(0)| \leqq 4+1+3 = 8\end{aligned}$$

ただし，等号の成立条件をみるには上の解答のように直接に不等式をみるほうがはるかにわかりやすいです．

2. 本問は「不等式 $A \Longrightarrow$ 不等式 B」を示す問題ともいえます．このような問題で変数の個数が2個のときは，A, B の表す領域を考えて「$A \subset B$」を示すのが定石です．①，②，③は3文字 a, b, c の条件ですので，このままでは空間の領域になり図が描けませんが，1文字を消去して，2変数にすると領域が描けるので，そこから $f'(0) = b$ の範囲を調べてみます．ただし不等式で文字を消すので，(イ)にあるように注意が必要です．

別解 $|f(0)| \leqq 1$, $\left|f\left(\dfrac{1}{2}\right)\right| \leqq 1$, $|f(1)| \leqq 1$ から

$$-1 \leqq c \leqq 1 \quad \cdots\cdots\cdots \text{ⓐ}$$
$$-4 \leqq a+2b+4c \leqq 4 \quad \cdots\cdots\cdots \text{ⓑ}$$
$$-1 \leqq a+b+c \leqq 1 \quad \cdots\cdots\cdots \text{ⓒ}$$

ⓑ + $(-1) \times$ ⓒ から

$$-5 \leqq b+3c \leqq 5$$

これとⓐから点 (b, c) の範囲は次ページの図の斜線部のようになる．

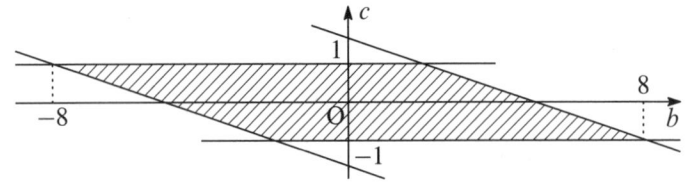

したがって，$b = f'(0)$ の範囲は
$$-8 \leqq f'(0) = b \leqq 8$$
となり，これで(2)が示された．また，等号が成り立つのは $(b, c) = (8, -1)$, $(-8, 1)$ のときである．$(b, c) = (8, -1)$ のとき ⓑ, ⓒ から
$$-16 \leqq a \leqq -8, \quad -8 \leqq a \leqq -6 \quad \therefore \quad a = -8$$
$(b, c) = (-8, 1)$ のとき，同様にして $a = 8$ となり，(3)の答えが得られる．
□

3. 誘導にしたがって解いていけば，$f(0)$, $f\left(\dfrac{1}{2}\right)$, $f(1)$ の値の絶対値が 1 以下であることしか用いていません．すなわち条件：
$$0 \leqq x \leqq 1 \text{ のときに } |f(x)| \leqq 1$$
はフルに用いたわけではありません．この必要十分条件を記述するのは不可能ではないですが，場合分けが相当に複雑で現実的ではありません．しかも 3 変数 a, b, c の不等式になりますから，点 (a, b, c) は空間のある領域を動くことになり，図を描くことも難しい．このような場合は必要十分条件を求めようとはせず，とりあえずわかりやすい条件 (必要条件) から考えていくのがよく，実際それで答えがでるのです．まず区間の端 $x = 0$, $x = 1$ での値をみますが，これでは条件が 2 つしかなく不足です．つぎに区間の中央 $x = \dfrac{1}{2}$ での値をみています．「なぜ中央か？」といわれると困りますが，経験的に多くの場合そうなるのです．

　問題が解けなくなる原因の 1 つに，要求以上に答えようとすることがあります．「仮定 P のとき Q を示せ」という問題では，P であるための必要十分条件を求めることは要求されていません．$P \Longrightarrow Q$ (包含関係でいえば $P \subset Q$) を示せばよいわけで，Q は P であるための必要条件であることをいえ，といっているのです．もちろん P の必要十分条件から考えていく問題もありますが，本問をみればわかるように，どんな問題に対しても必要十分条件 (同値な条件) にこだわるのは賢明とはいえません．

27 – 3

―― 整数:整除,直角三角形の内接円の半径 ――

3 各辺の長さが整数となる直角三角形がある.
(1) この直角三角形の内接円の半径は整数であることを示せ.
(2) この直角三角形の三辺の長さの和は三辺の長さの積を割り切ることを証明せよ.

〔お茶の水女子大〕

アプローチ

(イ) 直角三角形の 3 辺の長さ a, b, c は,もちろん,三平方の定理 (ピタゴラスの定理) をみたします.このとき 3 辺の長さを用いて,内接円の半径 r を表すことを考えます.普通,内接円の半径は,三角形の面積 S を通して求めます:

$$S = \frac{1}{2}r(a+b+c)$$

斜辺の長さが a の直角三角形のときには,$S = \frac{1}{2}bc$ ですから,

$$bc = r(a+b+c) \qquad \therefore \quad r = \frac{bc}{a+b+c}$$

となりますが,これでは(1)は示しにくいでしょう.これが整数であることを示すのはほとんど(2)の内容です.

(ロ) 直角三角形に着目すると,面積を経由しないでも,内接円の半径が 3 辺の長さから求められます.実際,右図において,I が内接円の中心で,ARIQ は半径 r を一辺の長さとする正方形,BR = BP,CP = CQ だから,

$$2r = AR + AQ = AB + AC - BC$$

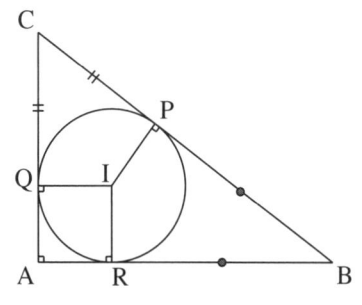

∴ (内接円の半径) $= \frac{1}{2}${(斜辺以外の 2 辺の長さの和) − (斜辺の長さ)}

すると,これが整数を示すには,上式の { } の中身が偶数を示せばよく,それには三平方の定理から,辺の長さの偶奇にどのような制限が加わるかを調べればよいのです.

解答

(1) 直角三角形の斜辺の長さを a, 他の 2 辺の長さを b, c とすると, a, b, c は整数で,
$$a^2 = b^2 + c^2 \qquad \cdots\cdots\cdots ①$$
また, 内接円の半径を r とおくと,
$$r = \frac{1}{2}(b+c-a) \qquad \cdots\cdots\cdots ②$$
である. ここで, $(2k)^2 = 4k^2$, $(2k+1)^2 = 4(k^2+k)+1$ により
$$(偶数)^2 = (4 の倍数), \quad (奇数)^2 = (4 の倍数)+1$$
だから, 整数の平方は 4 で割ると 0 または 1 余り, 2 や 3 が余ることはない. ①で b, c ともに奇数ならば $b^2 + c^2 = (4 の倍数)+2$ となり, これは整数の 2 乗にならない. したがって, b または c は偶数であり,

(i) b, c のいずれか一方が偶数で, 他方が奇数のとき, ①から a^2 は奇数だから, a も奇数であり, $b+c-a$ は偶数である.

(ii) b, c がともに偶数のとき, ①から a^2 が偶数で a も偶数となり, $b+c-a$ は偶数である.

以上から, $r = \frac{1}{2}(b+c-a)$ は整数である. □

(2) ①から
$$bc = \frac{1}{2}\{(b+c)^2 - (b^2+c^2)\} = \frac{1}{2}\{(b+c)^2 - a^2\}$$
$$= \frac{1}{2}(b+c+a)(b+c-a)$$
これと②から
$$abc = \frac{1}{2}a(b+c+a)(b+c-a) = ra(a+b+c)$$
(1)から r は整数だから, $a+b+c$ は abc を割り切る. □

フォローアップ

1. (イ)から $bc = r(a+b+c)$ がわかっているので, (1)で r が整数であることが示せると, 実は bc が $a+b+c$ で割り切れることがわかってしまいます. すると(2)はあたりまえです.

2. 直角三角形とは限らない一般の三角形について, 3 辺の長さを a, b, c, 内接円の半径を r とします. r を a, b, c で表すと次のようになります.

まず, 面積 S について
$$S = \frac{1}{2}bc\sin A = \frac{1}{2}bc\sqrt{1-\cos^2 A} = \frac{1}{4}\sqrt{(2bc)^2 - (2bc\cos A)^2}$$

ここで余弦定理から $2bc\cos A = b^2 + c^2 - a^2$ を用いると，上式の最後の項の平方根の中身は

$$(2bc)^2 - (b^2 + c^2 - a^2)^2 = (2bc + b^2 + c^2 - a^2)(2bc - b^2 - c^2 + a^2)$$
$$= \{(b+c)^2 - a^2\}\{a^2 - (b-c)^2\}$$
$$= (a+b+c)(-a+b+c)(a-b+c)(a+b-c)$$

そこで，$s = \dfrac{1}{2}(a+b+c)$ とおくと，上式は

$$(2s)(2s-2a)(2s-2b)(2s-2c) = 4^2 s(s-a)(s-b)(s-c)$$

となり，結局

$$S = \sqrt{s(s-a)(s-b)(s-c)}$$

が得られます．これは「ヘロンの公式」と呼ばれています．さて，この s を用いると $S = rs$ となるので，

$$r = \frac{1}{s}\sqrt{s(s-a)(s-b)(s-c)} = \sqrt{\frac{(s-a)(s-b)(s-c)}{s}}$$

が得られます．もちろん，こんな公式は覚える必要はなく，導く方法をしっかり頭にいれておき，必要になれば導けるようにしておけば十分です．

3. 本問では自然数 a, b, c が ① : $a^2 = b^2 + c^2$ をみたすとき (このような 3 数をピタゴラス数とよびます)，a, b, c の偶奇について考える問題でしたが，3 で割った余りについて考えてみましょう．

(i) b, c が 3 の倍数なら a も 3 の倍数になります．

(ii) b, c のすくなくとも一方が 3 の倍数でないとします．すべての整数は $3k$, $3k \pm 1$ (k は整数) とかけるので，それらの平方は

$$(3k)^2 = 3(3k^2), \ (3k \pm 1)^2 = 3(3k^2 \pm 2k) + 1$$

により 3 で割ると 0 か 1 余ります．b, c の両方が 3 で割り切れないとすると $a^2 = b^2 + c^2$ は 3 で割って 2 余る数となりますが，それは起こりえません．したがって，b, c の一方が 3 の倍数であり，他方は 3 の倍数ではなく，a も 3 の倍数ではないことがわかります．

一般に，整数の平方に等しい数を平方数といいますが，平方数をある数で割った余り (平方剰余とよばれています) はかってな数をとりえません．そのことからピタゴラス数を割った余りもかなり制限をうけ，このことは本問のようにしばしば入試のテーマになります．

―― 整数：不等式 ――

4 以下の問いに答えよ．

(1) $f(x) = x^3 - 6x^2 - 96x - 80$ とする．$x \geq 14$ ならば $f(x) > 0$ となることを示せ．

(2) 自然数 a に対して，$b = \dfrac{9a^2 + 98a + 80}{a^3 + 3a^2 + 2a}$ とおく．b も自然数となるような a と b の組 (a, b) をすべて求めよ．

〔金沢大〕

アプローチ

(イ) 整数の問題を考えるときには，整数の性質：素因数分解からわかる性質（約数・倍数），ある数で割った余りなどに着目しますが，それ以外にも「不等式で範囲をしぼる」という方法があります．例えば，整数 n についての条件 $P(n)$ をみたす n を考えるときに，「$P(n) \implies 3 \leq n \leq 5$」がわかれば，$n = 3,\ 4,\ 5$ のいずれかになり，あとは $P(3),\ P(4),\ P(5)$ が成り立つかどうかを確認すればよいのです．要点は，整数は無数にありますが，不等式で範囲をしぼることにより，有限個の話しに帰着されることです．

不等式の導き方は問題によりいろいろあり，この方法とはきめられませんが，整数問題ではつねに不等式に対する意識をもっておくことが大切です．

(ロ) 本問では(1)は簡単ですね，微分して増減を調べればよいのです．(2)がモンダイです．分子が分母で整数として割り切れるような a をすべて求めよ，といってるわけです．さて，分母は 3 次で分子は 2 次ですから，a が大きくなっていくとある a の値から先は分母の方が大きくなるはずです．すると

$$a \geq N \implies 0 < b < 1$$

となる N があるはずで，この N を求めれば解は $1 \leq a < N$ に限られて，有限の場合に帰着されます．そこで $1 - b$ を考えると(1)との関連がみえてきます．

(ハ) 範囲が限られたとしても，2 個とか 3 個ならシラミツブシでやれますが，20 個とかになるとそうもいきません．整数問題は不等式だけで解決できるわけではなく，次はやはり「約数・倍数の性質」とか「ある数で割った余り」に着目して範囲をさらにしぼっていきます．b の分母で分子が割り切

れるといっているのです．b の分母をよくみてください．なお，ここで「割り切れる」というのはすべて整数の中での整除であって，多項式としての割り切れるではありません．

解答

(1) $f'(x) = 3x^2 - 12x - 96 = 3(x^2 - 4x - 32) = 3(x+4)(x-8)$
$x \geqq 14$ のとき，$f'(x) > 0$ だから $f(x) \geqq f(14)$ であり，
$$f(14) = 14^3 - 6 \cdot 14^2 - 96 \cdot 14 - 80 = 8 \cdot 14^2 - 96 \cdot 14 - 80$$
$$= 8(14^2 - 12 \cdot 14 - 10) = 8(2 \cdot 14 - 10) = 8 \cdot 18 > 0$$
だから，$f(x) > 0$ である． □

(2) $1 - b = \dfrac{a^3 - 6a^2 - 96a - 80}{a^3 + 3a^2 + 2a} = \dfrac{f(a)}{a^3 + 3a^2 + 2a}$

において，$a \geqq 14$ のとき，(1)により $f(a) > 0$ だから $1 - b > 0$，すなわち $0 < b < 1$ となり b は自然数とならない．ゆえに $1 \leqq a \leqq 13$ である．

$$b = \frac{9a^2 + 98a + 80}{a(a+1)(a+2)}$$

とかけ，ここで分母 $a(a+1)(a+2)$ は連続 3 整数の積だから，$2 \cdot 3 = 6$ の倍数である．したがって，b が整数となることから，分子 $c = 9a^2 + 98a + 80$ も 2 の倍数かつ 3 の倍数となる．

$c = 9a^2 + 2(49a + 40)$ が 2 の倍数となることから，$9a^2$ が 2 の倍数，したがって a が 2 の倍数となり，$a = 2, 4, 6, 8, 10, 12$

さらに，$c = 3(3a^2 + 32a + 26) + 2(a+1)$ が 3 の倍数となることから，$2(a+1)$ が 3 の倍数，したがって $a + 1$ が 3 の倍数となり，$a = 2, 8$ である．

・$a = 2$ のとき
$$b = \frac{9 \cdot 4 + 98 \cdot 2 + 80}{2 \cdot 3 \cdot 4} = \frac{9 + 49 + 20}{2 \cdot 3} = \frac{78}{6} = 13$$
・$a = 8$ のとき
$$b = \frac{9 \cdot 8^2 + 98 \cdot 8 + 80}{8 \cdot 9 \cdot 10} = \frac{72 + 98 + 10}{9 \cdot 10} = \frac{180}{90} = 2$$
以上から，求める組は
$$(a, b) = \mathbf{(2, 13), \ (8, 2)}$$

(フォローアップ)

1. 解答で「連続する 3 整数の積は $3! = 6$ の倍数である」を用いました.これは,2 の倍数が 2 つおきにあらわれ,3 の倍数が 3 つおきにあらわれるので,連続する 3 整数には 2 の倍数は 1 つまたは 2 つ,3 の倍数は 1 つ含まれることからわかります.

同様のことを使う例をやっておきましょう.

> **例** すべての正の整数 n について $n^5 - n$ は 5 の倍数であることを示せ.

帰納法とか,5 で割った余りで分類するなど,いろんな方法がありますが,ここでは上のことを利用します.

《解答》
$$n^5 - n = n(n^4 - 1) = n(n^2 - 1)(n^2 + 1)$$
$$= (n-1)n(n+1)(n^2 + 1)$$
$$= (n-1)n(n+1)\{(n^2 - 4) + 5\}$$
$$= (n-2)(n-1)n(n+1)(n+2) + 5(n-1)n(n+1)$$

ここで $n-2,\ n-1,\ n,\ n+1,\ n+2$ のいずれかは 5 の倍数だから,$n^5 - n$ は 5 の倍数である. □

2. 一般に,

> 連続する n 個の整数の積は $n!$ の倍数である

が成り立ちます.直接の証明はやりにくいので,二項係数 (組合せの数だからもちろん自然数) を用いると,k が正の整数のとき

$$\frac{k(k+1)\cdots(k+n-1)}{n!} = \frac{(n+k-1)!}{n!(k-1)!} = {}_{n+k-1}\mathrm{C}_n = (\text{整数})$$

となり,$k(k+1)\cdots(k+n-1)$ は $n!$ で割り切れます.$-(n-1) \leq k \leq 0$ のときは $k(k+1)\cdots(k+n-1) = 0$ だからあたりまえで (倍数の定義により 0 は任意の整数の倍数です),$k \leq -n$ のときは,$(-1)^n$ をかけてすべて正にしておくと $k > 0$ の場合に帰着されます.

これを利用すると,上の例題ではもっと強い主張「$n^5 - n$ は 30 の倍数である」ことがわかります.

3. 本問の要点は,関数 $f(x) = \dfrac{9x^2 + 98x + 80}{x^3 + 3x^2 + 2x}$ は x が十分大きくなれ

ば $0 < f(x) < 1$ ということでした．数Ⅲの用語でいえば $\lim_{x \to \infty} f(x) = 0$ と
もいえます．このように整数の変数を連続変数(実数を動く)にして極限を
考えることから，範囲をしぼっていくことができます．

例

(1) すべての整数 m に対して $\dfrac{pm}{m^2 - m - 1}$ がつねに整数となるよう
な定数 p を求めよ．

(2) a, b を定数として，多項式 $f(x)$ を
$$f(x) = x^4 + ax^2 + bx - a - 2$$
によって定義する．すべての整数 m に対して $\dfrac{f(m)}{m^2 - m - 1}$ がつね
に整数となるための必要十分条件を a, b を用いて表せ．

〔北海道大〕

《解答》 (1) $m\ (> 0)$ を大きくしていくと
$$\dfrac{pm}{m^2 - m - 1} = \dfrac{p}{m - 1 - \dfrac{1}{m}} \qquad \cdots\cdots\cdots ①$$
の分母はいくらでも大きくなるので，$|①|$ は値はいくらでも小さくなる．し
たがって，「すべての $m > N$ について $|①| < 1$」となる N がある．また
$|①|$ は整数だから，このとき $① = 0$ すなわち $p = 0$ である (必要)．$p = 0$
のとき $① = 0$ だから条件をみたす (十分) ので，求める p は $\boldsymbol{p = 0}$．

(2) $f(x)$ を $x^2 - x - 1$ で割ることにより，
$$f(x) = (x^2 - x - 1)(x^2 + x + a + 2) + (a + b + 3)x$$
$$\therefore \quad \dfrac{f(x)}{x^2 - x - 1} = x^2 + x + a + 2 + \dfrac{(a + b + 3)x}{x^2 - x - 1} \qquad \cdots\cdots\cdots ②$$
とかける．

x が整数のとき②が整数となるならば，とくに $x = 0$ として $a + 2$ は
整数，すなわち a は整数である．また，このときすべての整数 x に対して
$\dfrac{(a + b + 3)x}{x^2 - x - 1}$ が整数なので(1)から $a + b + 3 = 0$ である．

逆に a は整数で $a + b + 3 = 0$ のとき，②から条件は成り立つ．

以上から，求める必要十分条件は $\boldsymbol{a}$ **は整数かつ** $\boldsymbol{a + b + 3 = 0}$ □

---- 共通解 ----

5 p を素数，q を整数とする．2 つの方程式
$$x^3 - 2x^2 + x - p = 0, \quad x^2 - x + q = 0$$
が 1 つの共通解を持つとき，p，q の値を求めよ．

〔産業医科大〕

アプローチ

(イ) 共通解問題はまずどちらか一方の解が求まらないか調べてみます．解が求まるときはそれほど難しい話にはなりません．しかしダメなら共通解を α とでもおいて与式に代入します．そして未知数と α の連立方程式を解くことになります．これで式が劇的に変化したわけではありませんが，x のままだと x は共通解以外の解も表現しているので共通の解だけを表現したい気持ちのあらわれです．それに

「$x^2 + ax + 1 = 0$，$x^2 + x + a = 0$ が共通解をもつような a の値を求めよ」

という問題より

「a，b の連立方程式 $b^2 + ab + 1 = 0$，$b^2 + b + a = 0$ の解を求めよ」

の方が気楽に解けるというものです．これなら後半の式から $a = -b^2 - b$ として前半の式に代入すると連立方程式を解くことができ，$(a, b) = (-2, 1)$ となります．これから共通解をもつ条件は $a = -2$ であり，そのときの共通解は 1 であることがわかります．

最後は問題文をよく読んで下さい．「共通解 (虚数解も OK) をもつ」なのか「共通の実数解をもつ」なのか，「少なくとも 1 つもつ」なのか「ただ 1 つだけもつ」なのかを確認します．

(ロ) 方程式を利用して次数を下げる方法は次の 2 通りです．

例 $P = x^4 - 2x^3 - 3x^2 - 5x - 7$ とする．$x = 2 - \sqrt{3}$ のとき P の値を求めよ． 〔神戸学院大〕

《解答》 $x = 2 - \sqrt{3}$ のとき $x - 2 = -\sqrt{3}$ より
$$(x-2)^2 = 3 \iff x^2 - 4x + 1 = 0 \qquad \cdots\cdots\cdots ①$$

〜その1〜

P を①の左辺で割ると商が x^2+2x+4 で余りが $9x-11$ だから①より
$$P = \underbrace{(x^2-4x+1)}_{0}(x^2+2x+4)+9x-11 = 9x-11 = \boldsymbol{7-9\sqrt{3}}$$

〜その2〜

① $\iff x^2 = 4x-1$ ……①′ を繰り返し用いると

$$\begin{aligned}
x^3 &= x(4x-1) = 4x^2-x && \text{(①′の両辺に x をかけた)}\\
&= 4(4x-1)-x && \text{(①′を代入)}\\
&= 15x-4 && \cdots\cdots\text{②}\\
x^4 &= x(15x-4) = 15x^2-4x && \text{(②の両辺に x をかけた)}\\
&= 15(4x-1)-4x && \text{(①′を代入)}\\
&= 56x-15 && \cdots\cdots\text{③}
\end{aligned}$$

①′,②,③を P に代入すると
$$\begin{aligned}
P &= (56x-15)-2(15x-4)-3(4x-1)-5x-7\\
&= 9x-11 = \boldsymbol{7-9\sqrt{3}} \qquad\qquad\square
\end{aligned}$$

(ハ) 本問は共通解を α とおくと α, p, q の連立方程式になります．そこから条件の弱い文字 α を消去して条件の強い文字 p, q (素数, 整数) だけの関係式を作ります．そのためには $\alpha = (p, q$ の式$)$ という式がないと消去できそうにありません．そこで α の1次式を作るために(ロ)の作業をして次数下げを行います．

(二) 素数とは，正の約数が1とそれ自身しかない2以上の整数のことです．つまり正の約数の個数が2個であるものといえます．例えば 2, 3, 5, 7, 11, … などです．素数の性質として次のようなものがあります：

(i) 素数の中で偶数は2のみ．素数の中で3の倍数は3のみ．

(ii) x, y が整数で p が素数なら，
 $xy = p \iff (x, y) = (\pm 1, \pm p), (\pm p, \pm 1)$ （複号同順）

(iii) p が素数なら $p = mn$ とかける1より大きい整数 m, n は存在しない．

(iv) x, y は整数で p が素数なら，$xy = (p$ の倍数$)$ のとき x, y の少なくとも一方は p の倍数．

 例えば $xy = (6$ の倍数$)$ だからといって x, y の少なくとも一方が6の倍

数とはいえません．$x = $ (2 の倍数)，$y = $ (3 の倍数) という可能性もあり，(iv)は素数だけの性質といえます．

解答

共通解を α とすると
$$\begin{cases} \alpha^3 - 2\alpha^2 + \alpha - p = 0 & \cdots\cdots\cdots ① \\ \alpha^2 - \alpha + q = 0 & \cdots\cdots\cdots ② \end{cases}$$

② $\iff \alpha^2 = \alpha - q$ を繰り返し用いると
$$\alpha^3 = \alpha^2 - q\alpha = (\alpha - q) - q\alpha = (1-q)\alpha - q$$

これらを①に代入して
$$(1-q)\alpha - q - 2(\alpha - q) + \alpha - p = 0 \quad \therefore \quad q\alpha = q - p$$

ここで $q = 0$ とすると $p = q = 0$ となり，p が素数であることに反する．よって $q \neq 0$ としてよく，これより $\alpha = \dfrac{q-p}{q}$

これを②に代入すると
$$\left(\frac{q-p}{q}\right)^2 - \frac{q-p}{q} + q = 0 \quad \therefore \quad p^2 - pq + q^3 = 0 \quad \cdots\cdots\cdots ③$$
$$\therefore \quad q^3 = (q-p)p$$

これより q^3 は p の倍数である．p は素数だから
$$q \text{ も } p \text{ の倍数である．} \quad\cdots\cdots\cdots (*)$$

よって，$q = pk$ (k は整数) とおき，これを③に代入すると
$$p^2 - p^2 k + p^3 k^3 = 0 \quad \therefore \quad 1 - k + pk^3 = 0 \quad (p \neq 0 \text{ より}) \cdots\cdots\cdots ④$$

これから
$$k(1 - pk^2) = 1$$

であり，k, $1 - pk^2$ はともに整数だから $k = 1, -1$

(i) $k = 1$ のとき④より $p = 0$ となり不適．

(ii) $k = -1$ のとき④より $p = 2$ これらより，$q = -p = -2$

このとき 2 つの方程式は
$$\begin{cases} x^3 - 2x^2 + x - 2 = 0 \\ x^2 - x - 2 = 0 \end{cases} \iff \begin{cases} (x-2)(x^2+1) = 0 \\ (x-2)(x+1) = 0 \end{cases}$$

となって，確かにただ 1 つの共通解 2 をもつ．

以上から
$$\boldsymbol{p = 2, \ q = -2}$$

フォローアップ

1. ③を導いた後，(二)の(i)を用いた解法もあります．

別解 p, q がともに奇数であるとすると，$q^3 = (q-p)p$ について左辺は奇数であるが，右辺は偶数なので不適．よって，p が偶数または q が偶数である．そこで q が偶数とすると，③において pq, q^3 はともに偶数なので p^2 も偶数となる．よって，いずれにしても p は偶数である．さらに p は素数であることを考えると，$p=2$ である．このとき

$$③ \iff q^3 - 2q + 4 = 0 \iff (q+2)(q^2 - 2q + 2) = 0$$

q は整数より $q = -2$ （以下同様） □

2. 整数問題には，整数の積の形にするといったよく使う技法はありますが，確立した解法はありません．整数問題を解くときは，条件式をよく観察する姿勢が大切です．そのときの目の付け所は，条件式の係数，次数，文字以外の具体的な整数などです．それを観察していると「偶数である」，「～以上である」，「あまり大きな数ではない」などを読み取ることが出来ることがあります．例えば式③をみて前半 2 項が p の倍数であるとか，p, q がともに奇数なら左辺が奇数になり右辺が偶数であることに反するとか，式④をみて 1 があるから整数の積が 1 とできないかとか，1 以外は k の倍数であるなど．また条件式から偶数なり p の倍数なりがわかれば，それを設定して元の条件式に戻します．そうすると余計な贅肉がとれて式がダイエットできます (④は p がダイエットできた)．そうするとまた新しく見えてくるもの (定数項の 1) があるかもしれません．わかったことはなるべく式や文字で表現しましょう．

3. (*) について，一般に q^3 が p の倍数だからといって q も p の倍数とは限りません．例えば q^3 が 8 の倍数なら q は 2 の倍数であることはわかりますが，8 の倍数とは限りません．つまり p が素数だから (*) のようなことがいえるのです．ぜひ答案には「p は素数だから」を明記しましょう．

─── 有理数・無理数，2直線のなす角 ───

6 座標平面上で，x 座標，y 座標がともに整数である点を格子点という．次の問いに答えよ．ただし，$\sqrt{3}$ が無理数であることを証明なしに用いてもよい．

(1) 直線 $y = \dfrac{1}{1+\sqrt{3}}x + 1 + \sqrt{3}$ が通る格子点をすべて求めよ．

(2) 原点を通る 2 直線 l, m について考える．l, m がそれぞれ原点以外にも格子点を通るとき，l, m のなす角は，$60°$ にならないことを証明せよ．

〔山口大〕

アプローチ

(イ) 「有理数とは整数 $p, q\ (\neq 0)$ で $\dfrac{p}{q}$ と表される数」のことです（ここで p, q を約分して既約分数にしておくことも多い）．これはいいですね，具体的にかけるものですから．他方，「無理数とは有理数でない実数」のことで，有理数と無理数をあわせて実数になります．すると「実数とは何か」をいわないと無理数の定義がはっきりしません．

3.1415926535897932384626433832795028841971693993751 0582……

のように無限に続く数とは一体何か定義せよ，といわれたら困ってしまいます．無限につづくものをかくわけにはいきません．定義とは既知のものにより，これまで未知のものを名づけることですが，既知のもの (有理数までわかっているとして) で実数全体の定義をしなければなりません．これは高校の範囲を越え，大学での数学の領域になります．直観的にでも，実数とは何ととらえるべきか，というと「数直線」と考えるのがよいでしょう．数直線を前提として存在を認め，これが実数全体であると考えるのです．数直線にはぎっしり数がはいっていて，隙間はありません．

(ロ) 有理数について大切な性質は

　　　　有理数の和・差・積・商は有理数である

ということです．これは有理数の定義から簡単に確かめられます．したがって，「有理数であることの証明は，既知の有理数の和・差・積・商で表す」ことによりおこなうことがほとんどです．他方，無理数は有理数ではない実数

ですから，否定的にしか表現できません．一般に「〜でない」こと（否定命題）の証明は「〜でない」ことが簡単に肯定で表現できないことが多く，背理法によるのが普通です．したがって，「無理数であることの証明は，有理数であると仮定して矛盾を導く」方針をとります．

具体的に問題を解くには次のことをよく用います：

「α が無理数，p と q が有理数のとき，
$$p + q\alpha = 0 \implies p = q = 0 \text{」} \qquad (*)$$

これは，$q \neq 0$ と仮定すると，$\alpha = -\dfrac{p}{q}$ が有理数となって矛盾することからわかります．これを利用するには，与式を無理数を含む部分と含まない部分に分けます．

(ハ) xy 平面の 2 直線のなす角をとらえるには，傾きと tan の加法定理を利用します．まず，tan の定義を思いだしておきましょう．座標平面で点 A(1, 0) が原点を中心に角 θ だけ回転し点 P(x, y) になるとき（動径 OP の角が θ ということ），

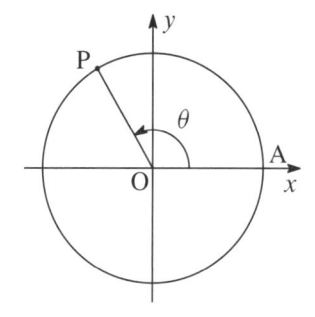

$$\tan\theta = \frac{y}{x} = (\text{OP の傾き})$$

だから傾きとは tan なのです．またこれから $\tan(\theta + \pi) = \tan\theta$ もわかります．

原点を通る 2 直線 l_1, l_2 があり，傾きをそれぞれ m_1, m_2 とします．l_1, l_2 の x 軸の正方向からの回転角をそれぞれ θ_1, θ_2 とすると，l_1 から l_2 へ回る角 θ は $\theta_2 - \theta_1$ で

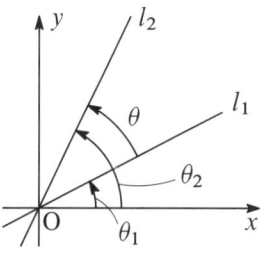

$$\tan\theta = \tan(\theta_2 - \theta_1) = \frac{\tan\theta_2 - \tan\theta_1}{1 + \tan\theta_2 \tan\theta_1}$$
$$= \frac{m_2 - m_1}{1 + m_2 m_1}$$

解答

(1) 直線が通る格子点を (x, y) とすると，

$$y = \frac{1}{1+\sqrt{3}}x + 1 + \sqrt{3} \qquad \therefore \quad y = \frac{\sqrt{3}-1}{2}x + 1 + \sqrt{3}$$

$$\therefore \quad x+2y-2-(x+2)\sqrt{3}=0$$

x, y は整数 (有理数) で, $\sqrt{3}$ は無理数だから,

$$x+2y-2=x+2=0 \quad \therefore \quad (x, y)=\boldsymbol{(-2, 2)}$$

(2) (i) l, m がいずれも y 軸でないときを考える. このとき, l の傾きを p とし, l が通る原点以外の格子点を (a, b) とすると, $a \neq 0$ で

$$p=\frac{b}{a}=(\text{有理数})$$

である. 同様にして, m の傾きを q とすると q は有理数である.

l, m のなす角が $60°$ であると仮定する. このとき l, m の x 軸の正方向からの回転角をそれぞれ α, β とし, $\beta-\alpha=60°$ としてよい. すると

$$\tan\alpha=p, \quad \tan\beta=q$$

であり,

$$\tan(\beta-\alpha)=\tan 60° \quad \therefore \quad \frac{\tan\beta-\tan\alpha}{1+\tan\beta\tan\alpha}=\sqrt{3}$$

$$\therefore \quad \frac{q-p}{1+qp}=\sqrt{3} \quad \cdots\cdots\cdots ①$$

l, m は直交しない ($60°$ をなす) ので, $pq \neq -1$ であり, ①の左辺は, 分子分母ともに有理数だから有理数であり, $\sqrt{3}$ が無理数に反する.

(ii) l または m が y 軸のとき, l, m のなす角が $60°$ であると仮定すると, $\tan 30°=\dfrac{1}{\sqrt{3}}$ により, 他方の直線は $y=\pm\dfrac{1}{\sqrt{3}}x$ となり, この直線が通る原点以外の格子点を (c, d) とすると $d \neq 0$ で $\sqrt{3}=\pm\dfrac{c}{d}$ となり, $\sqrt{3}$ が無理数であることに反する.

以上から題意が示された. □

フォローアップ

1. 一般に, xy 平面の 2 直線のなす角の公式は次のようになります:

「xy 平面において交わる 2 直線 $y=m_1x+n_1$, $y=m_2x+n_2$ のなす角を $\theta \left(0 \leqq \theta \leqq \dfrac{\pi}{2}\right)$ とすると,

$$m_1m_2=-1 \text{ ならば } \quad \theta=\frac{\pi}{2}$$

$$m_1m_2 \neq -1 \text{ ならば } \quad \tan\theta=\left|\frac{m_1-m_2}{1+m_1m_2}\right|$$

が成り立つ」

証明は，2直線の交点が原点なるように平行移動すれば(ハ)と同様です．ただし，そこでの角は回転角であり，一般には「なす角」とは違います．区別するために $l_1: y = m_1x + n_1$ から $l_2: y = m_2x + n_2$ へ回る角を $\varphi = \theta_2 - \theta_1$，$l_1$ と l_2 のなす角を $\theta \left(0 \leqq \theta \leqq \dfrac{\pi}{2}\right)$ とすると，$\varphi = \pm\theta + n\pi$ (n は整数) が成り立つので
$$\tan\varphi = \tan(\pm\theta + n\pi) = \pm\tan\theta$$
$\tan\theta \geqq 0$ だから，$\tan\theta = |\tan\varphi|$ となり，これから上の公式がわかります．

2． 本問から次のような問題にも答えられます．

> **例** xy 平面において，格子点を頂点とする正三角形は存在しないことを示せ．

いろんな解答が考えられますが，本問の結果を利用すると次のようになります．

《解答》 格子点を頂点とする正三角形が存在したとする．x 軸，y 軸方向の整数だけの平行移動により，その1つの頂点は原点 O であるとしてよい．他の2頂点(格子点)を A，B とすると，直線 OA と直線 OB のなす角が 60°となり，本問の(2)に反する． □

なお，xyz 空間にすると，この命題は成り立ちません．すなわち，格子点を頂点とする正三角形が存在します．例えば，3点 $(1, 0, 0)$, $(0, 1, 0)$, $(0, 0, 1)$ を頂点とする三角形は正三角形です．さらに格子点を頂点とする正四面体も存在します．実際，4点 $(1, -1, 1)$, $(-1, 1, 1)$, $(1, 1, -1)$, $(-1, -1, -1)$ をとればわかります．平面と空間ではかなり様子が違います．

3． (ロ)の有理数と無理数についての性質は，実数と虚数でも成り立ちます．

「α が虚数，p と q が実数のとき，
$$p + q\alpha = 0 \implies p = q = 0\text{」}$$
証明は(ロ) (*) と全く同様で，このときは

実数の和・差・積・商は実数である

を利用します．

―― 整数係数の n 次方程式の有理数解：3 次方程式，有理数・無理数 ――

7 $a = \sqrt[3]{\sqrt{\dfrac{65}{64}} + 1} - \sqrt[3]{\sqrt{\dfrac{65}{64}} - 1}$ とする．次の問に答えよ．

(1) a は整数を係数とする 3 次方程式の解であることを示せ．
(2) a は有理数でないことを証明せよ．

〔弘前大〕

アプローチ

(イ) (1)でするべき作業は

$$\left(\sqrt[3]{}\right)^3, \quad \left(\sqrt{}\right)^2$$

です．つまり，有理化（●³−●³, ●²−●²）です．

(ロ) 有理数については **6** を参照してください．(2)は，(1)で a を解にもつ方程式を求めているので，その方程式が有理数解をもたないことを示せばよいでしょう．ここで背理法を用いるのは **6** と同じです．

解答

(1) $\alpha = \sqrt[3]{\sqrt{\dfrac{65}{64}} + 1}, \ \beta = \sqrt[3]{\sqrt{\dfrac{65}{64}} - 1}$ とおくと

$$a = \alpha - \beta, \ \alpha\beta = \sqrt[3]{\dfrac{65}{64} - 1} = \sqrt[3]{\dfrac{1}{64}} = \dfrac{1}{4}, \ \alpha^3 - \beta^3 = 2$$

となる．これを

$$\alpha^3 - \beta^3 = (\alpha - \beta)^3 + 3\alpha\beta(\alpha - \beta)$$

へ代入して

$$2 = a^3 + 3 \cdot \dfrac{1}{4} \cdot a \iff 4a^3 + 3a - 8 = 0 \qquad \cdots\cdots ①$$

よって，a は $4x^3 + 3x - 8 = 0$ の解である． □

(2) a が有理数であると仮定すると $a > 0$ だから $a = \dfrac{p}{q}$（ただし p, q は互いに素な自然数）とおける．①に代入すると

$$4 \cdot \dfrac{p^3}{q^3} + 3 \cdot \dfrac{p}{q} - 8 = 0 \iff \dfrac{4p^3}{q} = -3pq + 8q^2 \qquad \cdots\cdots ②$$

右辺は整数だから左辺も整数である．これと p, q は互いに素から q は 4 の正の約数つまり 1, 2, 4 のいずれかである．さらに

② $\iff 4p^3 + 3pq^2 - 8q^3 = 0 \iff \dfrac{8q^3}{p} = 4p^2 + 3q^2$

この右辺は整数だから左辺も整数である．これと p, q は互いに素から p は 8 の正の約数つまり 1, 2, 4, 8 のいずれかである．以上から a は 1, 2, 4, 8, $\dfrac{1}{2}$, $\dfrac{1}{4}$ の可能性しかない．しかしこれらを実際に①に代入しても成立しないことがわかるので，a は有理数ではない． □

(フォローアップ)

1．整数係数の n 次方程式 $ax^n + \cdots + b = 0$ を解くとき，$x = \pm \dfrac{(b \text{ の約数})}{(a \text{ の約数})}$ を代入して解をみつけて因数分解しているでしょう．それは直感的にいえば，$ax^n + \cdots + b = (\bigcirc x - \triangle) \cdots (\bigcirc x - \triangle)$ と因数分解できたなら $\bigcirc$ の積は a，$\triangle$ の積は b になるはずで，だから有理数解は $\pm \dfrac{\triangle}{\bigcirc} = \pm \dfrac{(b \text{ の約数})}{(a \text{ の約数})}$ となるからです．このような解のみつけ方がわかっているなら，(1)の方程式をみたときに有理数解の可能性はすぐに絞れて，それをしらみつぶしするだけだとわかるはずです．そのことをきちんと証明したのが(2)です．

上のことを一般にいうと次のようになります．このときの式変形のポイントは，分数を 1 か所だけ残して，他はすべて整数にするところです．

> 整数係数の方程式
> $$a_n x^n + a_{n-1} x^{n-1} + \cdots\cdots + a_1 x + a_0 = 0 \quad (a_n a_0 \neq 0)$$
> が有理数解をもつとき，その解は $\pm \dfrac{(a_0 \text{ の約数})}{(a_n \text{ の約数})}$

《証明》 その有理数解を $\dfrac{p}{q}$ (p, q は互いに素) とおき，方程式に代入して

$$a_n \left(\dfrac{p}{q}\right)^n + a_{n-1}\left(\dfrac{p}{q}\right)^{n-1} + \cdots\cdots + a_1 \dfrac{p}{q} + a_0 = 0$$

$a_n a_0 \neq 0$ だから $pq \neq 0$ としてよい．上式を q^{n-1} 倍した式と，q^n 倍して p で割った式は次の通り．

$$\dfrac{a_n p^n}{q} = -(a_{n-1} p^{n-1} + \cdots\cdots + a_1 p q^{n-2} + a_0 q^{n-1})$$

$$\dfrac{a_0 q^n}{p} = -(a_n p^{n-1} + a_{n-1} p^{n-2} q + \cdots\cdots + a_1 q^{n-1})$$

上式の右辺はともに整数だから左辺も整数である．p, q は互いに素であり，左辺が整数であることから q は a_n の約数で p は a_0 の約数であることがわかる． □

この命題は a_n が 1 のときは，$\pm \dfrac{(a_0 \text{の約数})}{1} = (\text{整数})$ となるので，次のようになります．

> 最高次の係数が 1 である整数係数の n 次方程式が有理数解をもつときは，それは整数解 (定数項の約数) となる．

> 例　m を整数とする．
> (1) $x^2 + 3x + m = 0$ が有理数解をもつならば，m は偶数であることを示せ．　　〔九州大〕
> (2) $x^2 + mx + 7 = 0$ の解がすべて有理数となる m の値を求めよ．　　〔岩手大〕

《解答》　まず，整数係数の方程式 $x^2 + ax + b = 0$ が有理数解 $\alpha = \dfrac{p}{q}$ をもつとする．ただし p, q は互いに素な整数で $q > 0$ とする．これを代入すると

$$\alpha^2 + a\alpha + b = 0 \iff \left(\dfrac{p}{q}\right)^2 + a \cdot \dfrac{p}{q} + b = 0$$

$$\therefore \ \dfrac{p^2}{q} = -ap - bq$$

右辺は整数だから左辺も整数である．p, q は互いに素な整数で $q > 0$ だから $q = 1$ となる．つまり α は整数である．これより (1)(2) の有理数解は整数解である．

(1)　その整数解を n とおくと与式に代入して
$$n^2 + 3n + m = 0 \iff m = -n^2 - n - 2n = -n(n+1) - 2n$$
$n(n+1)$ は連続する 2 整数の積だから偶数である．よって m は偶数である．
□

(2)　その 2 整数解を $\alpha, \beta \ (\alpha \geq \beta)$ とおくと解と係数の関係より

$$\alpha + \beta = -m \cdots\cdots ①, \quad \alpha\beta = 7 \cdots\cdots ②$$

α, β は整数だから②より

$$(\alpha, \beta) = (7, 1), (-1, -7)$$

これらを①に代入して $m = \pm 8$

《注》 (1)は「すべての解が有理数」とはいっていないので，解と係数の関係は用いませんでした．

上の命題の証明や例で「互いに素」な 2 数についての次の性質を用いています：

「整数 a, b が互いに素のとき，整数 c について
bc が a で割り切れる $\implies$ c が a で割り切れる」

これは互いに素の定義 (共通の素因数をもたない) と素因数分解の性質からあたりまえです．実際，bc に a の素因数分解の素因数の自然数乗がはいりますが，a と b が互いに素なので，それは b には含まれず c にすっぽり含まれるからです．このようにあたりまえなので，証明するようなことがらではありませんが，互いに素が仮定されているときにはしばしば用います．「互いに素」がでてきたら，ぜひ思い起こすようにしてください．

2. 本問とよく似た問題に次のものがあります．

例

(1) $\cos 20°$ を解にもつ 3 次方程式を 1 つ求めよ．

(2) $\cos 20°$ が無理数であることを証明せよ．

《解答》 (1) $x = \cos 20°$ として $\cos 3\theta = 4\cos^3\theta - 3\cos\theta$ に $\theta = 20°$ を代入すると

$$\cos 60° = 4\cos^3 20° - 3\cos 20° \iff 4x^3 - 3x - \frac{1}{2} = 0$$

$$\iff 8x^3 - 6x - 1 = 0 \qquad\qquad \cdots\cdots ①$$

(2) 本解答と同様にすると，①が有理数解をもつとすれば

$$1, \pm\frac{1}{2}, \pm\frac{1}{4}, \pm\frac{1}{8}$$

のいずれかである．しかし実際①に代入しても成立しない．ということは①は有理数解をもたないので，実数 $\cos 20°$ は無理数である． □

なお次のように工夫するとすこし計算が軽減されます：
①から
$$(2x)^3 - 3(2x) - 1 = 0 \qquad \cdots\cdots\cdots ②$$
となるので，$x = \cos 20°$ が有理数ならば，$2x$ も有理数であり，すると同様の議論から $2x\ (>0)$ は 1 の約数だから 1 となるが，これは②をみたさない．また，(1)については 20 も参照 (そこでの記号でいうと $T_3(x)$ を用いています).

3. 3次方程式にも解の公式が存在します．もちろん受験で用いることはありませんが，その公式を強引に用いて本問のような値を求め，そこから逆に元の方程式を作らせるという作業は出題されています．次の例題も本問と同じ流れで3次方程式を作り，その解を因数分解で求めることで解決します．もちろんその誘導はあるので心配不要です．

> **例** $a = \sqrt[3]{\sqrt{\dfrac{28}{27}}+1} - \sqrt[3]{\sqrt{\dfrac{28}{27}}-1}$ は整数である．その整数を求めよ． 〔大阪教育大の一部〕

《解答》 $\alpha = \sqrt[3]{\sqrt{\dfrac{28}{27}}+1},\ \beta = \sqrt[3]{\sqrt{\dfrac{28}{27}}-1}$ とおくと，

$$a = \alpha - \beta,\ \alpha\beta = \sqrt[3]{\dfrac{28}{27}-1} = \sqrt[3]{\dfrac{1}{27}} = \dfrac{1}{3},\ \alpha^3 - \beta^3 = 2$$

となる．よって
$$\alpha^3 - \beta^3 = (\alpha-\beta)^3 + 3\alpha\beta(\alpha-\beta)$$
へ代入して
$$2 = a^3 + 3 \cdot \dfrac{1}{3} \cdot a \iff a^3 + a - 2 = 0$$
$$\iff (a-1)(a^2 + a + 2) = 0$$

$a^2 + a + 2 = 0$ は実数解をもたないので，$a = \mathbf{1}$ □

3次方程式の解の公式で $x^3 + x - 2 = 0$ を解くと，上の複雑な a がでてくるのです．しかしこの a は実際は整数 1 なのですから，2次方程式のときと違って3次方程式の解の公式はあまり実用的でないことがわかります．

---- 部屋割り論法 ----

8

(1) n を正の整数とする．$x_1, x_2, \cdots, x_{n+1}$ を閉区間 $0 \leq x \leq 1$ 上の異なる点とする．このとき，$0 < x_k - x_j \leq \dfrac{1}{n}$ をみたす j, k が存在することを示せ．

(2) ω を正の無理数とする．任意の正の整数 n に対して，
$0 < l\omega + m \leq \dfrac{1}{n}$ をみたす整数 l, m が存在することを示せ．

〔千葉大〕

アプローチ

(イ) 非常に抽象的な設定での存在証明です．番号 (整数) の存在を示せといっていますが，とてもやりにくく感じるでしょう．すこし具体的に考えてみます．(1)で $n=4$ として，数直線の $0 \leq x \leq 1$ の部分に 4 点あるとして，どれか 2 個は距離が $\dfrac{1}{3}$ 以下であることを示せというのです．図を描いてみると，そのような 2 点があるのはあたりまえです．長さが 1 の区間 $0 \leq x \leq 1$ に 4 点あり，その長さを 3 等分した長さが $\dfrac{1}{3}$ です．そこで，区間を $\dfrac{1}{3}$ の長さの 3 つの小区間に分けてみます．するとどれかに必ず 2 点はいります．これを一般化したものが，「部屋割り論法」(鳩の巣原理，引き出し論法) です．

「部屋の数が n であるとき，$n+1$ 人以上の人間に対して部屋割りをしようとすれば，必ずある部屋には 2 人以上が割り当てられる」

(ロ) (2)はもちろん(1)を利用せよということなのでしょうが，文字が多くて(1)以上に考えにくい問題です．上と同様に，文字に具体的な数字をあてはめて少し手が動きそうな問題に変えましょう．つまり実験です．まず抽象的な問題を具体的な内容に変えて考え，つぎにそれを一般化していきます．このとき $n=1$ などの特殊すぎて一般化しにくい実験は意味がありません．具体的な作業も一般的な問題ならどうなるのかを意識して実験しましょう．そこで，手始めに次のような問題に変えてみることにします．

> **例** $0 < l\sqrt{2} + m \leq \frac{1}{2}$ をみたす整数 l, m が存在することを，(1)の内容：
> 「0以上1以下に異なる3数を選べば，その3数から2数を選んで差をとると少なくとも一つは0より大きく $\frac{1}{2}$ 以下になる」
> を利用して証明せよ．

まず0以上1以下の3数を選ぼうと考えます．その3数はどのような形をしているのか？ まずどの2数の差も $○\sqrt{2} + △$ の形で○，△の部分は整数であってほしい．$○\sqrt{2} + △$ の形の2数の差も同じ形になるので，3数ともこの形 $○\sqrt{2} + △$ にとりましょう．$\sqrt{2}$ の係数の整数○はとりあえずこだわりなく1, 2, 3とします．△の整数は？ そもそも選んだ3数は0以上1以下にしたいのだから，$\sqrt{2}, 2\sqrt{2}, 3\sqrt{2}$ から整数部分をとりさって小数部分にしないと駄目なことがわかります．

$$\sqrt{2} = 1.41\cdots, \quad 2\sqrt{2} = 2.82\cdots, \quad 3\sqrt{2} = 4.24\cdots$$

だから，選ぶ3数の一例は

$$\sqrt{2} - 1 = 0.41\cdots, \quad 2\sqrt{2} - 2 = 0.82\cdots, \quad 3\sqrt{2} - 4 = 0.24\cdots$$

であることがわかりました．これらはすべて異なる3数だから，これらから2数を選び差(の絶対値)をとると

$$\sqrt{2} - 1, \quad 2 - \sqrt{2}, \quad 3 - 2\sqrt{2}$$

となり，これらの中には必ず0より大きく $\frac{1}{2}$ 以下のものが含まれます．

これを一般化してみましょう．$\sqrt{2}$ を ω に変え，$1\sqrt{2}, 2\sqrt{2}, 3\sqrt{2}$ を $1\omega, 2\omega, \cdots, n\omega$ に変え，これらの小数部分をとればよいことがわかります (☞ 36)．さて，具体例では許されても一般では許されない部分はどこでしょうか？ それは選んだ n 数

$$1\omega - [1\omega], \quad 2\omega - [2\omega], \quad 3\omega - [3\omega], \quad \cdots, \quad n\omega - [n\omega]$$

がすべて異なるのかというところです．具体的な数のときは確認できましたが，これらの数では確認できません．このことを一般的に証明する必要があります．そこで ω が無理数であることが効いてきます．

解答

(1) 区間 $I = [0, 1]$ は
$$I_1 = \left[0, \frac{1}{n}\right], \ I_2 = \left[\frac{1}{n}, \frac{2}{n}\right], \ \cdots, \ I_n = \left[\frac{n-1}{n}, 1\right]$$
の n 個の区間に分けられる：$I = I_1 \cup I_2 \cup \cdots \cup I_n$. 異なる $n+1$ 個の点 $x_1, x_2, \cdots, x_{n+1}$ はすべて I に属するので, $I_1 \sim I_n$ のいずれかには 2 つ以上の $x_i \ (0 \leq i \leq n)$ が含まれる. その区間を I_l とし, それに含まれるものを $x_j, x_k \ (x_j < x_k)$ とおくと
$$\frac{l-1}{n} \leq x_j < x_k \leq \frac{l}{n}$$
だから $0 < x_k - x_j \leq \dfrac{l}{n} - \dfrac{l-1}{n} = \dfrac{1}{n}$ である. □

(2) x の整数部分を $[x]$, 小数部分を $\langle x \rangle$ と表す：$\langle x \rangle = x - [x]$.
$$x_i = \langle i\omega \rangle \ \ (i = 1, 2, \cdots, n+1)$$
とおくと, $0 \leq x_i < 1$ である. また, $x_i = x_j \ (i \neq j)$ を仮定すると
$$i\omega - [i\omega] = j\omega - [j\omega] \quad \therefore \ \omega = \frac{[i\omega] - [j\omega]}{i - j} = (有理数)$$
となり ω が無理数であることに反する. ゆえに $x_i \neq x_j \ (i \neq j)$ である.

したがって, $x_i \ (i = 1, 2, \cdots, n+1)$ はすべて I に属する異なる数であり, (1)から
$$0 < x_k - x_j \leq \frac{1}{n} \quad \therefore \ 0 < (k-j)\omega + ([j\omega] - [k\omega]) \leq \frac{1}{n}$$
となる j, k が存在する. このとき $l = k - j, \ m = [j\omega] - [k\omega]$ とおけば l, m は整数であり, $0 < l\omega + m \leq \dfrac{1}{n}$ である. □

フォローアップ

1. 一般に条件をみたす整数の存在を示すには,
(i) 具体的に 1 つ作る (作り方を示す)
(ii) 背理法
(iii) $b - a > 1$ のとき $a < x < b$ をみたす整数 x が存在する
などが考えられますが, ここではこれらではなく
(iv) 部屋割り論法
を利用しています. それほど入試に出題されるわけではありませんが, 知っておいてほしい論法です.

部屋割り論法の使い方の要点は，まずモノの個数をみて，それより小さい個数の部屋をきめることです．このあたりは慣れないとやりにくいかもしれません．なお，普通は部屋はどの2つも交わらないようにとりますが，上の解答での部屋 I_j は連続するものが端点を共有しています．それでも上の議論は成り立ちますので，これで問題ありません (各部屋に1個以下しかモノがはいらなければ，モノの総数は部屋の個数以下になってしまう).

> **例** $n+1$ 個の自然数の中にはその差が n の倍数であるような2数がある．

《解答》 n で割ったときに余りが r となる自然数全体を S_r とおく．自然数全体 ($\mathbb{N}$ とかく) は S_0, S_1, $\cdots$, S_{n-1} の n 個に分けられる：
$$\mathbb{N} = S_0 \cup S_1 \cup \cdots \cup S_{n-1}$$
したがって，$n+1$ 個の自然数のいずれか2つは同じ S_r に属し，それらを a, b とおくと
$$a = nq_1 + r, \quad b = nq_2 + r$$
(q_1, q_2 は整数) とかけるので
$$a - b = n(q_1 - q_2) = (n \text{ の倍数})$$
である． □

2. (1)は背理法でもできます．

別解 $x_1 \sim x_{n+1}$ のどの2つの距離も $\dfrac{1}{n}$ より大きいとする．このとき $x_1 \sim x_{n+1}$ を小さいものから順に並べたものを $x_{i_1}, \cdots, x_{i_{n+1}}$ とすると
$$0 \leqq x_{i_1} < x_{i_2} < \cdots < x_{i_{n+1}} \leqq 1$$
である．
$$x_{i_2} - x_{i_1} > \frac{1}{n}, \quad x_{i_3} - x_{i_2} > \frac{1}{n}, \quad \cdots, \quad x_{i_{n+1}} - x_{i_n} > \frac{1}{n}$$
だから，これらを辺々加えると
$$x_{i_{n+1}} - x_{i_1} > n \cdot \frac{1}{n} = 1$$
となり，$x_{i_{n+1}} - x_{i_1} \leqq 1$ に反する．

ゆえに，$x_1 \sim x_{n+1}$ のいずれか2つの距離は $\dfrac{1}{n}$ 以下であり，題意が示された． □

51 – 9

---— 場合の数：組分け問題 ———

9 n を正の整数とし，n 個のボールを 3 つの箱に分けて入れる問題を考える．ただし，1 個のボールも入らない箱があってもよいものとする．以下に述べる 4 つの場合について，それぞれ相異なる入れ方の総数を求めたい．

(1) 1 から n まで異なる番号のついた n 個のボールを，A，B，C と区別された 3 つの箱に入れる場合，その入れ方は全部で何通りあるか．

(2) 互いに区別のつかない n 個のボールを，A，B，C と区別された 3 つの箱に入れる場合，その入れ方は全部で何通りあるか．

(3) 1 から n まで異なる番号のついた n 個のボールを，区別のつかない 3 つの箱に入れる場合，その入れ方は全部で何通りあるか．

(4) n が 6 の倍数 $6m$ であるとき，n 個の互いに区別のつかないボールを，区別のつかない 3 つの箱に入れる場合，その入れ方は全部で何通りあるか．

〔東京大〕

アプローチ

(イ) 異なる n 個のものから，重複を許して k 個を選ぶ組合せは重複組合せといいます．これは方程式の整数解の個数と考えられ，次のように ○ と │ (仕切り) で数えます．

例

(1) $x + y + z = 10$ をみたす自然数解は何組あるか．

(2) $x + y + z = 10$ をみたす負でない整数解は何組あるか．

(3) $x + y + z \leq 10$ をみたす負でない整数解は何組あるか．

(4) $x + y + z = 10$, $x \geq 0$, $y \geq 1$, $z \geq 2$ をみたす整数解は何組あるか．

《解答》

(1)　○○○|○○○○|○○○　　$x=3,\ y=4,\ z=3$

(2)　|○○○○○○○|○○○　　$x=0,\ y=7,\ z=3$

　　○○○○||○○○○○○　　$x=4,\ y=0,\ z=6$

　　||○○○○○○○○○○　　$x=0,\ y=0,\ z=10$

(3)　○○|○○|○○|○○○○　　$x=2,\ y=2,\ z=2$

　　|○○○○○○|○○○○|　　$x=0,\ y=6,\ z=4$

　　|||○○○○○○○○○○　　$x=0,\ y=0,\ z=0$

(1)　一列に並んだ10個の○の間9か所から2か所選んで仕切りを入れる．最初の仕切りまでの○の個数が x，次の仕切りまでの○の個数が y，残りの○の個数が z とできるので，求める場合の数は

$$_9\mathrm{C}_2 = \textbf{36 通り}$$

(2)　10個の○と2個の仕切りを混ぜて一列に並べる．最初の仕切りまでの○の個数が x，次の仕切りまでの○の個数が y，残りの○の個数が z とできるので，求める場合の数は

$$\frac{12!}{10!\cdot 2!} = \textbf{66 通り}$$

(3)　10個の○と3個の仕切りを混ぜて一列に並べる．最初の仕切りまでの○の個数が x，次の仕切りまでの○の個数が y，その次の仕切りまでの○の個数が z（残った○は捨てる）とできるので，求める場合の数は

$$\frac{13!}{10!\cdot 3!} = \textbf{286 通り}$$

(4)　$y \geqq 1 \iff y-1 \geqq 0$ であり，$z \geqq 2 \iff z-2 \geqq 0$ だから，$y' = y-1,\ z' = z-2$ とおくと $y' \geqq 0,\ z' \geqq 0$ となる．さらに，$y = y'+1,\ z = z'+2$ を $x+y+z=10$ に代入して

$$x + (y'+1) + (z'+2) = 10 \iff x + y' + z' = 7$$

(2)と同様に考えて，7個の○と2個の仕切りを一列に並べる順列の総数を求めればよい．したがって

$$\frac{9!}{7!\cdot 2!} = \textbf{36 通り} \qquad \square$$

これらの作業は応用できるようにしましょう．$x_1 + x_2 + \cdots + x_n = k$ をみたす整数解の個数は，$x_i \geq 0$ $(i = 1, 2, \cdots, n)$ なら k 個の ○ と $n-1$ 個の仕切りを一列に並べる順列の総数に等しいので，
$$\frac{(k+n-1)!}{k! \cdot (n-1)!} (= {}_{k+n-1}\mathrm{C}_k) \text{ 通り}$$
となります (これは，異なる n 個の中から重複を許して k 個を選ぶ場合の数と同じです)．また，$x_i > 0$ $(i = 1, 2, \cdots, n)$ なら，まず k 個の ○ を並べます．その ○ の $k-1$ か所の間から $n-1$ か所を選び仕切りを入れる場合の数に等しいので，
$$_{k-1}\mathrm{C}_{n-1} \text{ 通り}$$
となります．

(ロ)　$n = 3$ のときボールを①②③として(1)と(3)を数えてみます．

(1)は (A のボール｜B のボール｜C のボール) として

(i)　(①②③｜空｜空), (空｜①②③｜空), (空｜空｜①②③)

(ii)　(①②｜③｜空), (①②｜空｜③), (③｜①②｜空), (③｜空｜①②), (空｜①②｜③), (空｜③｜①②)

(iii)　(①③｜②｜空), (①③｜空｜②), (②｜①③｜空), (②｜空｜①③), (空｜①③｜②), (空｜②｜①③)

(iv)　(②③｜①｜空), (②③｜空｜①), (①｜②③｜空), (①｜空｜②③), (空｜②③｜①), (空｜①｜②③)

(v)　(①｜②｜③), (①｜③｜②), (②｜①｜③), (②｜③｜①), (③｜①｜②), (③｜②｜①)

の 27 通りです．これが(3)になると(i)〜(v)の 5 通りです．これからわかるように空箱が 2 つあるときは(3) → (1)は 3 倍になり，それ以外は(3) → (1)は 3! 倍になります．これを一般化すれば(3)は求まります．

(3)においては，空箱の個数でタイプを分けると

・タイプ I ：(① , ② , ③④⑤ ⋯ ⓝ) など
・タイプ II ：(空 , ① , ②③④⑤ ⋯ ⓝ) など
・タイプ III ：(空 , 空 , ①②③④⑤ ⋯ ⓝ)

となり，これらはそれぞれ 1 通りとして数えています．(1)ではこれに組の区別がつくことになり，タイプ I ，II では

(A, B, C), (A, C, B), (B, A, C), (B, C, A), (C, A, B), (C, B, A)

の6通りとして数え，タイプⅢでは

(A, B, C), (A, C, B), (B, C, A)

の3通りとして数えています．

だから，

〔(3)の答え〕＝ $\dfrac{〔(1)のタイプⅠ，Ⅱの場合の数〕}{6}$ ＋ $\dfrac{〔(1)のタイプⅢの場合の数〕}{3}$

となります．

(ハ) $n=6$ として(2)と(4)を数えてみます．

　(2)は (Aのボールの数，Bのボールの数，Cのボールの数) として

(i)　(6, 0, 0), (0, 6, 0), (0, 0, 6)

(ii)　(5, 1, 0), (5, 0, 1), (1, 5, 0), (1, 0, 5), (0, 1, 5), (0, 5, 1)

(iii)　(4, 2, 0), (4, 0, 2), (2, 4, 0), (2, 0, 4), (0, 4, 2), (0, 2, 4)

(iv)　(3, 3, 0), (3, 0, 3), (0, 3, 3)

(v)　(4, 1, 1), (1, 4, 1), (1, 1, 4)

(vi)　(3, 2, 1), (3, 1, 2), (2, 3, 1), (2, 1, 3), (1, 2, 3), (1, 3, 2)

(vii)　(2, 2, 2)

の28通りです．これが(4)になると(i)〜(vii)の7通りです．これからわかるように3箱とも同じ個数のときは(4)→(2)で変化なし，2箱が同じ個数の場合は(4)→(2)で3倍，すべて個数が異なるときは(4)→(2)で3!倍になることがわかります．これを一般化すれば(4)は求まります．

　(4)においてボールの個数が

・タイプⅣ：(1個，2個，$6m-3$個) など

・タイプⅤ：(1個，1個，$6m-2$個) など

・タイプⅥ：(m個，m個，m個)

などはそれぞれ1通りと数えられていますが，(2)ではこれに組の区別がつくことになり，タイプⅣでは

(A, B, C), (A, C, B), (B, A, C), (B, C, A), (C, A, B), (C, B, A)

の6通りとして数え，タイプⅤでは

(A, B, C), (A, C, B), (B, C, A)

の3通りとして数え，タイプⅥでは

$$(A, B, C)$$

の 1 通りだから変化はありません．

だから，

〔(4)の答え〕 $= \dfrac{〔(2)のタイプⅣの場合の数〕}{6} + \dfrac{〔(2)のタイプⅤの場合の数〕}{3}$
$+ 〔(2)のタイプⅥの場合の数〕$

となります．

(ニ) 順列・組合せの公式を初めて習ったときの事を思い出してください．まず，積の法則から異なる n 個のものから k 個を選んで並べる順列の総数 ${}_n\mathrm{P}_k$ を習いました (この特殊ケースとして n 個すべてを並べるのが $n!$ 通りです). その後，異なる n 個のものから k 個を選ぶ組合せの総数 (x 通り) を

$(x$ 通りを選んで$) \times ($並べる$) = ($選んで並べる$)$

と考えて

$$x \cdot k! = {}_n\mathrm{P}_k \quad \therefore \quad x = \dfrac{{}_n\mathrm{P}_k}{k!}$$

とし，これを ${}_n\mathrm{C}_k$ と習ったはずです．本問はこの流れに沿っています．まず，区別のある組に分ける ((1)(2)のこと)，その後区別のつけ方を考え，区別のない組に分けるのを考える ((3)(4)のこと) という流れです．つまり，おおざっぱにいうと

(区別のない組に分ける) × (区別をつける) = (区別のある組に分ける)

$\therefore \quad$ (区別のない組に分ける) $= \dfrac{(区別のある組に分ける)}{(区別をつける)}$

ということです．

解答

(1) n 個のボールそれぞれについて，箱 A, B, C への 3 通りの入れ方があるから，求める入れ方の総数は

$$3^n \text{ 通り}$$

(2) n 個の ○ と 2 個の │ (=仕切り) を 1 列に並べる．そして，最初の │ までを A のボール，次の │ までを B のボール，残りを C のボールとすればよいので，求める場合の数はこの (同じものを含む) 順列の総数と等しい．よって

$$\dfrac{(n+2)!}{n! \cdot 2!} = \dfrac{(n+2)(n+1)}{2} \text{ 通り}$$

(3) (1)の状況から箱の区別をなくすと考える．(1)の場合の数のうち空箱が2箱あるときの3通りは，(3)では1通りと数え，それ以外の $3^n - 3$ 通りはすべて $\frac{1}{3!}$ 倍すればよいので，

$$\frac{3^n - 3}{3!} + 1 = \frac{3^{n-1} + 1}{2} \text{ 通り}$$

(4) (2)の結果に $n = 6m$ を代入すると

$$\frac{(6m + 2)(6m + 1)}{2} = 18m^2 + 9m + 1 \text{ 通り}$$

このうち

(i) A，B，Cのすべてのボールの個数が等しいのは，$(2m, 2m, 2m)$ の1通り．

(ii) A，B，Cのうち2つだけのボールの個数が等しいものを考える．A，Bのボールの個数が等しく，Cのボールの個数が異なるのは，
$(0, 0, 6m), (1, 1, 6m-2), \cdots, (3m, 3m, 0)$ から $(2m, 2m, 2m)$ を除いた $3m$ 通りである．BとC，CとAのボールの個数が等しくなるのも同様だから，この場合は全部で $3m \cdot 3 = 9m$ 通り．

(2)の状況から箱の区別をなくすと考える．(i)のタイプは(4)でも1通りで，(ii) の $9m$ 通りは(4)では $3m$ 通りになり，(i)(ii)でもない
$18m^2 + 9m + 1 - (1 + 9m) = 18m^2$ 通りは(4)では $\frac{1}{3!}$ 倍になる．したがって，求める場合の数は

$$\frac{18m^2}{3!} + 3m + 1 = (\mathbf{3m^2 + 3m + 1}) \text{ 通り}$$

(フォローアップ)

1. (3)では最初から n が6の倍数と限定していましたが，難易度の高い問題では場合分けをするときもあります．簡単な例として，

> 例　$x + y = n, x > y$ となる自然数の組の個数を求めよ．

$n = 8$ のとき，$x + y = 8, x > y$ となる自然数 x, y は
$$(x, y) = (7, 1), (6, 2), (5, 3)$$
$n = 9$ のとき，$x + y = 9, x > y$ となる自然数 x, y は
$$(x, y) = (8, 1), (7, 2), (6, 3), (5, 4)$$

この例から n の偶奇の場合分けが必要なのがわかります．結局求める個数は

《解答》
$$\begin{cases} n \text{ が偶数のとき}: (n-1, 1), \cdots, \left(\dfrac{n}{2}+1, \dfrac{n}{2}-1\right) \text{の} \dfrac{n}{2}-1 \\ n \text{ が奇数のとき}: (n-1, 1), \cdots, \left(\dfrac{n+1}{2}, \dfrac{n-1}{2}\right) \text{の} \dfrac{n-1}{2} \end{cases}$$

2. (4)の別解のための準備をします．$\sum (k \text{ の } 1 \text{ 次式})$ の計算は，等差数列の和の公式を利用します．

$$\sum_{k=m}^{n}(pk+q) = \frac{(\text{初項}) + (\text{末項})}{2} \cdot (\text{項数})$$
$$= \frac{(pm+q)+(pn+q)}{2} \cdot (n-m+1)$$

また，xy 平面の領域に含まれる格子点 (x, y 座標が整数の点) の個数を数えるときは，$x=k$ または $y=k$ 上の格子点の個数を数え，その k についての和を求めます．

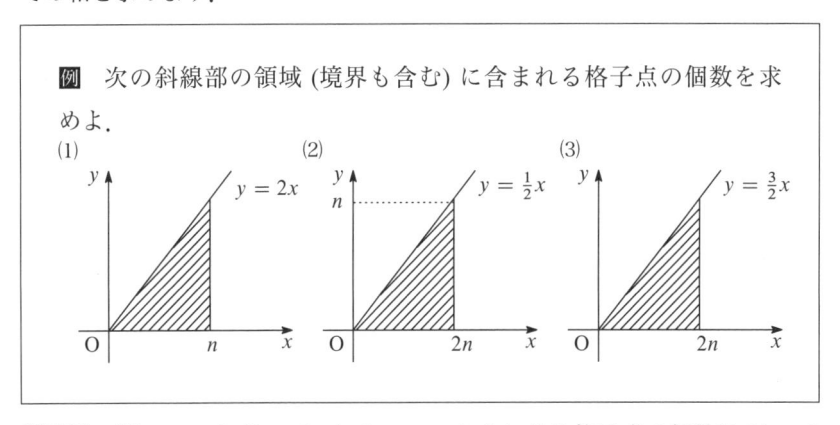

例 次の斜線部の領域 (境界も含む) に含まれる格子点の個数を求めよ．

(1) $y = 2x$, 範囲 0 〜 n

(2) $y = \dfrac{1}{2}x$, 範囲 0 〜 $2n$, 高さ n

(3) $y = \dfrac{3}{2}x$, 範囲 0 〜 $2n$

《解答》(1) $x = k$ $(k = 0, 1, 2, \cdots, n)$ 上にある格子点の個数は $2k+1$ だから，
$$\sum_{k=0}^{n}(2k+1) = \frac{1+(2n+1)}{2} \cdot (n+1) = \boldsymbol{(n+1)^2}$$

(2) $y = k$ $(k = 0, 1, 2, \cdots, n)$ 上にある格子点の個数は $2n-2k+1$ だから，
$$\sum_{k=0}^{n}(2n-2k+1) = \frac{(2n+1)+1}{2} \cdot (n+1) = \boldsymbol{(n+1)^2}$$

(3) $x = 2k$ $(k = 0, 1, \cdots, n)$ 上にある格子点の個数は $3k + 1$. また, $x = 2k - 1$ のとき $y = \dfrac{3}{2}x = (3k - 2) + \dfrac{1}{2}$ だから, $x = 2k - 1$ $(k = 1, 2, \cdots, n)$ 上の格子点の個数は $3k - 2 + 1 = 3k - 1$

よって, 求める格子点の個数は
$$\sum_{k=0}^{n}(3k+1) + \sum_{k=1}^{n}(3k-1) = 1 + \sum_{k=1}^{n}6k = 3n(n+1) + 1 \quad \square$$

3. (4)は単独の問題として出題されるときが多いようです. 実は, 次のように求めるのが応用範囲が広い解法といえます.

別解 3つの箱に入るボールの個数を小さい順に x, y, z とすると
$$0 \leqq x \leqq y \leqq z, \quad x + y + z = 6m$$
これらの条件から z を消去すると
$$0 \leqq x \leqq y \leqq 6m - x - y \quad \therefore \quad x \geqq 0, \ y \geqq x, \ x + 2y \leqq 6m$$

これらを同時にみたす整数の組 (x, y) の個数を求めればよい. そこでこの不等式を xy 平面に図示すると右の斜線部のようになり, この領域に含まれる格子点の個数を求めればよい.

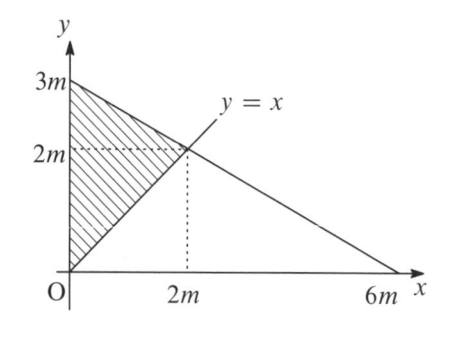

・ $y = k$ $(k = 0, 1, \cdots, 2m - 1)$ 上にある格子点は $k + 1$ 個ある.

・ $y = k$ $(k = 2m, 2m + 1, \cdots, 3m)$ 上にある格子点は $6m - 2k + 1$ 個ある.

したがって, 求める場合の数は
$$\sum_{k=0}^{2m-1}(k+1) + \sum_{k=2m}^{3m}(6m - 2k + 1)$$
$$= \dfrac{1 + 2m}{2} \cdot 2m + \dfrac{2m + 1 + 1}{2} \cdot (m + 1) = 3m^2 + 3m + 1 \quad \square$$

この解法では, x, y が整数のとき $z = 6m - x - y$ も整数になることを注意しておきます. つまり対応 $(x, y, z) = (x, y, 6m - x - y) \leftrightarrows (x, y)$ は格子点を格子点にうつすので, (x, y) の個数を数えればよいのです.

―― 確率の最大最小：離散変数関数の増減 ――

10 10個の白玉と20個の赤玉が入った袋から，でたらめに1個ずつ玉を取り出す．ただし，いったん取り出した玉は袋へはもどさない．

(1) n 回目にちょうど4個目の白玉が取り出される確率 p_n を求めよ．ここで，n は $4 \leq n \leq 24$ を満たす整数である．

(2) 確率 p_n が最大になる n を求めよ．

〔神戸大〕

アプローチ

(イ) 確率の問題を解くときの基本姿勢は

(i) 同じものでも区別する

(ii) 確率の分母(全事象の場合の数)は，問題文に忠実にきめる

(iii) なるべく $_nP_k$, $_nC_k$ などの記号を使う

(iv) 独立試行でないときは，確率をかけない(条件つき確率のとき以外)

です．もちろん例外的にこのルールを破っても答えを得ることがありますが，あくまでも例外です．原則としてまずこの姿勢を確立させましょう．

(i) 無意識のうちにおこなっているようですが，きちんと意識しましょう．例えば赤玉2個と白玉1個が入っている袋から1個の玉を取り出すとします．「色の取り出し方は何通りか？」という問いには赤か白かの2通りと答えます．だからといって赤の出る確率は赤か白かの $\frac{1}{2}$ ではありません．もちろん $\frac{2}{3}$ です．この分母が3であるのは，赤玉を区別し㊿$_1$，㊿$_2$，㊾の3通りの取り出し方があると考えているからです．一般化すると，すべての根元事象の起こり方が同様に確からしいようにすることが大切です．

(ii) 「同時に3個取り出す」なら $_?C_3$，「1個ずつ順に3回取り出す」「3人に1個ずつ配る」なら $_?P_3$ とします．この姿勢が確率の分子を求める姿勢につながるので，しっかり問題文を読んでそれに忠実にきめることが大切です．

(iii) ただ単に $2 \times 2 \times 2$ とせずに $_2C_1 \times _2C_1 \times 2!$ とすれば，例えば「男2人から1人選んで，女2人から1人選んで，それら2人を委員長，副委員長席に並べる」と意識しながら立式できるし，後から見直しても何の作業に対す

る数字なのかがわかりやすいからです．

(iv) 例えば本問の設定で赤，赤，白，白と順に取り出される確率を求めるとき
$$\frac{20}{30} \times \frac{19}{29} \times \frac{10}{28} \times \frac{9}{27}$$
と求めていませんか？もちろん答えはあっていますが，次のように解きましょう．
$$\frac{{}_{10}P_2 \times {}_{20}P_2}{{}_{30}P_4}$$

それは何故だかわかりますか．前者のような癖を付けている人は，10回目に白玉が取り出される確率を求めるのは難しいでしょう．このときは，まず取り出した順に10個左から並べると考えて，確率の分母は ${}_{30}P_{10}$ とします．そして並べる順序を変えても場合の数は変わらないので，条件の強いところ (10回目) から並べます．これは ${}_{10}P_1$ 通り．残った9個は任意なので ${}_{29}P_9$ 通り．したがって求める確率は
$$\frac{{}_{10}P_1 \times {}_{29}P_9}{{}_{30}P_{10}} = \frac{1}{30}$$

(ロ) 整数 n が変数の関数 $f(n)$ の増減を調べるとき，変数を実数として微分などが出来るときは問題ありません．しかしそうでないときは $f(n)$, $f(n+1)$ の大小を比較します．このとき差 $f(n+1) - f(n)$ をとって符号を調べますが，$f(n) > 0$ のときは商をとって1との大小，つまり $\frac{f(n+1)}{f(n)} - 1$ を調べてもよいでしょう．この作業が有効なのは，$f(n)$ に $\bigcirc!$, $\bigcirc^n$ などが含まれるときです．これらが約分できて式がシンプルになるからです．

解答

(1) 合計30個の玉から n 個の玉をとって並べるのは
$$ {}_{30}P_n \text{ 通り} $$
このうち n 番目が4個目の白玉となるのは，
・1個の白玉を最後に並べる $\cdots {}_{10}P_1$ 通り
・残りの白玉から3個選び，赤玉から $(n-4)$ 個選ぶ $\cdots {}_9C_3 \cdot {}_{20}C_{n-4}$ 通り
・合計 $(n-1)$ 個の選んだ玉を最後以外のところに並べる $\cdots (n-1)!$ 通り
だから，求める確率は

$$p_n = \frac{{}_{10}P_1 \cdot {}_9C_3 \cdot {}_{20}C_{n-4} \cdot (n-1)!}{{}_{30}P_n} = \frac{840 \cdot 20! \cdot (30-n)!(n-1)!}{30! \cdot (24-n)!(n-4)!}$$

(2)

$$\frac{p_{n+1}}{p_n} - 1 = \frac{\dfrac{840 \cdot 20! \cdot (29-n)!n!}{30! \cdot (23-n)!(n-3)!}}{\dfrac{840 \cdot 20! \cdot (30-n)!(n-1)!}{30! \cdot (24-n)!(n-4)!}} - 1$$

$$= \frac{n(24-n)}{(n-3)(30-n)} - 1 = \frac{9(10-n)}{(n-3)(30-n)} \quad \cdots\cdots (*)$$

これより

$$\begin{cases} n = 4, 5, \cdots, 9 \text{ のとき} & \dfrac{p_{n+1}}{p_n} - 1 > 0 \iff p_n < p_{n+1} \\ n = 10 \text{ のとき} & \dfrac{p_{n+1}}{p_n} - 1 = 0 \iff p_n = p_{n+1} \\ n = 11, 12, \cdots, 23 \text{ のとき} & \dfrac{p_{n+1}}{p_n} - 1 < 0 \iff p_n > p_{n+1} \end{cases}$$

$$\cdots\cdots (**)$$

がいえる．よって，

$$p_4 < p_5 < \cdots < p_9 < p_{10} = p_{11} > p_{12} > \cdots > p_{24} \quad \cdots\cdots (***)$$

となるので，p_n が最大となるのは **$n = 10, 11$ のとき**．

(フォローアップ)

1. 本問は n 回目までの取り出し方を全事象にしました．しかし，途中でやめず最後まで取りきるというのを全事象にしてもよいでしょう．

別解 全体の取り出し方は $30!$ 通り．題意の取り出し方は，1個の白玉を n 番目に並べ，残りから白玉を 3 個，赤玉を $n-4$ 個選び，それらを $n-1$ 番目までに並べる．最後は残りの赤玉白玉をあわせて $30-n$ 個を $n+1$ 番目以降に並べると考えられるので

$$\frac{{}_{10}P_1 \cdot {}_9C_3 \cdot {}_{20}C_{n-4} \cdot (n-1)! \cdot (30-n)!}{30!} = \frac{840 \cdot 20! \cdot (30-n)!(n-1)!}{30! \cdot (24-n)!(n-4)!}$$

□

2. 白玉の配置する場所だけに注目した解法もあります．

別解 30個の玉を取り出した順に並べるとする．そのとき白玉の場所の選び方は，${}_{30}C_{10}$ 通り．また，n 番目が 4 個目の白玉になるのは，$n-1$ 番目までから 3 か所，$n+1$ 番目以降で 6 か所を選べばよいので求める確率は

$$\frac{{}_{n-1}C_3 \cdot {}_{30-n}C_6}{{}_{30}C_{10}} = \frac{840 \cdot 20! \cdot (30-n)!(n-1)!}{30! \cdot (24-n)!(n-4)!} \qquad \square$$

これが一番簡単な解法に思えます．しかし 解答 の作業の習慣を付けてもらいたいのです．もう一度愚直な解法を練習しましょう．

例 9枚のカードがあり，その各々には I, I, D, A, I, G, A, K, U という文字が1つずつ書かれている．次の問いに答えよ．

(1) これら9枚のカードをよく混ぜて横一列に並べる．D, G, K, U のカードだけを見たとき，左から右へこの順序で並んでいる確率を求めよ．また I が3枚続いて並ぶ確率を求めよ．

(2) これら9枚のカードをよく混ぜて3枚を同時に取り出したとき，3枚のカードに書かれた文字がすべて異なる確率を求めよ．

〔関西大の一部〕

《解答》 カードの文字を $I_1, I_2, I_3, A_1, A_2, D, G, K, U$ とする．
(1) 全事象の場合の数は 9! 通り．

まず，$I_1, I_2, I_3, A_1, A_2, ○, ○, ○, ○$ を並べ $\left(\frac{9!}{4!}通り\right)$，その後4か所の ○ に左から D, G, K, U を当てはめる (1通り) と考える．よって，求める確率は

$$\frac{\frac{9!}{4!} \cdot 1}{9!} = \frac{1}{24}$$

さらに，I_1, I_2, I_3 を 1 カタマリとし (これらの並べ方 3! 通り)，残りのカードと混ぜて並べる (7! 通り) と考える．よって，求める確率は

$$\frac{3! \cdot 7!}{9!} = \frac{1}{12}$$

(2) 全事象の場合の数は ${}_9C_3$ 通り．

選んだ3種類に対して，取り出し方は (○ は D, G, K, U のいずれか)
・I, A, ○ のとき … ${}_3C_1 \cdot {}_2C_1 \cdot {}_4C_1$ 通り
・I, ○, ○ のとき … ${}_3C_1 \cdot {}_4C_2$ 通り
・A, ○, ○ のとき … ${}_2C_1 \cdot {}_4C_2$ 通り
・○, ○, ○ のとき … ${}_4C_3$ 通り

よって，求める確率は

$$\frac{{}_3C_1 \cdot {}_2C_1 \cdot {}_4C_1 + {}_3C_1 \cdot {}_4C_2 + {}_2C_1 \cdot {}_4C_2 + {}_4C_3}{{}_9C_3} = \frac{29}{42} \qquad \square$$

3. 確率はよく似た設定であっても，全く異なる解法をとることがあります．本問も

「玉を一つ取って色を確認して元に戻す．これを繰り返すとき n 回目にちょうど 4 回目の白玉が取り出される確率」

なら反復試行になります．この場合は

$$\left(\frac{10}{30}\right)^4 \cdot \left(\frac{20}{30}\right)^{n-4} \times \underbrace{{}_{n-1}C_3}_{n-1 \text{ 回目までに 3 回白が出る}}$$

となります．注意深く本文を読む練習をしましょう．

例 右図のような街路を P から Q へ最短距離を進む．ただし，各分岐点での進む方向は，等確率で選ぶものとする．A を通る確率を求めよ． 〔法政大の一部〕

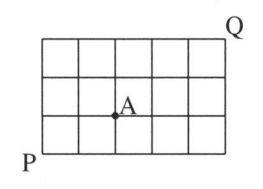

《誤答》 最短経路数は全体で ${}_8C_3$ 通り．このうち A を通るのは ${}_3C_1 \cdot {}_5C_2$ 通り．よって，求める確率は

$$\frac{{}_3C_1 \cdot {}_5C_2}{{}_8C_3} = \frac{15}{28} \Longleftarrow \text{間違い} \qquad \square$$

この解答のどこがまずいかわかりますか．これでは問題文中の「各分岐点での進む方向は，等確率で選ぶ」がわかっていません．例えば上上上右右右右右と進む確率は $\frac{1}{2} \cdot \frac{1}{2} \cdot \frac{1}{2} \cdot 1 \cdot 1 \cdot 1 \cdot 1 \cdot 1$ (最短経路だから最後 5 回の右は下に進めないので確率は 1) ですが，右右右右右上上上と進む確率は $\frac{1}{2} \cdot \frac{1}{2} \cdot \frac{1}{2} \cdot \frac{1}{2} \cdot \frac{1}{2} \cdot 1 \cdot 1 \cdot 1$ です．

《解答》 A まで到達する確率は ${}_3C_1 \left(\frac{1}{2}\right)^3$ で，それ以降は自動的に Q に到達できるのでそれ以降の確率は 1 である．よって，求める確率は

$${}_3C_1 \left(\frac{1}{2}\right)^3 \cdot 1 = \frac{3}{8} \qquad \square$$

4. (2)は，離散変数 (整数値をとる変数) の関数についてその最大を求める問題でしたが，連続変数 (実数値をとる) の関数なら，(∗) は微分に対応し，(∗∗) は増減表に対応し，(∗∗∗) はグラフに対応します．

――― 確率：排反事象に分ける，選んで並べる ―――

11 図の正五角形 ABCDE の頂点の上を，動点 Q が，頂点 A を出発点として，1 回さいころを投げるごとに，出た目の数だけ反時計回りに進む．例えば，最初に 2 の目が出た場合には，Q は頂点 C に来て，つづいて 4 の目が出ると，Q は頂点 C から頂点 B に移る．このとき，次の確率を求めよ．

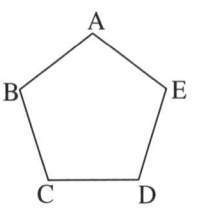

(1) さいころを 3 回投げ終えたとき，Q がちょうど 1 周して頂点 A にもどって来る確率

(2) さいころを 3 回投げ終えたとき，Q が頂点 A 上にある確率

(3) さいころを 3 回投げ終えたとき，Q が初めて頂点 A にもどって来る確率

〔秋田大〕

アプローチ

(イ) 出た目の合計が(1)は 5，(2)は 5 の倍数になる 3 数の組合せを求め，その 3 数の順列を考えるという方針です．基本的に「選んで並べる」とき，選び方に制限があったり，並べ方に条件がついていたり，選び方によって並べ方が変わるときは，まず「選ぶ」，次に「並べる」と作業を分けます．

(ロ) (3)について，3 回目に戻っている事象の中から 1 回目に初めて戻っていた事象と 2 回目に初めて戻っていた事象を抜きます．「初めて〜」で場合分けするのがポイントです．また 2 回目で初めて戻る事象は，2 回目で戻っている事象から 1 回目も戻っていた事象を除きます．

「初めて〜」で場合分けするのが有効な問題を練習しましょう．

例 3 種類の文字 a, b, c の中から重複を許して 5 個の文字を選び，横 1 列に並べてできる文字列をワードと呼ぶ．文字列 bc を含まないワードの総数，すなわち b の直後に c がこないようなワードの総数を求めよ． 〔名古屋市立大の一部〕

《解答》 ワードの総数は 3^5 通りである．また，文字列 bc を含むワードは，左から見て初めて bc が現れる位置で場合分けすると (○は任意)

$$\begin{cases} bc \bigcirc\bigcirc\bigcirc & \cdots \quad 3^3 \text{通り} \\ \bigcirc bc \bigcirc\bigcirc & \cdots \quad 3^3 \text{通り} \\ \triangle\triangle bc \bigcirc & \cdots \quad (3^2-1)\cdot 3 \text{通り} \\ & \quad (\triangle\triangle は bc にならないので，その 1 通りを引く) \\ \triangle\triangle\triangle bc & \cdots \quad 3^3-6 \text{通り}(\triangle\triangle\triangle は bc\bigcirc,\bigcirc bc の 6 通りが不適) \end{cases}$$

したがって，求める場合の数は

$$3^5 - \{3^3 + 3^3 + (3^2-1)\cdot 3 + (3^3-6)\} = \mathbf{144 \text{ 通り}} \qquad \square$$

解答

(1) 3回の目の組合せは $(1, 1, 3), (1, 2, 2)$ のいずれかである．この 3 数の順列も考えて求める確率は

$$\frac{2\cdot 3}{6^3} = \frac{1}{36}$$

(2) 3回の目の和が 5 の倍数となる 3 数の組合せは下のとおり．

　和が 5　$\cdots (1, 1, 3), (1, 2, 2)$

　和が 10 $\cdots (1, 3, 6), (1, 4, 5), (2, 2, 6), (2, 3, 5), (2, 4, 4), (3, 3, 4)$

　和が 15 $\cdots (3, 6, 6), (4, 5, 6), (5, 5, 5)$

このうち

　$(\bigcirc, \bigcirc, \bigcirc)$ のタイプは 1 組ありその順列は 1 通り．

　$(\bigcirc, \bigcirc, \triangle)$ のタイプは 6 組ありその順列は 3 通り．

　$(\bigcirc, \triangle, \square)$ のタイプは 4 組ありその順列は 3! 通り．

よって，求める確率は

$$\frac{1\cdot 1 + 6\cdot 3 + 4\cdot 3!}{6^3} = \frac{\mathbf{43}}{\mathbf{216}}$$

(3) 1 回目で戻ってくるのは 5 が出るときだから，

$$\frac{1}{6}$$

2 回目で戻ってくるのは 2 回の目の和が 5 か 10 のときで，それは

$$\underbrace{(1, 4), (2, 3), (4, 6)}_{\text{順列 2 通り}}, (5, 5)$$

の順列を考えて

$$\frac{2\cdot 3 + 1}{6^2} = \frac{7}{36}$$

これらより 1 回目に A に戻り 3 回目も A に戻る確率は

$$\frac{1}{6} \cdot \frac{7}{36} = \frac{7}{216}$$

さらに 2 回目に初めて A に戻り 3 回目も A に戻る確率は

$$\left\{\frac{7}{36} - \left(\frac{1}{6}\right)^2\right\} \cdot \frac{1}{6} = \frac{1}{36}$$

よって求める確率は

$$\frac{43}{216} - \frac{7}{216} - \frac{1}{36} = \boldsymbol{\frac{5}{36}}$$

(フォローアップ)

1. 3 回目の確率は 2 回目の位置できまることを利用します．こうなれば実質さいころを 2 回投げる問題になるので，愚直ではありますが 6 × 6 の表を書くのが安全で確実です．

(別解)

(1) 1, 2 回目の目の出方と 2 回投げ終えたときの Q の位置は右の表の通り．表の斜線部の C, D, E から A を通過せず 1 回で A に戻る確率を求めればよいので

$$\frac{6}{36} \cdot \frac{1}{6} = \boldsymbol{\frac{1}{36}}$$

1回 \ 2回	1	2	3	4	5	6
1	C	D	E	A	B	C
2	D	E	A	B	C	D
3	E	A	B	C	D	E
4	A	B	C	D	E	A
5	B	C	D	E	A	B
6	C	D	E	A	B	C

(2) 1 回の試行で

$$\text{A から A に進む確率} \cdots \frac{1}{6}, \quad \text{B から A に進む確率} \cdots \frac{1}{6}$$

$$\text{C から A に進む確率} \cdots \frac{1}{6}, \quad \text{D から A に進む確率} \cdots \frac{1}{6}$$

$$\text{E から A に進む確率} \cdots \frac{2}{6}$$

だから，求める確率は，上の表の E の場所が 7 個あることから

$$(\text{2 回目 A〜D にいる確率}) \times \frac{1}{6} + (\text{2 回目 E にいる確率}) \times \frac{2}{6}$$

$$= \left(1 - \frac{7}{36}\right) \cdot \frac{1}{6} + \frac{7}{36} \cdot \frac{2}{6}$$

$$= \boldsymbol{\frac{43}{216}}$$

(3) (1)の表において 1, 2回目に A に戻っている場合を×とすると，1回目 5 の目のところと，表の A のところだから右表のようになる．表の×でないところに E の場所が 6 個, それ以外が 18 個あるので，(2)と同様にして求める確率は

$$\frac{18}{36}\cdot\frac{1}{6}+\frac{6}{36}\cdot\frac{2}{6}=\frac{5}{36}$$

2回\1回	1	2	3	4	5	6
1	C	D	E	×	×	C
2	D	E	×	B	×	D
3	E	×	B	C	×	E
4	×	B	C	D	×	×
5	B	C	D	E	×	B
6	C	D	E	×	×	C

　この考え方は漸化式の立式につながる話です．つまり手前の状態から次のことを考えるという方針です．それと実際に書きあげるという方針も悪くありません．条件が単純な場合は公式などが適応できたりします．条件が複雑になると公式が適応できなくなりますが，場合の数は減ってくるので，書きあげてもそれほど労力はかかりません．このとき，何か基準を作ったりルールを作って書きあげないと，もれたりダブったりします．以下，書きあげるしかないが，基準作り，工夫，アイデアなどが効いてくる問題を練習しましょう．

例　正 12 角形の頂点から異なる 3 点を選んで線分で結ぶと三角形が得られる．このような三角形のうち，互いに合同でないものは全部でいくつあるか．　　　　　　　　　〔九州大の一部〕

《解答》　選んだ 3 頂点の間の選ばなかった頂点の個数に注目する．結局求める個数は

$$x+y+z=9,\ 0\leqq x\leqq y\leqq z$$

をみたす整数の組 (x,y,z) の個数に等しい．これを書きあげると
$(x,y,z)=(0,0,9),(0,1,8),(0,2,7),(0,3,6),$
$(0,4,5),(1,1,7),(1,2,6),(1,3,5),(1,4,4),(2,2,5),(2,3,4),(3,3,3)$
よって，**12 通り**

例 太郎君は 3 円，花子さんは 10 円を持っている．いま，太郎君と花子さんが次のようなゲームをする．

じゃんけんをし，太郎君が勝ったならば花子さんから 1 円をもらえ，太郎君が負けたならば花子さんに 1 円を支払う．(ただし，太郎くんがじゃんけんに勝つ確率は $\dfrac{1}{2}$ とし，あいこはないものとする．)

太郎君の所持金がちょうど 0 円となるか，あるいは 5 円となったときにこのゲームを終わることにする．6 回目のじゃんけんで太郎君の所持金が 3 円になる確率を求めよ．

〔慶應大の一部〕

《解答》 太郎君が x 回勝ち，y 回負けると，所持金は $3+x-y$ 円である．これが 0 円より多く 5 円より少ないのは

$$0 < 3+x-y < 5$$
$$\iff x-2 < y < x+3$$

この領域の格子点を $(0,0)$ から $(3,3)$ まで進む最短経路数が，太郎君の勝ち負けのパターン数である．そこで右上図において，点 O から点 A まで経路数が a 通り，点 O から点 B までの経路数が b 通り存在するなら，点 O から点 C までの経路数は $a+b$ 通りである．この作業を繰り返して，右の実線部の格子を進む最短経路数は 13 通り．

よって求める確率は

$$13 \cdot \left(\dfrac{1}{2}\right)^6 = \dfrac{13}{64} \quad \square$$

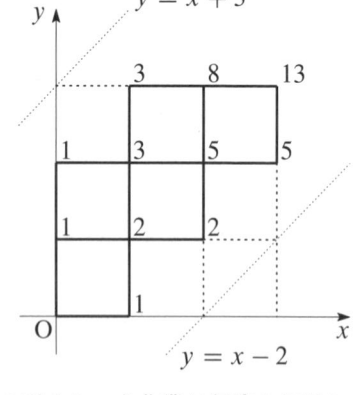

2．余事象の確率を求め，全体の確率 1 から引くという作業は何度も経験しているはずです．しかし，本問のように，ある事象の中で適さない事象を除くというのには慣れていないかも知れません．この練習をしましょう．

例 1からnまでの数字を1つずつ書いたn枚のカードが箱に入っている．この箱から無作為にカードを1枚取り出して数字を記録し，箱に戻すという操作を繰り返す．ただし，k回目の操作で直前のカードと同じ数字か直前のカードよりも小さい数字のカードを取り出した場合に，kを得点として終了する．$2 \leq k \leq n+1$を満たす自然数kについて，得点がkとなる確率を求めよ．

〔東北大の一部〕

《解答》 カードの数字を出た順に$a_1, a_2, a_3, \cdots$とする．カードの取り出し方は全部でn^k通りある．このうち

$$a_1 < a_2 < a_3 < \cdots < a_k$$

となる場合は，a_1からa_kまでの数字の組み合わせは${}_n\mathrm{C}_k$通りで，並べ方は小さい順に1通り，それ以外は任意だから，この場合の確率は

$$\frac{{}_n\mathrm{C}_k}{n^k}$$

よって，求める$a_1 < a_2 < a_3 < \cdots < a_{k-1} \geq a_k$となる確率は，$a_1 < a_2 < a_3 < \cdots < a_{k-1} \leq a_k$ (実際はa_{k-1}以降の大小は任意だから，$a_1 < a_2 < a_3 < \cdots < a_{k-1}$と同じ) となる確率から$a_1 < a_2 < a_3 < \cdots < a_{k-1} < a_k$となる確率を引いたものだから

$$\begin{aligned}
&\frac{{}_n\mathrm{C}_{k-1}}{n^{k-1}} - \frac{{}_n\mathrm{C}_k}{n^k} \\
&= \frac{n!}{n^{k-1}(n-k+1)!(k-1)!} - \frac{n!}{n^k(n-k)!k!} \\
&= \frac{n! \cdot n \cdot k - n! \cdot (n-k+1)}{n^k(n-k+1)!k!} = \frac{n! \cdot (nk - n + k - 1)}{n^k(n-k+1)!k!} \\
&= \frac{n! \cdot (n+1)(k-1)}{n^k(n-k+1)!k!} \\
&= \boldsymbol{\frac{(k-1) \cdot (n+1)!}{n^k k!(n-k+1)!}} \quad \square
\end{aligned}$$

---- 確率：余事象，包含排除原理 ----

12 右図のような格子状の道路がある．左下のA地点から出発し，サイコロを繰り返し振り，次の規則にしたがって進むものとする．

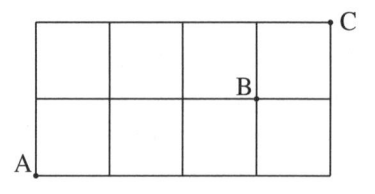

1の目が出たら右に2区画，2の目が出たら右に1区画，3の目が出たら上に1区画，その他の場合はそのまま動かない．ただし，右端で1または2の目が出たとき，あるいは上端で3の目が出た場合は，動かない．また，右端の1区画手前で1の目が出たときは，右端まで進んで止まる．

n を7以上の自然数とする．A地点から出発し，サイコロを n 回振るとき，ちょうど6回目に，B地点以外の地点から進んでB地点に止まり，n 回目までにC地点に到達する確率を求めよ．ただし，サイコロのどの目が出るのも，同様に確からしいものとする．

〔東北大〕

アプローチ

(イ) サイコロを何度も振るという反復(独立)試行の確率です．1回の試行 T について事象が4つあります．1つの事象 A とその余事象だけを考える場合は，$P(A) = p$ として，T を n 回おこなうとき A がちょうど k 回起こる確率は

$$_n\mathrm{C}_k p^k q^{n-k} \quad (q = 1-p)$$

です．事象が A, B, C の3種類ででてくるときは，$P(B) = q$, $P(C) = r$ として，n 回中ちょうど A が k 回，B が l 回，C が m 回起こる確率は

$$\frac{n!}{k!l!m!} p^k q^l r^m \quad (k+l+m=n)$$

となり，事象が何種類あっても同様で，前につく係数は同じものを含む順列ですが，これは「1列にならんだ n の箱から A をいれる k 個選び，ついで残りの $n-k$ 個の箱から B をいれる l 個を選ぶ」と考えて $_n\mathrm{C}_k \cdot _{n-k}\mathrm{C}_l$ としたものと同じです．

したがって，このような問題は，それぞれの事象が起こる回数を求めることに帰着されます．

(ロ) 本問では，2つの事象Ⅰ「AからBに到達する」，Ⅱ「BからCに到達する」に分けて考えます．

まずⅠですが，6回目が3種類あるので，これで場合を分けます．このときは，問題文のただし書き「右端で1または…」の部分は考慮する必要はありません．

モンダイはⅡです．BにいてサイコロをⅠ$n-6$回振るとき，「Cに到達している」事象を考えるのですが，右に1回，上に1回移動するだけで，それ以外は動きません．右または上に移動する回数が問題ですが，1回以上だったら何回でも動かないので，事象を右，上の回数でわけると場合が非常に多く，扱いきれません．

場合が多いときは余事象

を考えます．本問でも A：「少なくとも1回右へ移動」と B：「少なくとも1回上へ移動」が同時に起こるときで，これらを否定して考えます．すると $\overline{A \cap B} = \overline{A} \cup \overline{B}$ だから，和事象の確率を求めることになり，公式

$$P(E \cup F) = P(E) + P(F) - P(E \cap F)$$

が使えます．

解答

→→：「右に2区画進む」… 確率 $\dfrac{1}{6}$

→：「右に1区画進む」… 確率 $\dfrac{1}{6}$

↑：「上に1区画進む」… 確率 $\dfrac{1}{6}$

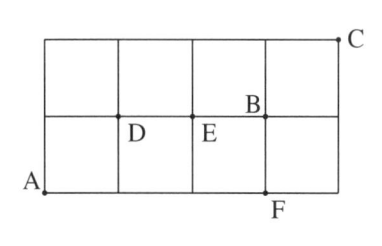

↻：「動かない」… 確率 $\dfrac{3}{6} = \dfrac{1}{2}$

と表すことにする．

まず，ちょうど6回目にBに止まる確率 $P_{\rm I}$ を求める．6回目は→→，→，↑のいずれかである．

(i) 6回目が→→のとき，5回でAからDにいくのは，「↑1回，→1回，↻3回」の順列だから，

$$p_1 = \frac{5!}{1!1!3!}\left(\frac{1}{6}\right)\left(\frac{1}{6}\right)\left(\frac{1}{2}\right)^3 \cdot \frac{1}{6} = \frac{5}{2\cdot 6^3}$$

(ii) 6回目が→のとき，5回でAからEにいくのは，

1°「↑1回, →→1回, ↻3回」または 2°「↑1回, →2回, ↻2回」
の順列であり，1°のときは p_1 と等確率だから

$$p_2 = p_1 + \frac{5!}{1!2!2!}\left(\frac{1}{6}\right)\left(\frac{1}{6}\right)^2\left(\frac{1}{2}\right)^2 \cdot \left(\frac{1}{6}\right) = \frac{5}{2\cdot 6^3} + \frac{5}{2^2 6^3}$$

(iii) 6回目が↑のとき，5回でAからFにいくのは，

3°「→→1回, →1回, ↻3回」または 4°「→3回, ↻2回」
の順列であり，3°のときは p_1 と等確率だから，

$$p_3 = p_1 + \frac{5!}{3!2!}\left(\frac{1}{6}\right)^3\left(\frac{1}{2}\right)^2 \cdot \left(\frac{1}{6}\right) = \frac{5}{2\cdot 6^3} + \frac{5}{2\cdot 6^4}$$

以上から，

$$P_{\mathrm{I}} = p_1 + p_2 + p_3 = \frac{55}{6^4} = \frac{55}{1296}$$

つぎに，$n-6$ 回でBからCにいく確率 P_{II} を求める．これは「少なくとも1回『→→または→』」かつ「少なくとも1回↑」が起こるときである．その余事象は，

E：「1回も『→→または→』が起こらない」

F：「1回も↑が起こらない」

とおくと，$E \cup F$ である．

(iv) E が起こるのは，すべて「↑または↻」のときだから，

$$P(E) = \left(\frac{4}{6}\right)^{n-6} = \left(\frac{2}{3}\right)^{n-6}$$

(v) F が起こるのは，すべて↑でないときだから，

$$P(F) = \left(\frac{5}{6}\right)^{n-6}$$

(vi) $E \cap F$ が起こるのは，すべて↻のときだから

$$P(E \cap F) = \left(\frac{1}{2}\right)^{n-6}$$

以上から，

$$P_{\mathrm{II}} = 1 - P(E \cup F) = 1 - \{P(E) + P(F) - P(E \cap F)\}$$
$$= 1 - \left(\frac{2}{3}\right)^{n-6} - \left(\frac{5}{6}\right)^{n-6} + \left(\frac{1}{2}\right)^{n-6}$$

となり，求める確率は

$$P_{\mathrm{I}}P_{\mathrm{II}} = \frac{55}{1296}\left\{1-\left(\frac{2}{3}\right)^{n-6}-\left(\frac{5}{6}\right)^{n-6}+\left(\frac{1}{2}\right)^{n-6}\right\}$$

フォローアップ

1. 問題文に「右端まで進んで止まる」とあるのは「その後はサイコロの目によって上に動く」という解釈するのが自然です．止ってしまってそのあと動かない，という意味ではありません．

解答の(ii) 1°, (iii) 3° のとき確率はいずれも

$$\frac{5!}{1!1!3!}\left(\frac{1}{6}\right)\left(\frac{1}{6}\right)\left(\frac{1}{2}\right)^3 \cdot \frac{1}{6}$$

となり，p_1 に等しくなりますが，これは→→, →, ↑がすべて等確率であることによります．

また，サイコロを n 回振るとき，(1)「サイコロを 1 回目から 6 回目まで振る」と，(2)「7 回目から n 回目まで振る」とは独立な試行だから，確率は $P_{\mathrm{I}}P_{\mathrm{II}}$ で求まります．

2. 場合の数 (集合の要素の個数) あるいは確率において，「包含排除原理」とよばれている公式があります．(ロ)にあげたのはその一例です．3 個の集合については次のようになります．

$$|A \cup B \cup C| = |A| + |B| + |C|$$
$$-|A \cap B| - |B \cap C| - |C \cap A|$$
$$+|A \cap B \cap C|$$

ここで $|S|$ は有限集合 S の要素の個数を表します (教科書では $n(S)$ とかきますが，n は個数に使う文字ですので，重複をさけました)．この公式は右のような図を描けばわかりますが，実際には 4 個でも n 個の集合についても成り立つので，「原理」とよばれているのです．

個数を数えるには排反な (共通部分のない) 場合分けをすることが原則ですが，そうしにいくい場合は，交わらして数えて，重複を除けばよい，ということです．参考までに 4 個の場合をあげておきます (覚える必要はない)．

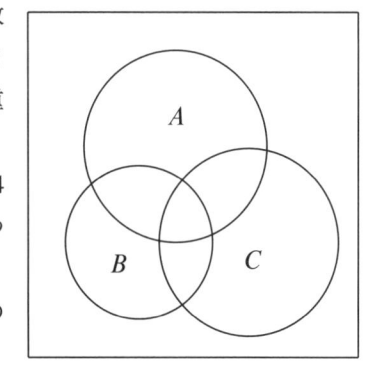

$$|A \cup B \cup C \cup D| = |A| + |B| + |C| + |D|$$

$$-|A\cap B|-|A\cap C|-|A\cap D|-|B\cap C|-|B\cap D|-|C\cap D|$$
$$+|A\cap B\cap C|+|A\cap B\cap D|+|A\cap C\cap D|+|B\cap C\cap D|$$
$$-|A\cap B\cap C\cap D|$$

> **例** 袋の中に赤玉3個,青玉2個,黄玉1個,白玉1個が入っている.この袋から3個の玉を無作為にとりだし,赤,青,黄色の箱に1個ずつ無作為にいれる.このとき,すくなくとも1つの箱について箱と箱の中の玉の色が一致する確率を求めよ.
> 〔東京工科大の一部〕

全事象は $_7C_3 \cdot 3!$ となるので,結局 $_7P_3 = 7 \cdot 6 \cdot 5$ 通りですから,「玉を1個ずつ順にとりだして,その順に赤,青,黄の箱にいれる」のと同じです.

《解答》 1個ずつとりだして,順に赤,青,黄の箱にいれるとしてよい.
R:「赤玉が赤箱に入っている」,B:「青玉が青箱に入っている」,
Y:「黄玉が黄箱に入っている」とおく.

R が起こるのは1回目に赤玉がとりだされるときだから,
$$P(R) = \frac{_3P_1 \cdot _6P_2}{_7P_3} = \frac{3}{7}$$
B が起こるのは,2回目から数えて $P(B) = \dfrac{_2P_1 \cdot _6P_2}{_7P_3} = \dfrac{2}{7}$
Y についても同様で $P(Y) = \dfrac{1}{7}$

$R \cap B$ は1回目に赤玉,2回目に青玉がとりだされるときだから,
$$P(R \cap B) = \frac{_3P_1 \cdot _2P_1 \cdot _5P_1}{_7P_3} = \frac{3 \cdot 2}{7 \cdot 6}$$
同様にして $P(B \cap Y) = \dfrac{2 \cdot 1}{7 \cdot 6}$, $P(Y \cap R) = \dfrac{1 \cdot 3}{7 \cdot 6}$
また $P(R \cap B \cap Y) = \dfrac{_3P_1 \cdot _2P_1 \cdot _1P_1}{_7P_3} = \dfrac{3 \cdot 2 \cdot 1}{7 \cdot 6 \cdot 5}$

以上から,求める確率は
$P(R \cup B \cup Y) = P(R) + P(B) + P(Y)$
$\qquad - P(R \cap B) - P(B \cap Y) - P(Y \cap R) + P(R \cap B \cap Y)$
$= \dfrac{3}{7} + \dfrac{2}{7} + \dfrac{1}{7} - \dfrac{3 \cdot 2}{7 \cdot 6} - \dfrac{2 \cdot 1}{7 \cdot 6} - \dfrac{1 \cdot 3}{7 \cdot 6} + \dfrac{3 \cdot 2 \cdot 1}{7 \cdot 6 \cdot 5}$
$= \dfrac{6}{7} - \dfrac{11}{7 \cdot 6} + \dfrac{6}{7 \cdot 6 \cdot 5} = \boldsymbol{\dfrac{131}{210}}$

―― 確率：状態推移，漸化式 ――

13 以下の文章の空欄に適切な数または式を入れて文章を完成させなさい．

四角形の 4 つの頂点に 1, 2, 3, 4 と時計まわりに番号がつけられている．時刻 0 において，この四角形の頂点 1 と頂点 3 の上をそれぞれ 1 つずつの粒子が占めているとし，頂点 2 と頂点 4 の上には粒子は存在しないものとする (図 1 を参照のこと)．その後，1 秒ごとに，存在する粒子の中で最小の番号の頂点上を占める粒子が，確率 $\frac{1}{2}$ で消滅し，確率 $\frac{1}{4}$ ずつで隣り合う 2 つの頂点のいずれかに移動する．ただし，移動した頂点上をすでに他の粒子が占めている場合は，その粒子と合体して 1 つの粒子になるものとする．以下，n, m を自然数とする．時刻 n (秒) において，この四角形の 4 つの頂点のうち 1 つの頂点上にのみ粒子が存在する確率を P_n で表し，4 つの頂点のいずれの上にも粒子が存在しない確率を Q_n で表す．

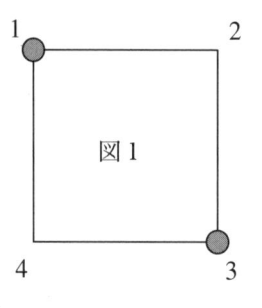

(1) $P_2 = \boxed{}$, $Q_2 = \boxed{}$ である．

(2) 一般に，$P_{2m-1} = \boxed{}$, $P_{2m} = \boxed{}$ であり，$Q_{2m-1} = \boxed{}$, $Q_{2m} = \boxed{}$ である．

〔慶應大〕

アプローチ

(イ) まず個数だけの推移を観察してみます．

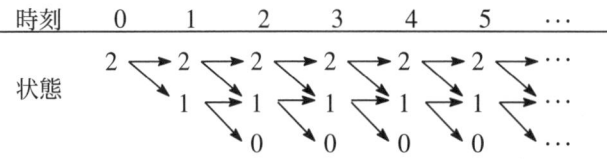

時刻	0	1	2	3	4	5	⋯
状態	2	2	2	2	2	2	⋯
		1	1	1	1	1	⋯
			0	0	0	0	⋯

個数の推移は単純です．もし 2 個 → 2 個 の確率が一定で p, 2 個 ⇒ 1 個の確率も一定で q というなら (1 個 → 1 個の確率は $1/2$)，n 回目に 1 個であ

る確率は
$$2 \text{ 個} \xrightarrow{1 \text{ 回目}} 2 \text{ 個} \xrightarrow{2 \text{ 回目}} \cdots\cdots \xrightarrow{k-1 \text{ 回目}} 2 \text{ 個} \xRightarrow{k \text{ 回目}} 1 \text{ 個} \xrightarrow{k+1 \text{ 回目}} \cdots \xrightarrow{n \text{ 回目}} 1 \text{ 個}$$
となる確率が $p^{k-1} \cdot q \cdot \left(\dfrac{1}{2}\right)^{n-k}$ だからこれを $k=1$ から $k=n$ まで加えればよいのです．しかし本問はそうはいきません．実は偶数回目から奇数回目に推移する確率と奇数回目から偶数回目に推移する確率は異なります．それに気づくにはもう少し詳しく状態を把握する必要があります．個数が 1 個と 0 個のときは問題ないのですが，2 個のときの状態は 2 通りあります．それは粒子が隣り合う頂点に存在する状態と向かい合う頂点に存在する状態の 2 通りです．それぞれの状態から次の状態に推移する確率が異なるので，複雑な計算をする必要があるようです．

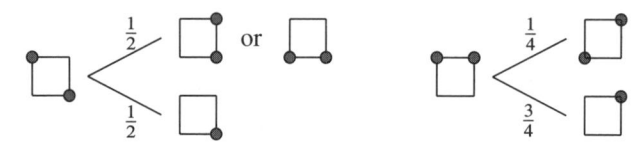

(ロ) n 回推移する (または，くり返す) 問題で直接求めることが困難なときは，類推して帰納法とか漸化式を利用します．帰納法も漸化式もメリットは，繰り返してきたことがわかったとして，次のことを考えることができるところです．さらに場合の数や確率の漸化式は，たいてい最後または最初の動作 (推移) で場合分けを行えば立式できます．しかし本問では，偶数番目だけ (もしくは奇数番目だけ) の漸化式を立式することに注意しましょう．

(ハ) $a_{n+1} - a_n = f(n)$ のとき，$f(n)$ は $\{a_n\}$ の階差数列です．このとき
$$a_n = a_1 + \sum_{k=1}^{n-1} f(k) \quad (n=2,\ 3,\ \cdots)$$
となります．また，$a_{n+1} = pa_n + f(n)$ は両辺を p^n で割ると
$$\frac{a_{n+1}}{p^n} = \frac{a_n}{p^{n-1}} + \frac{f(n)}{p^n}$$
となり，$\left\{\dfrac{a_n}{p^{n-1}}\right\}$ の階差数列が $\dfrac{f(n)}{p^n}$ であることがわかります．この階差数列の和が求められるなら，a_n の一般項がわかります．

解答

n 秒後の粒子の状態は

(A) 向かい合う 2 つの頂点に 2 つの粒子が存在する
(B) 隣り合う 2 つの頂点に 2 つの粒子が存在する
(C) 1 つの頂点に 1 つの粒子が存在する
(D) 粒子は消滅して存在しない

のいずれかである．そして状態が推移する可能性があるのは

(A) → (B)   (B) → (A)   (C) → (C)   (D) → (D)
    ↘ (C)   ↘ (C)   ↘ (D)

である．それぞれの推移の確率は

$$\begin{cases} (A) \longrightarrow (B) & \cdots\cdots \dfrac{1}{2} \\ (A) \longrightarrow (C) & \cdots\cdots \dfrac{1}{2} \\ (B) \longrightarrow (A) & \cdots\cdots \dfrac{1}{4} \\ (B) \longrightarrow (C) & \cdots\cdots \dfrac{3}{4} \end{cases} \qquad \begin{cases} (C) \longrightarrow (C) & \cdots\cdots \dfrac{1}{2} \\ (C) \longrightarrow (D) & \cdots\cdots \dfrac{1}{2} \\ (D) \longrightarrow (D) & \cdots\cdots 1 \end{cases}$$

状態の推移は下の通り．

時刻	0	1	2	3	4	5	6	7	8	9	10	⋯
状態	(A)	(B)	(A)	(B)	(A)	(B)	(A)	(B)	(A)	(B)	(A)	⋯
		(C)	(C)	(C)	(C)	(C)	(C)	(C)	(C)	(C)	(C)	⋯
			(D)	(D)	(D)	(D)	(D)	(D)	(D)	(D)	(D)	⋯

これより $2m$ 秒後に状態 (A) である確率は

$$(A) \to (B) \to (A) \to (B) \to \cdots\cdots \to (A)$$

と推移する確率をかけて

$$\{(A) \to (B) \text{の確率}\}^m \cdot \{(B) \to (A) \text{の確率}\}^m$$
$$= \left(\dfrac{1}{2}\right)^m \left(\dfrac{1}{4}\right)^m$$
$$= \left(\dfrac{1}{8}\right)^m \qquad\qquad \cdots\cdots\cdots ①$$

$2m - 1$ 秒後に状態 (B) である確率は

$$(A) \to (B) \to (A) \to (B) \to \cdots\cdots \to (B)$$

と推移する確率をかけて

$$\{(A) \to (B) \text{の確率}\}^m \cdot \{(B) \to (A) \text{の確率}\}^{m-1}$$

$$= \left(\frac{1}{2}\right)^m \left(\frac{1}{4}\right)^{m-1}$$
$$= \frac{1}{2} \cdot \left(\frac{1}{8}\right)^{m-1} \qquad \cdots\cdots\cdots ②$$

$2m+2$ 秒後に状態 (C) である確率が P_{2m+2} である.

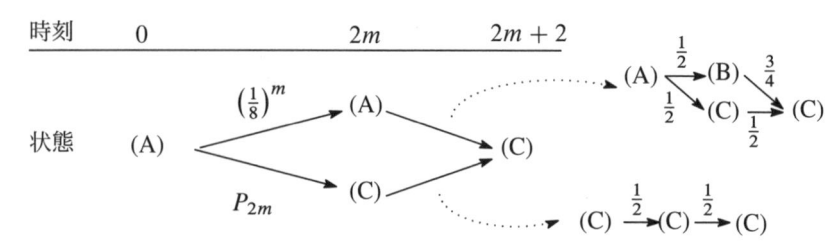

時刻	0		$2m$		$2m+2$

状態 (A) における推移:
- (A) → (A) with $\left(\frac{1}{8}\right)^m$, (A) → (C)
- P_{2m}: (C) → (C)
- (A) から $2m+2$ へ: (A) $\xrightarrow{\frac{1}{2}}$ (B) $\xrightarrow{\frac{3}{4}}$ (C), (A) $\xrightarrow{\frac{1}{2}}$ (C) $\xrightarrow{\frac{1}{2}}$ (C)
- (C) $\xrightarrow{\frac{1}{2}}$ (C) $\xrightarrow{\frac{1}{2}}$ (C)

上の推移図より

$$P_{2m+2} = P_{2m} \cdot \frac{1}{2} \cdot \frac{1}{2} + \left(\frac{1}{8}\right)^m \cdot \left(\frac{1}{2} \cdot \frac{3}{4} + \frac{1}{2} \cdot \frac{1}{2}\right)$$

$$\iff P_{2m+2} = \frac{1}{4} P_{2m} + \frac{5}{8}\left(\frac{1}{8}\right)^m \qquad \cdots\cdots\cdots (*)$$

この両辺を 4^m 倍して

$$4^m P_{2m+2} = 4^{m-1} P_{2m} + \frac{5}{8}\left(\frac{1}{2}\right)^m$$

$$\iff 4^m P_{2m+2} - 4^{m-1} P_{2m} = \frac{5}{8}\left(\frac{1}{2}\right)^m$$

$P_0 = 0$ と定義して,$m \geq 1$ のとき $\qquad \cdots\cdots (**)$

$$\sum_{k=0}^{m-1}\left\{4^k P_{2k+2} - 4^{k-1} P_{2k}\right\} = \sum_{k=0}^{m-1} \frac{5}{8}\left(\frac{1}{2}\right)^k$$

$$\iff 4^{m-1} P_{2m} - 0 = \frac{\frac{5}{8}\left\{1 - \left(\frac{1}{2}\right)^m\right\}}{1 - \frac{1}{2}}$$

$$\therefore \quad P_{2m} = \frac{5}{4^m} - \frac{5}{8^m} \quad \cdots\cdots ③ \quad (\text{これは } m=0 \text{ のときも正しい})$$

また,

| 時刻 | 0 | | $2m-2$ | $2m-1$ |

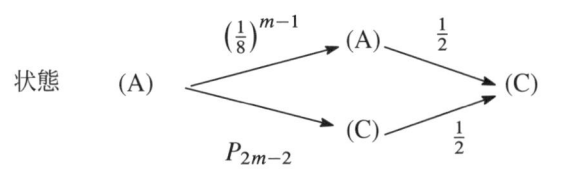

状態図:
(A) から分岐し、上の経路は $\left(\frac{1}{8}\right)^{m-1}$ で (A) へ、そこから $\frac{1}{2}$ で (C) へ。下の経路は P_{2m-2} で (C) へ、そこから $\frac{1}{2}$ で (C) へ。

前ページの推移図より

$$P_{2m-1} = P_{2m-2} \cdot \frac{1}{2} + \left(\frac{1}{8}\right)^{m-1} \cdot \frac{1}{2}$$

$$= \frac{1}{2} \cdot \left(\frac{5}{4^{m-1}} - \frac{5}{8^{m-1}}\right) + \frac{1}{2} \cdot \frac{1}{8^{m-1}}$$

(③の m を $m-1$ としたものを代入した)　……(★)

$$\therefore \quad P_{2m-1} = \frac{5}{2 \cdot 4^{m-1}} - \frac{2}{8^{m-1}}$$

以上から

$$Q_{2m-1} = 1 - ② - P_{2m-1} \quad \therefore \quad Q_{2m-1} = 1 - \frac{5}{2 \cdot 4^{m-1}} + \frac{3}{2 \cdot 8^{m-1}}$$

$$Q_{2m} = 1 - ① - P_{2m} \quad \therefore \quad Q_{2m} = 1 - \frac{5}{4^m} + \frac{4}{8^m}$$

これらの結果に $m=1$ を代入して

$$P_2 = \frac{5}{8}, \quad Q_2 = \frac{1}{4}$$

フォローアップ

1. (★) は両辺に 8^m をかける解法もあります.

別解

$$8^m P_{2m+2} = 2 \cdot 8^{m-1} P_{2m} + \frac{5}{8}$$

$$\iff a_{m+1} = 2a_m + \frac{5}{8} \qquad (a_m = 8^{m-1} P_{2m} \text{ とおいた})$$

$$\iff a_{m+1} + \frac{5}{8} = 2\left(a_m + \frac{5}{8}\right)$$

$$\therefore \quad a_m + \frac{5}{8} = 2^m \left(a_0 + \frac{5}{8}\right) = \frac{5}{8} \cdot 2^m \qquad (a_0 = 0 \text{ より})$$

$$\iff a_m = \frac{5}{8} \cdot 2^m - \frac{5}{8}$$

$$\iff P_{2m} = \frac{1}{8^{m-1}}\left(\frac{5}{8} \cdot 2^m - \frac{5}{8}\right) = \frac{5}{4^m} - \frac{5}{8^m}$$

2. 本解答は時刻 0 における確率を定義しました．もし，時刻 2 の確率を求め，それを初項にした場合は，(**) 以降は以下のようになります．
$m \geqq 2$ のとき
$$\sum_{k=1}^{m-1} \left\{ 4^k P_{2k+2} - 4^{k-1} P_{2k} \right\} = \sum_{k=1}^{m-1} \frac{5}{8} \left(\frac{1}{2} \right)^k$$
$$\iff 4^{m-1} P_{2m} - 4^0 P_2 = \frac{\frac{5}{8} \cdot \frac{1}{2} \left\{ 1 - \left(\frac{1}{2} \right)^{m-1} \right\}}{1 - \frac{1}{2}}$$

(これは $m = 1$ のときも正しい)

以下，上式で得られた結果を使うものとします．(★) の作業は，$m \geqq 1$ を定義域とする P_{2m} の式において，m を $m-1$ に変えます．これから得られる P_{2m-2} の定義域は，元の m の定義域である $m \geqq 1$ の m を $m-1$ として $m - 1 \geqq 1 \iff m \geqq 2$ となります．これも最後の結果が $m = 1$ のとき正しいかどうかのチェックが必要です．

本解答は P_{2m} が $m = 0$ のときも正しいことを確認しています．このとき m の定義域は $m \geqq 0$ だから P_{2m-2} の式は $m - 1 \geqq 0 \iff m \geqq 1$ が定義域となるので $m = 1$ のときのチェックは必要ありません．

3. 階差数列から一般項を求めるときは，仕組みもわからず機械的にやらないようにしましょう．本問は特に m 番目と $m + 1$ 番目という関係ではなく，$2m$ 番目と $2m + 2$ 番目という関係であり，初項は 1 番目ではなく 0 番目にしたので注意が必要で，いつも公式を証明するような解法をとるようにするのが安全です．それは，漸化式の辺々を加えていく作業になります．

加える範囲は，最終的に残したいもの (a_n と初項) を考えてきめます．$\sum_{k=p}^{q} (a_{k+1} - a_k)$ は右図の辺々を加えて a_{q+1} が a_n，a_p が初項となるように p, q をとります．少し練習をしましょう．

$$\begin{array}{r} a_{p+1} - a_p \\ a_{p+2} - a_{p+1} \\ a_{p+3} - a_{p+2} \\ \vdots \\ +) \ a_{q+1} - a_q \\ \hline a_{q+1} - a_p \end{array}$$

もし条件が
$$a_k - a_{k-1} = f(k) \ (k \geqq 2), \ a_1 = a$$
ならば，$n \geqq 2$ のとき

$$\sum_{k=2}^{n}(a_k - a_{k-1}) = \sum_{k=2}^{n} f(k) \iff a_n - a_1 = \sum_{k=2}^{n} f(k)$$
$$\iff a_n = a + \sum_{k=2}^{n} f(k)$$

とし,
$$a_{k+1} - a_k = f(k)\ (k \geqq 2),\ a_2 = a$$

ならば, $n \geqq 3$ のとき

$$\sum_{k=2}^{n-1}(a_{k+1} - a_k) = \sum_{k=2}^{n-1} f(k) \iff a_n - a_2 = \sum_{k=2}^{n-1} f(k)$$
$$\iff a_n = a + \sum_{k=2}^{n-1} f(k)$$

となります.

4. 確率の漸化式, 場合の数の漸化式は, ふつう最後または最初の動作で場合を分けて立式します. 本問は最後の動作で場合分けすればできたので, 最初の動作で場合分けする例を紹介します.

> **例** 1枚の硬貨を10回投げる. $k-1$ 回目, および k 回目がともに表であるような k が存在するとき, k の最小値を X とする. このような k が存在しないときは $X = 10$ とする. 例えば, 投げた結果が
> 　　　　裏裏表裏表表裏表表表
> のときは $X = 6$ であり,
> 　　　　裏表裏表裏裏裏表裏裏
> のときは $X = 10$ である. $X = 6$ となる確率を求めよ.
> 〔横浜国立大の一部〕

《解答》 n 回硬貨を投げたとき, n 回目で初めて表が連続する確率を p_n とする. このような状況は

(i) 1回目に裏が出て, 2回目から再スタートしたとして $n-1$ 回目に初めて表が連続する.

(ii) 1回目は表, 2回目は裏が出て, 3回目から再スタートしたとして $n-2$

回目に初めて表が連続する．

のいずれかだから

$$p_n = \frac{1}{2}p_{n-1} + \frac{1}{2} \cdot \frac{1}{2}p_{n-2} \qquad \therefore \quad p_n = \frac{1}{2}p_{n-1} + \frac{1}{4}p_{n-2}$$

$p_1 = 0$, $p_2 = \frac{1}{2} \cdot \frac{1}{2} = \frac{1}{4}$ だから，これを繰り返し用いて，

$$p_3 = \frac{1}{2}p_2 + \frac{1}{4}p_1 = \frac{1}{8}$$

$$p_4 = \frac{1}{2}p_3 + \frac{1}{4}p_2 = \frac{1}{8}$$

$$p_5 = \frac{1}{2}p_4 + \frac{1}{4}p_3 = \frac{3}{32}$$

$$p_6 = \frac{1}{2}p_5 + \frac{1}{4}p_4 = \frac{5}{64}$$

したがって，求める確率は

$$p_6 = \frac{5}{64}$$

□

　この問題は最後が表表ときまっているので最後の動作で場合分けとはいきません．最初の動作で場合分けします．裏が出れば再スタートが切れますが，表の場合はつぎに裏が出て初めて再スタートが切れることになるので3項間漸化式になりました．

　場合の数の漸化式も確率の漸化式と似たところがありますが，「1つを特別視する」というものもあります．その例を紹介します．

例　m か所の送信施設を持つ A 国から，n か所の受信施設を持つ B 国へ信号を送る．A 国の各施設は B 国の施設の中のただ 1 か所に必ず信号を送るものとし，その送受信はいっせいに行われる．いま $m \geq n$ とし，B 国のどの受信施設も A 国のどこかの送信施設からの信号を少なくとも 1 つは受信する場合を考える．このような送信パターンを $f(m, n)$ と表す．$f(m, n)$ を m, n, $f(m-1, n)$, $f(m-1, n-1)$ で表せ．

〔名古屋市立大の一部〕

《解答》　$f(m, n)$ は

(i) A 国の特定の送信施設 1 か所が B 国の受信施設 1 か所に送信し (n 通り), 残りの A 国の $m-1$ か所の送信施設は残りの B 国の $n-1$ か所の受信施設に送信する ($f(m-1, n-1)$ 通り)

(ii) A 国の特定の送信施設 1 か所が B 国の受信施設 1 か所に送信し (n 通り), 残りの A 国の $m-1$ か所の送信施設は残りの B 国の n か所の受信施設に送信する ($f(m-1, n)$ 通り)

場合の数の合計だから
$$f(m, n) = nf(m-1, n-1) + nf(m-1, n)$$

□

ここでは,「B 国のどの受信施設も A 国のどこかの送信施設からの信号を少なくとも 1 つは受信する」に注意して, A 国の特定の送信施設 a が 1 つの受信施設を独占するか他のと共有するかで場合分けしています. イメージとしては, A の m 人を名前のついた n 個の部屋に, どの部屋も空でないように分配したとき, a が一人部屋になるか相部屋になるかで場合を分けたといえます.

$_nC_k$ の公式 (パスカルの三角形の一部)
$$_nC_k = {}_{n-1}C_{k-1} + {}_{n-1}C_k$$

も同じように考えられるので, 参考までに紹介しておきます. A 君を含む n 人から k 人を選ぶとき, A 君以外から k 人を選ぶか ($_{n-1}C_k$ 通り), A 君を含めた k 人を選ぶか ($_{n-1}C_{k-1}$ 通り) のいずれかである, と考えれば公式が導けます.

なおやや発展的な話題ですが, この公式は
$$_{n-1}C_{k-1} = {}_nC_k - {}_{n-1}C_k$$

と変形して $\sum_k {}_kC_m$ の計算に利用することがあります. この和は $\sum_{k=\bigcirc}^{\triangle} ({}_{k+1}C_{m+1} - {}_kC_{m+1})$ と変形できるので, 和の計算ができるという仕組みです.

―― 条件つき確率：カードを取る確率 ――

14 袋の中に，両面とも赤のカードが2枚，両面とも青，両面とも黄，片面が赤で片面が青，片面が青で片面が黄色のカードがそれぞれ1枚ずつの計6枚のカードが入っている．その中の1枚を無作為に選んで取り出し机の上に置くとき，表が赤の確率は ア ，両面とも赤の確率は イ である．表が赤であることが分かったとき，裏も赤である確率は ウ である．

最初のカードは袋に戻さずに，もう1枚カードを取り出して机の上に置くことにする．最初のカードの表が赤と分かっているとき，2枚目のカードの表が青である確率は エ である．最初のカードの表が赤で，2枚目のカードの表が青であることが分かったとき，最初のカードの裏が赤である確率は オ である．

〔慶應大〕

アプローチ

(イ) **10**(イ)にあったように，確率の問題だから同じものでも区別します．さらに，1枚のカードにつき2通りの置き方があることに注意しましょう．

(ロ) 条件つき確率の問題のポイントは，まず条件つき確率の問題であると気づくところです．問題文が「A が起こり B も起こる確率は？」であれば確率 $P(A \cap B)$ を求めます．しかし「A が起こった．このとき B が起こる確率は？」「A が起こったという条件のもとで B が起こる確率は？」であれば，条件つき確率 $P_A(B)$ を求めることになります．後者の文章なら気がつくでしょうが，前者のときは見逃してしまう可能性があります．注意して問題文を読みましょう．

(ハ) 条件つき確率を求めるときは，まず問題文中にある事象を A, B, ⋯ などと定めます．求めるべき条件つき確率が $P_A(B) = \dfrac{P(A \cap B)}{P(A)}$ であると把握できたら，後は普段どおり $A \cap B$ と A の確率を求めます．

(ニ) 1枚目，2枚目の時間的順序は，(1枚目)→(2枚目) ですから，

1枚目についての条件は原因，2枚目についての条件は結果

と定めると，2枚目の条件の下で1枚目についての条件つき確率は

結果の条件が与えられているときの原因の確率

といえます．時間の流れに逆行することなのでかなり違和感をもつ人もいるかもしれませんが，条件つき確率は時間的な前後関係と無関係に意味をもちます．きちんと条件つき確率の公式にしたがって計算しましょう．

解答

6枚のカードを次のように表記する．

$\boxed{赤_1\ 赤_2}$, $\boxed{赤_3\ 赤_4}$, $\boxed{青_1\ 青_2}$, $\boxed{黄_1\ 黄_2}$, $\boxed{赤_5\ 青_3}$, $\boxed{青_4\ 黄_3}$

さらに事象 X, Y, Z を次のように定義する．

X :「1枚目のカードの表が赤である」

Y :「1枚目のカードの裏が赤である」

Z :「2枚目のカードの表が青である」

1枚のカードを取り出し机の上に置くとき，カードの表の場合の数は12通りである．

・X となるのは1枚目のカードの表が

$$赤_1,\ 赤_2,\ 赤_3,\ 赤_4,\ 赤_5$$

のいずれかだから

$$P(X) = \frac{5}{12}$$ ……… アの答え

・$X \cap Y$ となるのは1枚目のカードの表が

$$赤_1,\ 赤_2,\ 赤_3,\ 赤_4$$

のいずれかだから

$$P(X \cap Y) = \frac{4}{12} = \frac{1}{3}$$ ……… イの答え

・X のもとで Y である条件つき確率は

$$P_X(Y) = \frac{P(X \cap Y)}{P(X)} = \frac{\frac{1}{3}}{\frac{5}{12}} = \frac{4}{5}$$ ……… ウの答え

1枚ずつ2回カードを取り出し机の上に置くとき，カードの表の場合の数は 12×10 通りである．

・$X \cap Z$ となるのは，1枚目のカードの表が

$$赤_1,\ 赤_2,\ 赤_3,\ 赤_4$$

のいずれかのときは2枚目のカードの表が

$$青_1, 青_2, 青_3, 青_4$$

であり，1 枚目のカードの表が

$$赤_5$$

のときは 2 枚目のカードの表が

$$青_1, 青_2, 青_4$$

である．よって，

$$P(X \cap Z) = \frac{4 \times 4 + 1 \times 3}{12 \times 10} = \frac{19}{120}$$

これとアの結果から X のもとで Z である条件つき確率は

$$P_X(Z) = \frac{P(X \cap Z)}{P(X)} = \frac{\frac{19}{120}}{\frac{5}{12}} = \boldsymbol{\frac{19}{50}} \qquad \cdots\cdots\cdots \text{エの答え}$$

・$X \cap Y \cap Z$ となるのは 1 枚目のカードの表が

$$赤_1, 赤_2, 赤_3, 赤_4$$

であり，2 枚目のカードの表が

$$青_1, 青_2, 青_3, 青_4$$

だから

$$P(X \cap Y \cap Z) = \frac{4 \times 4}{12 \times 10} = \frac{2}{15}$$

よって $X \cap Z$ のもとで Y である条件つき確率は

$$P_{X \cap Z}(Y) = \frac{P(X \cap Y \cap Z)}{P(X \cap Z)} = \frac{\frac{2}{15}}{\frac{19}{120}} = \boldsymbol{\frac{16}{19}} \qquad \cdots\cdots\cdots \text{オの答え}$$

(フォローアップ)

1．条件つき確率のイメージを理解するために ウ についての別解を示します．

別解 表が赤であることが条件だから，全事象は表が

$$赤_1, 赤_2, 赤_3, 赤_4, 赤_5$$

の 5 通りとなる．このうち裏も赤であるのは

$$赤_1, 赤_2, 赤_3, 赤_4$$

の 4 通りである．よって求める条件つき確率は $\boldsymbol{\frac{4}{5}}$ □

これが条件つき確率です．考えるべき確率の全事象が条件をつけることによって 12 通りから 5 通りになります．条件を付けることによって確率の

分母を小さくする (☞ フォローアップ 3.) のが条件つき確率のイメージです．つまり，$P(X \cap Y) = \dfrac{4}{12}$ の分母に $P(X) = \dfrac{5}{12}$ をかけて分母を縮小しているイメージです．

2. 原因の確率を求める練習をしましょう．一部くじ引き型の確率を求めるところがあります．その部分は🔟 (イ) (iv) の解説を参照してください．

> **例** ジョーカーを除いたトランプ52枚の中から1枚のカードを抜き出し，表を見ないで箱の中にしまった．そして残りのカードをよくきってから3枚抜き出したところ，3枚ともダイヤであった．このとき箱の中のカードがダイヤである確率を求めよ． 〔早稲田大〕

《解答》 事象 A, B を次のように定める．
　A：後から抜き出した3枚のカードがダイヤである．
　B：最初に抜き出した1枚のカードがダイヤである．
求める条件つき確率は
$$P_A(B) = \frac{P(A \cap B)}{P(A)}$$
全体の場合の数は $_{52}C_1 \cdot _{51}C_3$ 通りである (これは，はじめに3枚抜き出して後から抜き出したカードとし，つぎに1枚を抜きだしたものを箱の中にしまう，考えて $_{52}C_3 \cdot _{49}C_1$ としても同じで $52 \cdot 51 \cdot 50 \cdot 49 \div 3!$ 通り)．A となるのは，まず13枚のダイヤから3枚を選びこれを後から取り出した3枚のカードとし，つぎに残りのすべてのカードから1枚のカードを選んでこれを最初に取り出した1枚のカードとすると考えて $_{13}C_3 \cdot _{49}C_1$ 通りだから，
$$P(A) = \frac{_{13}C_3 \cdot _{49}C_1}{_{52}C_1 \cdot _{51}C_3}$$
また，$A \cap B$ となるのは，13枚のダイヤから1枚を選び，残りのダイヤから3枚を選ぶときだから
$$P(A \cap B) = \frac{_{13}C_1 \cdot _{12}C_3}{_{52}C_1 \cdot _{51}C_3}$$
したがって，求める条件つき確率は
$$P_A(B) = \frac{\dfrac{_{13}C_1 \cdot _{12}C_3}{_{52}C_1 \cdot _{51}C_3}}{\dfrac{_{13}C_3 \cdot _{49}C_1}{_{52}C_1 \cdot _{51}C_3}} = \frac{_{13}C_1 \cdot _{12}C_3}{_{13}C_3 \cdot _{49}C_1} = \boldsymbol{\dfrac{10}{49}}$$

3. すこし根本的なことを復習しておきましょう．

ある試行 T の結果，全事象 U がきまるとする．U の各要素は根元事象であり，すべては等確率で起こるとする．ある事象 A, B (すなわち U の部分集合) について (|(集合)| は要素の個数)，

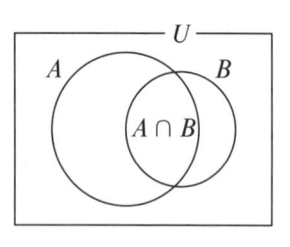

$$P_A(B) = \frac{|A \cap B|}{|A|}$$

と定義し，これを「A が起こったときの B の起こる確率」という．これから

$$P(A \cap B) = \frac{|A \cap B|}{|U|} = \frac{|A|}{|U|} \cdot \frac{|A \cap B|}{|A|} = P(A) P_A(B)$$

となり，これから確率の乗法定理：$P(A \cap B) = P(A) P_A(B)$ が成り立つ．

条件つき確率 $P_A(B)$ とは，上の定義からわかるように全事象を U から A に制限したものです．これは普通にあることで，例えば 10 枚のカードを 1 枚ずつもとに戻さず，2 回引くとします．1 回目と 2 回目をいっしょにして，10 枚から 2 枚引いて並べると考えて $_{10}P_2$ が全事象ですが，1 回目と 2 回目を分けて考えるなら，1 回目は 10 枚のカードが全事象，2 回目は 1 回目に引いたカードを除いた 9 枚が全事象と考えるのは当然です．確率の計算は「たす」か「かける」しかありませんが，「かける」場合はこのことを用いているのです．もちろん，サイコロをふるような独立な試行のとき，A：「1 回目に 1 がでる」，B：「2 回目に 1 がでる」とすると，A, B は無関係で $P(A \cap B) = P(A) P(B)$ が成り立ち，したがって $P_A(B) = P(B)$ です．

なお，上の定義をみれば $P_A(B)$ の A, B に時間の順序はありませんが，そのまま $P_A(B)$ が計算できるのは A が B より先行しているときです．ところが，時間の順序が $A \to B$ となっているのに $P_B(A)$ も定義できます．これを B が起こるとき A が原因である割合を示すものとして，原因の確率とよんでいます．このときは実際には

$$P_B(A) = \frac{P(B \cap A)}{P(B)} = \frac{P(A \cap B)}{P(B)} = \frac{P(A \cap B)}{P(A \cap B) + P(\overline{A} \cap B)}$$

$$P(A \cap B) = P(A) P_A(B), \quad P(\overline{A} \cap B) = P(\overline{A}) P_{\overline{A}}(B)$$

として計算することがよくあります．

―― 三角比の応用：三角形の面積，余弦定理 ――

15 すべての内角が $180°$ より小さい四角形 ABCD がある．辺の長さが $AB = BC = r$, $AD = 2r$ とする．さらに，辺 CD 上に点 E があり，3 つの三角形 △ABC，△ACE，△ADE の面積はすべて等しいとする．$\alpha = \angle BAC$, $\beta = \angle CAD$ とおく．

(1) $\alpha = \beta$ を示せ．
(2) $\cos \angle DAB = \dfrac{3}{5}$ であるとするとき，$\sin \angle CAE$ の値を求めよ．

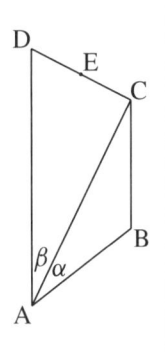

〔東北大〕

アプローチ

(イ) 計算を簡略化するため $r = 1$ とします．こうしても角度や面積比，辺の比に影響を与えません．

(ロ) すべての内角が $180°$ より小さい四角形は凸四角形になります．つまり，へこんだところのない四角形です．

$0° < \theta_1, \theta_2 < 180°$ のとき
$$\cos \theta_1 = \cos \theta_2 \iff \theta_1 = \theta_2$$
は正しいですが，
$$\sin \theta_1 = \sin \theta_2 \iff \theta_1 = \theta_2$$
は間違いです．なぜなら右図のような状況も考えられるからです．

(ハ) (2)は次のように考えます．

(i) $\alpha = \beta$ と $\cos(\alpha + \beta)$ の値から α, β の三角比は何でもわかりそうだ．ならば △ABC に注目して $AB = BC = 1$ から AC がわかり，それから △ACD に注目して CD も求まる．

(ii) 一方求めたいものが $\angle CAE$ の三角比だから △ACE の情報を集めたい．AC は求まり CE は CD からわかるから後は AE がわかれば余弦定理から何とかなりそうである．そのために他の角度の三角比が必要であるが，そこで △ACD と共通の角度である $\angle ACE$ を求めよう．つまり △ACD に

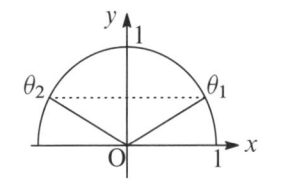

ついて余弦定理を利用すれば解決．

与えられた条件 a と求めたいもの z がダイレクトにつながるときは問題ありません．本問のようにダイレクトにつながらないときは，

(i) 条件 a から b がわかる $\Longrightarrow$ そのことから c がわかった $\Longrightarrow$ それらからついでに d も求まる……

(ii) z を求めるには y が必要 $\Longrightarrow$ これがわかるためにはその前に x がわかってないとダメ $\Longrightarrow$ そうすると w が必要……

と入口と出口から探っていき，その接点を探して

$$a \Longrightarrow b \Longrightarrow c \Longrightarrow d \Longrightarrow \cdots \Longrightarrow w \Longrightarrow x \Longrightarrow y \Longrightarrow z$$

とストーリーを作り上げます．

㈡ 三角関数の相互関係は

$$\sin^2\theta + \cos^2\theta = 1,\ \tan\theta = \frac{\sin\theta}{\cos\theta},\ 1+\tan^2\theta = \frac{1}{\cos^2\theta}$$

ですが，鋭角のときは直角三角形を描いたほうが早いようです．

$\tan\theta = \dfrac{b}{a}$ (θ：鋭角) のとき右図より

$$\cos\theta = \frac{b}{\sqrt{a^2+b^2}},\ \sin\theta = \frac{a}{\sqrt{a^2+b^2}}$$

解答

$r = 1$ としても示すべき内容，求める値に影響を与えない．

(1) 面積の条件より

$$2 \times \triangle\text{ABC} = \triangle\text{ACD}$$
$$\Longleftrightarrow 2 \cdot \frac{1}{2} \cdot \text{AB} \cdot \text{AC} \cdot \sin\alpha = \frac{1}{2} \cdot \text{AC} \cdot \text{AD} \cdot \sin\beta$$
$$\Longleftrightarrow \sin\alpha = \sin\beta \qquad (\text{AB} = 1,\ \text{AD} = 2\ \text{より})$$
$$\therefore\ \alpha = \beta\ \text{または}\ \alpha = 180° - \beta$$

$\alpha + \beta < 180° \Longleftrightarrow \alpha < 180° - \beta$ だから $\alpha = \beta$ □

(2) $\angle\text{DAB} = \alpha + \beta = 2\alpha\ (< 180°\cdots①)$ だから条件より

$$\cos 2\alpha = \frac{3}{5} \Longleftrightarrow 2\cos^2\alpha - 1 = \frac{3}{5} \Longleftrightarrow \cos^2\alpha = \frac{4}{5}$$

①より $0° < \alpha < 90°$ だから $\cos\alpha > 0$

$$\therefore\ \cos\alpha = \cos\beta = \frac{2}{\sqrt{5}}$$

△ABC は AB = BC = 1 の二等辺三角形だから B から AC に下ろした垂線の足を M とすると
$$AC = 2AM = 2AB\cos\alpha = \frac{4}{\sqrt{5}}$$
△ACD について余弦定理より
$$CD^2 = 2^2 + \left(\frac{4}{\sqrt{5}}\right)^2 - 2\cdot 2\cdot \frac{4}{\sqrt{5}}\cdot \frac{2}{\sqrt{5}} \qquad \therefore \quad CD = \frac{2}{\sqrt{5}}$$
△ACD について余弦定理より
$$\cos\angle ACD = \frac{\left(\frac{4}{\sqrt{5}}\right)^2 + \left(\frac{2}{\sqrt{5}}\right)^2 - 2^2}{2\cdot \frac{4}{\sqrt{5}} \cdot \frac{2}{\sqrt{5}}} = 0 \qquad \therefore \quad \angle ECA = 90°$$
また △ACE = △ADE で,これらを CE と DE を底辺とみたとき高さが共通より CE = DE = $\frac{1}{\sqrt{5}}$. したがって,△ACE について
$$\tan\angle CAE = \frac{CE}{AC} = \frac{\frac{1}{\sqrt{5}}}{\frac{4}{\sqrt{5}}} = \frac{1}{4}$$
これより
$$\sin\angle CAE = \frac{1}{\sqrt{17}}$$

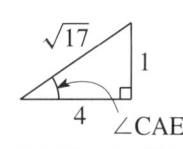

─── フォローアップ ───

1. まず公式を確認します.

中線定理:右図において,M が BC の中点であるとき,
$$a^2 + b^2 = 2(x^2 + y^2)$$

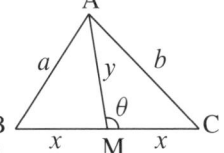

《証明》 △ABM,△ACM について余弦定理を用いると
$$a^2 = x^2 + y^2 - 2xy\cos(\pi - \theta)$$
$$b^2 = x^2 + y^2 - 2xy\cos\theta$$
$\cos(\pi - \theta) = -\cos\theta$ に注意して辺々加えればよい. □

この他ベクトルを用いて証明することもできます.

《証明》
$$(左辺) = |\vec{AB}|^2 + |\vec{AC}|^2$$

$$= |\overrightarrow{MB} - \overrightarrow{MA}|^2 + |\overrightarrow{MC} - \overrightarrow{MA}|^2$$
$$= |\overrightarrow{MB}|^2 - 2\overrightarrow{MB} \cdot \overrightarrow{MA} + |\overrightarrow{MA}|^2 + |\overrightarrow{MC}|^2 - 2\overrightarrow{MC} \cdot \overrightarrow{MA} + |\overrightarrow{MA}|^2$$
$$= 2(x^2 + y^2) - 2\overrightarrow{MA} \cdot (\overrightarrow{MB} + \overrightarrow{MC})$$
$$= 2(x^2 + y^2) \qquad (\overrightarrow{MB} + \overrightarrow{MC} = \overrightarrow{0} \text{ より})$$
$$= (右辺)$$
∴ (左辺) = (右辺) □

(2)でこれを使う方法もあります．

別解 (AC, CD を求めて $CE = DE = \dfrac{1}{\sqrt{5}}$ まで同じ，∠ACD は不要)

中線定理より
$$AD^2 + AC^2 = 2(AE^2 + CE^2) \iff 4 + \frac{16}{5} = 2\left(AE^2 + \frac{1}{5}\right)$$
$$\iff AE = \sqrt{\frac{17}{5}}$$

△AEC について余弦定理より
$$\cos \angle CAE = \frac{\frac{17}{5} + \frac{16}{5} - \frac{1}{5}}{2 \cdot \sqrt{\frac{17}{5}} \cdot \frac{4}{\sqrt{5}}} = \frac{4}{\sqrt{17}}$$
$$\therefore \sin \angle CAE = \sqrt{1 - \left(\frac{4}{\sqrt{17}}\right)^2} = \boldsymbol{\frac{1}{\sqrt{17}}}$$

2. $2\triangle ABC = \triangle ACD$ の面積条件は表現したので，$\triangle ACE = \triangle ADE$ を角度がからむように表現する方針も考えられます．どうもこれが一番簡単なようですが，この条件を $CE = DE$ ととらえてしまう人が多いと思います．

別解 ($\cos\alpha = \dfrac{2}{\sqrt{5}}$，AC を求めるところまで同じ)

これより $\sin\alpha = \sqrt{1 - \left(\dfrac{2}{\sqrt{5}}\right)^2} = \dfrac{1}{\sqrt{5}}$

さらに ∠CAE = γ とおく．∠EAD = α − γ だから面積の条件より
$$\triangle ACE = \triangle ADE$$
$$\iff \frac{1}{2} \cdot \frac{4}{\sqrt{5}} \cdot AE \sin\gamma = \frac{1}{2} \cdot AE \cdot 2 \cdot \sin(\alpha - \gamma)$$

$$\iff \frac{2}{\sqrt{5}} \sin \gamma = \sin(\alpha - \gamma)$$

$$\iff \frac{2}{\sqrt{5}} \sin \gamma = \sin \alpha \cos \gamma - \cos \alpha \sin \gamma$$

$$\iff \frac{2}{\sqrt{5}} \sin \gamma = \frac{1}{\sqrt{5}} \cos \gamma - \frac{2}{\sqrt{5}} \sin \gamma$$

$$\iff 4 \sin \gamma = \cos \gamma$$

$$\iff \tan \gamma = \frac{1}{4}$$

これより

$$\sin \gamma = \frac{1}{\sqrt{17}} \qquad \Box$$

3. だんだん技巧的になりますが，$\angle \text{BAC} = \angle \text{ACB} = \angle \text{CAD}$ に注目してみます．

別解 ($\cos \alpha$, AC を求めるところまで同じ)

$\cos \alpha = \dfrac{2}{\sqrt{5}}$ より $\sin \alpha = \dfrac{1}{\sqrt{5}}$

$\angle \text{BAC} = \angle \text{ACB} = \angle \text{CAD}$ より BC // AD がいえるので，AD の中点を N とおけば四角形 ABCN は一辺の長さが 1 のひし形になる．これより AN = CN = DN = 1 となるので N は △ACD の外接円の中心となり，AD は直径になる．ということは $\angle \text{ACD} = 90°$ となるので，

$$\text{CD} = \text{AD} \sin \alpha = \frac{2}{\sqrt{5}} \qquad \therefore \quad \text{CE} = \frac{1}{\sqrt{5}}$$

よって，$\tan \angle \text{CAE} = \dfrac{\text{CE}}{\text{AC}} = \dfrac{1}{4}$ となるので以下同じ． $\qquad \Box$

―― 三角方程式，対数方程式 ――

16

(1) 方程式 $\dfrac{1}{\sin x} + \dfrac{1}{\sin 3x} = 3$ の $0 \leqq x \leqq \dfrac{3}{4}\pi$ における解の個数を求めよ．

(2) x, y, z は 1 と異なる正の数で，次の条件を満たしている．
$$\log_y z + \log_z x + \log_x y = \dfrac{7}{2}, \quad \log_z y + \log_x z + \log_y x = \dfrac{7}{2},$$
$$xyz = 2^{10}, \quad x \leqq y \leqq z$$
x, y, z を求めよ．

〔横浜国立大〕

アプローチ

(イ) 三角方程式の基本は
$$\sin\theta = \sin\alpha \iff \theta = \alpha + 2n\pi \text{ または } \pi - \alpha + 2n\pi$$
$$\cos\theta = \cos\alpha \iff \theta = \pm\alpha + 2n\pi$$
$$\tan\theta = \tan\alpha \iff \theta = \alpha + n\pi$$

(n は整数) です．厳密にいうと，右辺は「そのような整数 n が存在する」です．このことは，三角関数の定義から，単位円を思いうかべればすぐわかります．α が具体的にわかっていて，θ が未知ならば θ の範囲によって n の値がきまります．

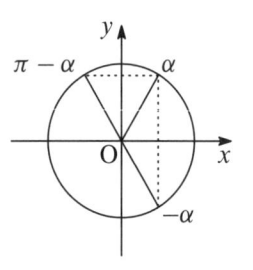

多くの問題では基本形に帰着させるために，

「角度をそろえて，おきかえる」

「公式を利用して，共通因数をつくる」

などの作業が必要です．

本問(1)では，まず分母をはらいますが，そのときに (分母) $\neq 0$ を忘れないように．つぎに角 x と $3x$ があらわれているので，角を x にそろえます．ここで 3 倍角の公式を思いだしておきましょう：
$$\sin 3x = 3\sin x - 4\sin^3 x$$
$$\cos 3x = 4\cos^3 x - 3\cos x$$

あとは $\sin x$ の方程式とみて解き，x の範囲に注意して x の個数を求めます．

3 倍角の公式の証明を確認しておきます．加法定理と 2 倍角の公式から
$$\sin 3x = \sin(2x+x) = \sin 2x \cos x + \cos 2x \sin x$$
$$= 2\sin x \cos^2 x + (1 - 2\sin^2 x)\sin x$$
$$= 2\sin x(1 - \sin^2 x) + (1 - 2\sin^2 x)\sin x = 3\sin x - 4\sin^3 x$$
$$\cos 3x = \cos(2x+x) = \cos 2x \cos x - \sin 2x \sin x$$
$$= (2\cos^2 x - 1)\cos x - 2\sin^2 x \cos x$$
$$= (2\cos^2 x - 1)\cos x - 2(1 - \cos^2 x)\cos x = 4\cos^3 x - 3\cos x$$
のように簡単にわかります (☞ **20**).

(ロ) 対数方程式の連立方程式です．対数の底が x, y, z と 3 項あり，底をそろえた方がよさそうです．そこで，底の変換公式
$$\log_a b = \frac{\log_c b}{\log_c a} \quad (a, c \text{ は 1 でない正の数})$$
を用います．$xyz = 2^{10}$ をみると底は 2 がよさそうです．すると $\log_2 x$ などを含む連立方程式になりますが，このままではみにくいので，置き換えましょう．後は対数を含まない普通の連立方程式なのですが，その処理がすこしやりにくいかもしれません．

解答

(1) 分母は 0 でないから「$\sin x \neq 0$ かつ $\sin 3x \neq 0$」と $0 \leq x \leq \dfrac{3}{4}\pi$ により
$$x \neq 0, \ x \neq \frac{\pi}{3}, \ x \neq \frac{2}{3}\pi \qquad \cdots\cdots\cdots ①$$
である．このもとで，与式の分母を払うと
$$\sin 3x + \sin x = 3\sin x \sin 3x$$
$$\therefore \ 3\sin x - 4\sin^3 x + \sin x = 3\sin x(3\sin x - 4\sin^3 x)$$
両辺を $\sin x \ (\neq 0)$ で割ると
$$12\sin^3 x - 4\sin^2 x - 9\sin x + 4 = 0$$
$$\therefore \ (2\sin x - 1)(6\sin^2 x + \sin x - 4) = 0$$
したがって，解の 1 つは $\sin x = \dfrac{1}{2}$ から $x = \dfrac{\pi}{6}$．また $\sin x = t$ とおき，$f(t) = 6t^2 + t - 4$ とおくと，$0 < t \leq 1$ であり，$f(t)$ はこの範囲で増加し
$$f(0) = -4 < 0, \ f(1) = 3 > 0$$

$$f\left(\frac{1}{\sqrt{2}}\right) = \frac{1}{\sqrt{2}} - 1 < 0, \quad f\left(\frac{\sqrt{3}}{2}\right) = \frac{1+\sqrt{3}}{2} > 0$$

だから，方程式 $f(t) = 0$ は $0 \leq t \leq 1$ にただ1つの解 t_1 をもち，

$$\sin\frac{3}{4}\pi = \frac{1}{\sqrt{2}} < t_1 < \frac{\sqrt{3}}{2} = \sin\frac{2}{3}\pi$$

をみたす．ゆえに，$\sin x = t_1$，$0 \leq x \leq \frac{3}{4}\pi$

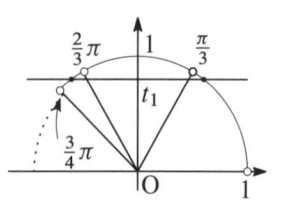

および①をみたす x は 2 個あり，ともに $\frac{\pi}{6}$ ではない．

　以上から，求める個数は **3 個**である．

(2) $\log_2 x = X$, $\log_2 y = Y$, $\log_2 z = Z$ とおくと，X, Y, Z は 0 でなく，

$$\log_y z = \frac{\log_2 z}{\log_2 y} = \frac{Z}{Y}, \quad \log_2(xyz) = \log_2 x + \log_2 y + \log_2 z$$

などから，与式は

$$\begin{cases} \dfrac{Z}{Y} + \dfrac{X}{Z} + \dfrac{Y}{X} = \dfrac{7}{2} & \cdots\cdots\text{②} \\ \dfrac{Y}{Z} + \dfrac{Z}{X} + \dfrac{X}{Y} = \dfrac{7}{2} & \cdots\cdots\text{③} \\ X + Y + Z = 10 & \cdots\cdots\text{④} \\ X \leq Y \leq Z & \cdots\cdots\text{⑤} \end{cases}$$

② − ③ から

$$\frac{Z-X}{Y} + \frac{X-Y}{Z} + \frac{Y-Z}{X} = 0$$

$$\therefore \quad ZX(Z-X) + XY(X-Y) + YZ(Y-Z) = 0$$

$$\therefore \quad (Y-Z)X^2 - (Y^2 - Z^2)X + YZ(Y-Z) = 0$$

$$\therefore \quad (Y-Z)(X-Y)(X-Z) = 0$$

$$\therefore \quad Y = Z \text{ または } X = Y \text{ または } X = Z$$

(i) $Y = Z$ のとき，②から

$$\frac{X}{Y} + \frac{Y}{X} = \frac{5}{2} \quad \therefore \quad 2X^2 - 5XY + 2Y^2 = 0$$

$$\therefore \quad (2X - Y)(X - 2Y) = 0 \quad \therefore \quad 2X = Y \text{ または } X = 2Y$$

・$2X = Y (= Z)$ のとき，④から

$$X + 2X + 2X = 10 \quad \therefore \quad X = 2, \; Y = Z = 4$$

・$X = 2Y$ のとき，

$$2Y + Y + Y = 10 \quad \therefore \quad Y = \frac{5}{2}, \quad X = 5$$

となり，⑤をみたさない．

(ii) $X = Y$ のとき，同様にして $(X, Y, Z) = (4, 4, 2)$ は⑤をみたさず，$\left(\frac{5}{2}, \frac{5}{2}, 5\right)$．

(iii) $Z = X$ のとき，⑤から $X = Y = Z$ となるが，このとき②をみたさない．

以上から，$X = 2, Y = Z = 4$ または $X = Y = \frac{5}{2}, Z = 5$ となり，$x = 2^X, y = 2^Y, z = 2^Z$ から

$$(x, y, z) = (4, 16, 16), \quad (4\sqrt{2}, 4\sqrt{2}, 32)$$

(フォローアップ)

1. (2)で②と③は，なかなか扱いにくい式ですが，ここでは ②−③ として，定数項を消去して X, Y, Z について cyclic ($X \to Y \to Z \to X$ とおきかえても変化しない式) で，同次の式をつくっています．このように次数をそろえた式や，cyclic な式，対称式などををつくっておくと，式の変形がしやすくなることがよくあります．

2. (2)は次のように置き換える方法もあり，このときは対称式があらわれます．

$a = \log_y z, \; b = \log_z x, \; c = \log_x y$ とおくと，$\log_z y = \dfrac{\log_y y}{\log_y z} = \dfrac{1}{a}$ などから，

$$a + b + c = \frac{7}{2} \qquad \cdots\cdots ⑥$$

$$\frac{1}{a} + \frac{1}{b} + \frac{1}{c} = \frac{7}{2} \qquad \cdots\cdots ⑦$$

また

$$abc = \frac{\log z}{\log y} \cdot \frac{\log x}{\log z} \cdot \frac{\log y}{\log x} = 1 \qquad \cdots\cdots ⑧$$

⑦に⑧を用いると

$$bc + ca + ab = \frac{7}{2}$$

これと⑥，⑧から a, b, c は3次方程式

$$t^3 - \frac{7}{2}t^2 + \frac{7}{2}t - 1 = 0 \quad \therefore \quad 2t^3 - 7t^2 + 7t - 2 = 0$$

$$\therefore \quad (t-1)(t-2)(2t-1) = 0$$

の 3 解で $\{a, b, c\} = \left\{\dfrac{1}{2}, 1, 2\right\}$.

これは上の解答では, $a = \dfrac{Z}{Y}$, $b = \dfrac{X}{Z}$, $c = \dfrac{Y}{X}$ とおいたのと同じで, これでこれらの 3 数が全体として $\dfrac{1}{2}$, 1, 2 であることがわかりますが, これからあとは④, ⑤から $b = \dfrac{X}{Z} = \dfrac{1}{2}$, $(a, c) = \left(\dfrac{Z}{Y}, \dfrac{Y}{X}\right) = (1, 2)$ または $(2, 1)$ となり, X, Y, Z, すなわち x, y, z が求められます.

3. 上で用いた 3 次方程式の解と係数の関係を確認しておきましょう. 3 次方程式
$$ax^3 + bx^2 + cx + d = 0$$
の 3 解が α, β, γ であることは, 多項式として
$$ax^3 + bx^2 + cx + d = a(x - \alpha)(x - \beta)(x - \gamma)$$
が成り立つ (恒等式) ことと同値で, 係数を比較すると
$$\begin{cases} \alpha + \beta + \gamma = -\dfrac{b}{a} \\ \alpha\beta + \beta\gamma + \gamma\alpha = \dfrac{c}{a} \\ \alpha\beta\gamma = -\dfrac{d}{a} \end{cases}$$
と同値になります. これは次の形でもよく用いられます:

「方程式
$$\begin{cases} x + y + z = p \\ xy + yz + zx = q \\ xyz = r \end{cases}$$

の解は 3 次方程式
$$t^3 - pt^2 + qt - r = 0$$

の 3 解である」

p, q, r がわかっているときは, この 3 次方程式を解いて x, y, z を求めます.

なお, 解と係数の関係では 3 解 α, β, γ は虚数でもよく (したがって一般には複素数), また異ならない可能性もあります.「3 解」の 3 とは数の個数ではなく, 2 重解は 2 個, 3 重解は 3 個と数えたもので,「重複度をこめた個数」とよばれています.

―― 三角方程式：2 次方程式の解の配置 ――

17 a を実数，$0 \leqq \theta \leqq \pi$ とするとき，θ についての方程式
$$\cos^2 \theta + 4a \sin \theta + 3a - 2 = 0$$
について，次の問いに答えよ．

(1) 上の方程式が解をもつための a の値の範囲を求めよ．
(2) 上の方程式がちょうど 2 個の解をもつための a の値の範囲を求めよ．

〔島根大〕

アプローチ

(イ) 2 次方程式の解の配置の典型的な問題は，一度は経験しておいてください (☞ **44** (ハ))．

$f(x) = x^2 + ax + b$ とおく．方程式 $f(x) = 0$ の解について

(i) すべての解が $x > p$ に含まれる条件は
  $f(p) > 0$, (軸) $> p$, (頂点の y 座標) $\leqq 0$

(ii) すべての解が $p < x < q$ に含まれる条件は
  $f(p) > 0$, $f(q) > 0$,
  $p <$ (軸) $< q$, (頂点の y 座標) $\leqq 0$

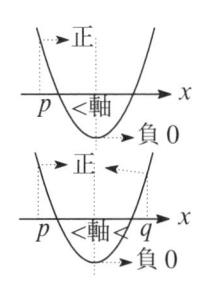

(iii) 1 つの解が p，残りの解が $p < x < q$ に含まれる条件は，
  $f(p) = 0$, $p < -a - p < q$

(p 以外の解を α とすると，解と係数の関係 $\alpha + p = -a$ より $\alpha = -a - p$)

(iv) 少なくとも 1 つの解が $p \leqq x \leqq q$ に含まれる条件は
  $f(p)f(q) \leqq 0$ または (ii)の条件

(この場合分けは，$f(p), f(q)$ が「異符号かまたは少なくとも一方が 0 のとき」と「ともに正のとき」で場合分けしたことになります．「ともに負のとき」は $p \leqq x \leqq q$ に解をもたないので考えていません)

(ロ) 方程式の解の個数を求める問題で変数を置き換えたときは，置き換えた

変数と元の変数との対応に注意が必要です．右の単位円を見ればわかりますが，$0 \leq \sin\theta < 1$ をみたす 1 つの $\sin\theta$ の値に対し θ ($0 \leq \theta \leq \pi$) は 2 つ存在し，$\sin\theta = 1$ に対しては $\theta = \dfrac{\pi}{2}$ の 1 つだけです．

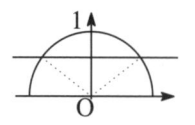

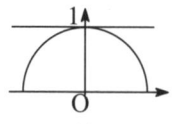

解答

(1) $\sin\theta = x$ とおくと $0 \leq \theta \leq \pi$ より 「$0 \leq x \leq 1$」 ……… ①

また与式から

$$1 - x^2 + 4ax + 3a - 2 = 0 \iff x^2 - 4ax - 3a + 1 = 0 \quad \cdots\cdots ②$$

②が①に解をもつような条件を求めればよい．②の左辺を $f(x)$ とおくと

$$f(x) = (x - 2a)^2 - 4a^2 - 3a + 1$$

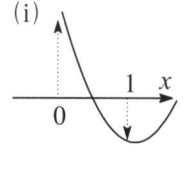

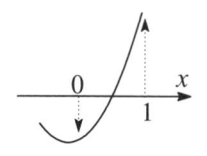

求める条件は

(ⅰ) $f(0)f(1) \leq 0$

または

(ⅱ) $\begin{cases} 0 < 2a < 1 \\ f(0) > 0, \ f(1) > 0 \\ f(2a) \leq 0 \end{cases}$

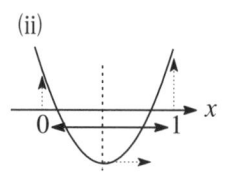

ここで

$$f(0) = -3a + 1, \quad f(1) = 2 - 7a, \quad f(2a) = -(a+1)(4a-1)$$

(ⅰ)のとき

$$(3a - 1)(7a - 2) \leq 0 \iff \dfrac{2}{7} \leq a \leq \dfrac{1}{3}$$

(ⅱ)のとき

$$\begin{cases} 0 < a < \dfrac{1}{2} \\ a < \dfrac{1}{3}, \ a < \dfrac{2}{7} \\ a \leq -1 \ \text{または} \ \dfrac{1}{4} \leq a \end{cases} \iff \dfrac{1}{4} \leq a < \dfrac{2}{7}$$

(ⅰ)(ⅱ)をあわせて

$$\dfrac{1}{4} \leq a \leq \dfrac{1}{3}$$

(2) $0 \leqq x < 1$ をみたす1つの x の値に対し θ は2個存在する．また $x = 1$ のとき $\theta = \dfrac{\pi}{2}$．これより求める条件は，「$x = 1$ は②の解でなく，$0 \leqq x < 1$ かつ②をみたす x がただ1つとなる」ような a の値の集合である．それは②の解が

(i) $0 < x < 1$ にただ1つの解，残りの解は①以外の区間

(ii) $0 \leqq x < 1$ をみたす重解

(iii) $x = 0$ の解，残りの解は①以外の区間

となるときである．

(i)のとき
$$f(0)f(1) < 0 \iff \frac{2}{7} < a < \frac{1}{3}$$

(ii)のとき
$$f(2a) = 0,\ 0 \leqq 2a < 1 \iff a = \frac{1}{4}$$

(iii)のとき
$$f(0) = 0 \iff a = \frac{1}{3}$$

であり，このとき
$$f(x) = x\left(x - \frac{4}{3}\right) = 0 \iff x = 0,\ \frac{4}{3} \quad \left(\frac{4}{3} \text{は①に含まれない}\right)$$

だから条件をみたす．

以上より
$$\frac{2}{7} < a \leqq \frac{1}{3},\ a = \frac{1}{4}$$

──── フォローアップ ────

1. もし本問が「解の個数を調べよ」であれば，本解答の方針では少し大変です．1次の文字定数を含む方程式・不等式は定数分離の方がいいでしょう．

別解 ② $\iff x^2 + 1 = 4ax + 3a$

だから，$y = x^2 + 1$ と $y = 4ax + 3a = 4a\left(x + \dfrac{3}{4}\right)$ ……③

の共有点で考える．③は $\left(-\dfrac{3}{4},\ 0\right)$ を通り傾き $4a$ の直線である．

③が $y = x^2 + 1$ と接するとき
$$\text{(②の判別式)} = 0 \iff 4a^2 + 3a - 1 = 0 \iff a = -1,\ \frac{1}{4}$$

$a = \dfrac{1}{4}$ のとき，② $\iff x = 2a = \dfrac{1}{2}$ ……(*)

③が $(1, 2)$ を通るとき $2 = 4a + 3a \iff a = \dfrac{2}{7}$

③が $(0, 1)$ を通るとき $1 = 3a \iff a = \dfrac{1}{3}$

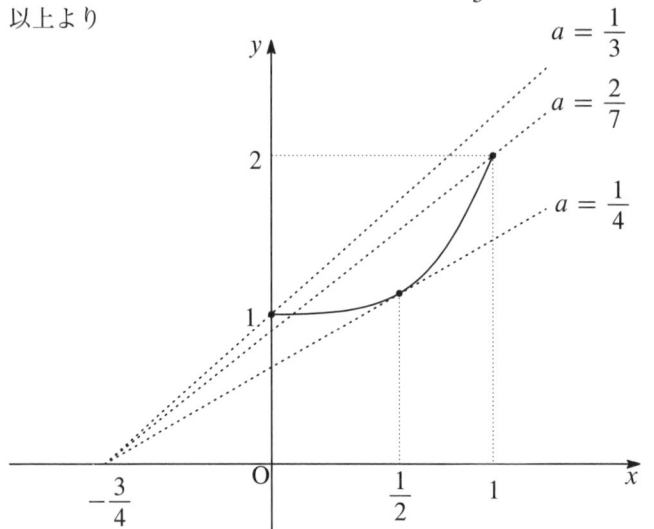

以上より

$0 \leqq x < 1$ をみたす x の値 1 つに対して θ は 2 つ存在し，$x = 1$ に対しては θ は 1 つ $\left(= \dfrac{\pi}{2}\right)$ しか存在しない．だから放物線と③が $0 \leqq x < 1$ 区間で共有点を 1 つもてば 2 個の解と数え，$x = 1$ で共有点をもてば 1 個の解と数える．

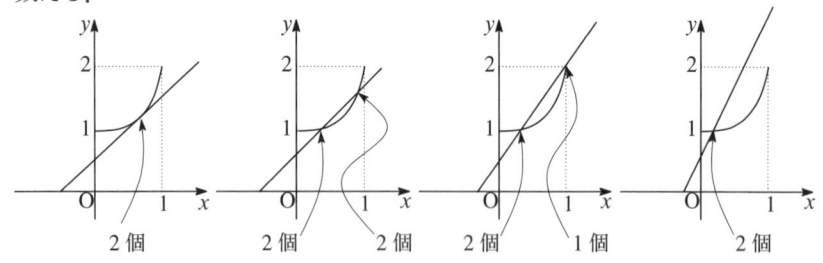

以上から右表が得られて，求める範囲は

(1) $\dfrac{1}{4} \leqq a \leqq \dfrac{1}{3}$

(2) $\dfrac{2}{7} < a \leqq \dfrac{1}{3}$, $a = \dfrac{1}{4}$

a	$\cdots$	$\dfrac{1}{4}$	$\cdots$	$\dfrac{2}{7}$	$\cdots$	$\dfrac{1}{3}$	$\cdots$
解の個数	0	2	4	3	2	2	0

(∗)はなぜ求める必要があるのでしょうか？それは右図のような可能性もあるのです．接点が $0 \leq x \leq 1$ にあるかどうかを確認しないといけません．自分でかいたグラフは正確とは限らないので注意しましょう．

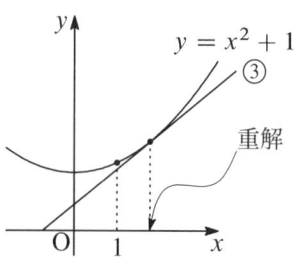

2. (イ)(iv)のように = についてデリケートに扱わなくも大丈夫なときもあります．しかし次の問題は(iv)と似ていますが，かなり面倒になります．

例 x の方程式 $f(x) = x^2 - ax + b = 0$ の少なくとも1つの解が $0 < x < 1$ に含まれる条件を求め，それを ab 平面上に図示せよ．

《解答》
$$f(x) = \left(x - \frac{a}{2}\right)^2 + b - \frac{a^2}{4}$$

条件をみたす $y = f(x)$ のグラフは下の通り．

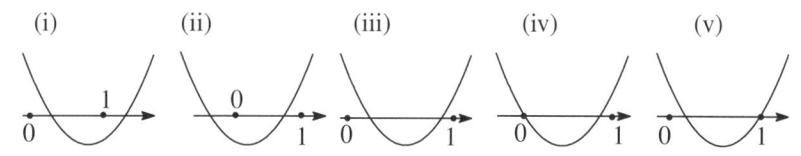

(i)　(ii)　(iii)　(iv)　(v)

(i)のとき
$$f(0) > 0,\ f(1) < 0 \iff b > 0,\ b < a - 1$$

(ii)のとき
$$f(0) < 0,\ f(1) > 0 \iff b < 0,\ b > a - 1$$

(iii)のとき
$$\begin{cases} 0 < \dfrac{a}{2} < 1 \\ f(0) > 0,\ f(1) > 0 \\ f\left(\dfrac{a}{2}\right) \leq 0 \end{cases} \iff \begin{cases} 0 < a < 2 \\ b > 0,\ b > a - 1 \\ b \leq \dfrac{1}{4}a^2 \end{cases}$$

(iv)のとき (ここの解法は(イ)の(iii)を参照)
$$f(0) = 0,\ 0 < a < 1 \iff b = 0,\ 0 < a < 1$$

(v)のとき

$f(1) = 0,\ 0 < a - 1 < 1$
$\iff b = a - 1,\ 1 < a < 2$

以上を ab 平面に図示すると右図の斜線部（ただし境界は実線のみを含む）

さて，区間の端の $=$ がなくなるとなぜこんなに場合分けが増えたのでしょうか？
(i)(ii)をまとめて

$$f(0)f(1) < 0$$

は OK です．しかし(iii)(iv)(v)をまとめて

$$f(0)f(1) \leqq 0$$

とするのは間違いです．なぜなら，右図のような状態も $f(0)f(1) = 0$ となり，$0 < x < 1$ の範囲に解が存在しない状態も答えに含まれてしまうことになります．ですから端点が解になるときは，慎重に分けないといけません．そのあたりを大雑把にできるのが(イ)(iv)です．

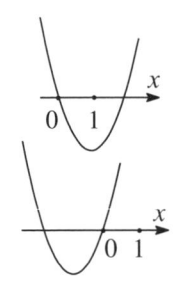

本問(2)も端点を解にもつときは慎重に場合分け(ⅲ)のこと)を行いました．

3. 置き換えによる方程式の解の個数の注意点は，$x^2 + \cdots = t$ とおいたときにも生じます．これが $t = (x - p)^2 + q$ と変形できるなら，$t > q$ をみたす1つの t に対しては x は 2 つ存在し，$t = q$ に対しては $x = p$ の 1 つだけです．また解の個数が奇数個であるとき，$x = p \iff t = q$ という解をもつことがわかります．

―― 三角関数：和積の公式, 正弦定理, 相加相乗平均の関係 ――

18 三角形 ABC は半径が $\dfrac{1}{2}$ である円に内接しているという条件の下で，以下の問いに答えよ．AB, BC, CA でそれぞれ線分 AB, 線分 BC, 線分 CA の長さを表す．

(1) $\angle A = \alpha$, $\angle B = \beta$, $\angle C = \gamma$ とおくとき, AB, BC, CA を α, β, γ を用いて表せ．

(2) $AB^2 + BC^2 + CA^2$ の最大値を求めよ．

(3) $AB \times BC \times CA$ の最大値を求めよ．

〔岐阜大〕

アプローチ

(イ) 次の公式はおもに次数を下げるときに用います．
$$\cos^2\theta = \frac{1+\cos 2\theta}{2}, \ \sin^2\theta = \frac{1-\cos 2\theta}{2}, \ \sin\theta\cos\theta = \frac{\sin 2\theta}{2}$$
左辺はすべて 2 次で右辺が 1 次です．次数が下がれば合成・和積などの公式が使える可能性がでてきます．また，三角関数の 2 次の式の扱いとして「$\cos^2\theta$ で割って（くくって）$\tan\theta$ の関数に変える」というのもあります．

例 $\sqrt{3} + (1-\sqrt{3})\sin^2\theta - (1+\sqrt{3})\sin\theta\cos\theta = 0$, $0 \le \theta < 2\pi$ のとき θ を求めよ．

《解答》 $\cos\theta = 0$ のとき $\sin\theta = \pm 1$ であるが，このときこの等式は成立しない．よって，$\cos\theta \ne 0$ としてよい．このもとで両辺を $\cos^2\theta$ で割ると,
$$\sqrt{3}\cdot\frac{1}{\cos^2\theta} + (1-\sqrt{3})\tan^2\theta - (1+\sqrt{3})\tan\theta = 0$$
$$\iff \sqrt{3}(1+\tan^2\theta) + (1-\sqrt{3})\tan^2\theta - (1+\sqrt{3})\tan\theta = 0$$
$$\iff \tan^2\theta - (1+\sqrt{3})\tan\theta + \sqrt{3} = 0$$
$$\iff (\tan\theta - 1)(\tan\theta - \sqrt{3}) = 0$$
$$\iff \tan\theta = 1, \sqrt{3}$$

$0 \le \theta < 2\pi$ より
$$\theta = \frac{\pi}{4}, \ \frac{\pi}{3}, \ \frac{5}{4}\pi, \ \frac{4}{3}\pi$$

(ロ) (2)の方針はまず(1)を利用して式を表現すると,角 α, β, γ の sin の平方の和が表れます.2次のままではいろいろな公式(和積・合成など)が使えないのでとりあえず次数を下げておきます.変数に条件式(和が π)があるので一文字消去を行います.そこで残った $\cos 2\alpha$, $\cos 2\beta$, $\cos 2(\alpha+\beta)$ を見てどこから手をつけるのかを考えます.独立多変数関数の最大・最小の問題なので,α, β のいずれかを固定して考えるという方法も考えられますが,このままでは加法定理で後半を展開して2倍角の公式を利用するという作業になり煩雑になりそうです.そこで,こういう角 α, β の対称式では,和積の公式を一度使えば $\alpha \pm \beta$ の関数が表れ,これらをカタマリとみて2変数関数の最大値の問題に帰着するとうまくいくことがよくあります.このとき,まず $\alpha \pm \beta$ のいずれかを固定して他方を変化させて考えます.また,対称性のある関数だから,おそらく正三角形のとき最大になるはずで「$\alpha = \beta = \dfrac{\pi}{3}$ のときが最大」という話になんとかもちこもうとします.ということは「$\alpha - \beta = 0$ のとき最大」となりそうです.

　三角関数の式の扱いに慣れていないと厳しい解法です.しかし本問は(1)で三角関数で表現するように誘導しているので,この解法を要求しているものと考えられます.

(ハ)　和・差 $\rightleftarrows$ 積 の公式はすべて覚えるのではなく,必要なときに必要な公式が導けるようにしておけば十分です.もちろん加法定理は覚えておいて下さい.

$$\sin(\alpha + \beta) = \sin\alpha\cos\beta + \cos\alpha\sin\beta \quad \cdots\cdots\cdots ①$$
$$\sin(\alpha - \beta) = \sin\alpha\cos\beta - \cos\alpha\sin\beta \quad \cdots\cdots\cdots ②$$
$$\cos(\alpha + \beta) = \cos\alpha\cos\beta - \sin\alpha\sin\beta \quad \cdots\cdots\cdots ③$$
$$\cos(\alpha - \beta) = \cos\alpha\cos\beta + \sin\alpha\sin\beta \quad \cdots\cdots\cdots ④$$

積和の公式はこの右辺に注目します.$\sin \times \sin$ の積和が必要としましょう.右辺にこの積があらわれるのは③と④なので,この部分が残るように ③ $-$ ④ とすると

$$\cos(\alpha+\beta) - \cos(\alpha-\beta) = -2\sin\alpha\sin\beta$$
$$\iff \sin\alpha\sin\beta = -\dfrac{1}{2}\{\cos(\alpha+\beta) - \cos(\alpha-\beta)\}$$

和積の公式は左辺に注目します.$\sin - \sin$ の和積が必要としましょう.ま

ず ①－② とすると
$$\sin(\alpha+\beta) - \sin(\alpha-\beta) = 2\cos\alpha\sin\beta$$
となります．ここで $\alpha+\beta = A$, $\alpha-\beta = B$ とおくと $\alpha = \dfrac{A+B}{2}$, $\beta = \dfrac{A-B}{2}$ となるので
$$\sin A - \sin B = 2\cos\dfrac{A+B}{2}\sin\dfrac{A-B}{2}$$
右辺の $\dfrac{A\pm B}{2}$ だけ覚えておけば，

$$\underbrace{\sin + \sin = 2\sin\cos}_{①+②},\quad \underbrace{\cos + \cos = 2\cos\cos}_{③+④},\quad \underbrace{\cos - \cos = -2\sin\sin}_{③-④}$$

などですぐ作れます．また $\sin\left(\dfrac{\pi}{2}-x\right) = \cos x$, $\cos\left(\dfrac{\pi}{2}-x\right) = \sin x$ を利用して，$\sin \leftrightarrow \cos$ と変換して用いることもよくあります．

㈡ 次の間違いを指摘できますか？

例
(1) $x \geqq 0$ のとき $x^2 + 1$ の最小値を求めよ．
(2) $a > 0$, $b > 0$ のとき $\left(a+\dfrac{1}{b}\right)\left(b+\dfrac{2}{a}\right)$ の最小値を求めよ．

《誤答》 (1) $x \geqq 0$ のとき
$$x^2 + 1 \geqq 2\sqrt{x^2 \cdot 1} \quad \text{（相加相乗平均の関係を用いている）} \quad \cdots\cdots ①$$
$$= 2x \geqq 0\,(x \geqq 0\,\text{より}) \quad\quad\quad\quad\quad\quad\quad \cdots\cdots ②$$
だから $x^2 + 1$ の最小値は 0 である（？ ？ ？）

(2) 相加相乗平均の関係より
$$a + \dfrac{1}{b} \geqq 2\sqrt{\dfrac{a}{b}} \cdots\cdots ③,\quad b + \dfrac{2}{a} \geqq 2\sqrt{\dfrac{2b}{a}} \cdots\cdots ④$$
この辺々をかけると
$$\left(a+\dfrac{1}{b}\right)\left(b+\dfrac{2}{a}\right) \geqq 4\sqrt{2}$$
したがって最小値は $4\sqrt{2}$ である（？ ？ ？） □

これはどちらも間違いです．それは 2 か所ある等号が同時に成立しないからです．

・(1)では①の等号成立は $x=1$ のとき，②の等号成立は $x=0$ のとき．
・(2)では③の等号成立は $a=\dfrac{1}{b}$ すなわち $ab=1$ のとき，④の等号成立は $b=\dfrac{2}{a}$ すなわち $ab=2$ のとき．

　このように何度も不等式をつなげて最大最小を求めるときは等号成立に注意が必要です．(1)のように相加相乗平均の関係を利用しても一方の辺が定数にならず両辺に変数が残るときや，(2)のように何度も相加相乗平均の関係を利用したときなどは気をつけましょう．ちなみに正解は

(1)　x^2+1 の最小値は 1 ($x=0$ のとき)

(2)　$\left(a+\dfrac{1}{b}\right)\left(b+\dfrac{2}{a}\right)=ab+\dfrac{2}{ab}+3\geqq 2\sqrt{2}+3$

等号は $ab=\sqrt{2}$ のとき成立するので最小値は $2\sqrt{2}+3$ です．

【解答】
(1)　△ABC の外接円の半径が $\dfrac{1}{2}$ だから正弦定理より

$$\dfrac{\mathrm{BC}}{\sin\alpha}=\dfrac{\mathrm{CA}}{\sin\beta}=\dfrac{\mathrm{AB}}{\sin\gamma}=2\cdot\dfrac{1}{2}$$

よって，

$$\mathrm{AB}=\sin\gamma,\ \mathrm{BC}=\sin\alpha,\ \mathrm{CA}=\sin\beta$$

(2)　$\mathrm{AB}^2+\mathrm{BC}^2+\mathrm{CA}^2$

$=\sin^2\alpha+\sin^2\beta+\sin^2\gamma$

$=\dfrac{1-\cos 2\alpha}{2}+\dfrac{1-\cos 2\beta}{2}+\dfrac{1-\cos 2\gamma}{2}$

$=\dfrac{3-(\cos 2\alpha+\cos 2\beta+\cos 2(\pi-\alpha-\beta))}{2}$　　($\alpha+\beta+\gamma=\pi$ より)

$=\dfrac{3-2\cos(\alpha+\beta)\cos(\alpha-\beta)-\cos(2\alpha+2\beta)}{2}$

　　　　（前半は和積の公式を利用，後半は $\cos(2\pi-\theta)=\cos\theta$ を利用）

$=\dfrac{3-2\cos(\alpha+\beta)\cos(\alpha-\beta)-2\cos^2(\alpha+\beta)+1}{2}$

$=-\cos^2(\alpha+\beta)-\cos(\alpha+\beta)\cos(\alpha-\beta)+2$　　　　$\cdots\cdots\cdots(*)$

$=-\left\{\cos(\alpha+\beta)+\dfrac{1}{2}\cos(\alpha-\beta)\right\}^2+\dfrac{1}{4}\cos^2(\alpha-\beta)+2$

$\leqq\dfrac{1}{4}\cos^2(\alpha-\beta)+2$　　$\left(-\left\{\cos(\alpha+\beta)+\dfrac{1}{2}\cos(\alpha-\beta)\right\}^2\leqq 0\ \text{より}\right)$

$$\leq \frac{1}{4} + 2 = \frac{9}{4} \quad \left(\cos^2(\alpha-\beta) \leq 1 \text{ より}\right)$$

等号が成立するのは

$$\cos(\alpha+\beta) + \frac{1}{2}\cos(\alpha-\beta) = 0, \ \cos^2(\alpha-\beta) = 1$$

のとき,つまり $\alpha-\beta=0$ かつ $\cos(\alpha+\beta) = -\frac{1}{2}\cos(\alpha-\beta)\left(=-\frac{1}{2}\right)$ のときである.これは $\alpha=\beta=\gamma=\frac{\pi}{3}$ のときに起こる.

よって,求める最大値は $\dfrac{9}{4}$

(3) 相加相乗平均の関係と(2)の結果より

$$\frac{9}{4} \geq \mathrm{AB}^2 + \mathrm{BC}^2 + \mathrm{CA}^2 \geq 3\sqrt[3]{\mathrm{AB}^2 \times \mathrm{BC}^2 \times \mathrm{CA}^2} \cdots\cdots ①$$

$$\therefore \quad \frac{9}{4} \geq 3\sqrt[3]{\{\mathrm{AB}\times\mathrm{BC}\times\mathrm{CA}\}^2} \iff \{\mathrm{AB}\times\mathrm{BC}\times\mathrm{CA}\}^2 \leq \left(\frac{3}{4}\right)^3$$

これより

$$\mathrm{AB}\times\mathrm{BC}\times\mathrm{CA} \leq \frac{3\sqrt{3}}{8}$$

この等号が成立するのは①の2か所の等号が同時に成立するときである.それらはともに正三角形のときである.よって,求める最大値は $\dfrac{3\sqrt{3}}{8}$

(フォローアップ)

1. 上の解答(2)では,(*) の最大値を求めるのに,まず $\alpha-\beta$ を固定して $\alpha+\beta$ を変化させましたが,はじめに $\alpha-\beta$ を動かすと次のようになります.

$$-\cos^2(\alpha+\beta) - \cos(\alpha+\beta)\cos(\alpha-\beta) + 2$$
$$\leq -\cos^2(\alpha+\beta) + |\cos(\alpha+\beta)| + 2$$
$$= -\left\{|\cos(\alpha+\beta)| - \frac{1}{2}\right\}^2 + \frac{9}{4} \leq \frac{9}{4}$$

ここで上式の値が $\dfrac{9}{4}$ となるのは,1°「$\cos(\alpha+\beta) = \dfrac{1}{2}$,$\cos(\alpha-\beta) = -1$」または 2°「$\cos(\alpha+\beta) = -\dfrac{1}{2}$,$\cos(\alpha-\beta) = 1$」のときであり,1°は起こらず,2°から $\alpha=\beta=\dfrac{\pi}{3}$ のときである.

2. もう一度もとの式を眺めるところから始めます.本解答は関数に直してから,角の和と差の一方を固定,他方を動かしました.それを具体的な関数にする前に,図の中で 2 点を固定してみて 1 点を動かしてみます.例えば B, C を固定して A を動かし,$\mathrm{AB}^2 + \mathrm{AC}^2$ が最大になる状況を先につかんでみようとします.そこで 2 辺の 2 乗和が出てくる作業は何かないかと

考えます．中線定理 (☞ 15 フォローアップ 1.) の中にあることに気づけば，この段階で最大となる状況はつかめそうです．すると最後は 3 変数でなく 1 変数で議論することができます．

中線定理に気づかなかった場合は，次のように長さをベクトルの大きさで表現し，定点である B か C に始点をそろえて平方完成を行えば最大となる状況がつかめます (☞ 27 (口)).

$$\begin{aligned}
\mathrm{AB}^2 + \mathrm{AC}^2 &= |\overrightarrow{\mathrm{BA}}|^2 + |\overrightarrow{\mathrm{AC}}|^2 \\
&= |\overrightarrow{\mathrm{BA}}|^2 + |\overrightarrow{\mathrm{BC}} - \overrightarrow{\mathrm{BA}}|^2 = 2|\overrightarrow{\mathrm{BA}}|^2 - 2\overrightarrow{\mathrm{BA}} \cdot \overrightarrow{\mathrm{BC}} + |\overrightarrow{\mathrm{BC}}|^2 \\
&= 2\left|\overrightarrow{\mathrm{BA}} - \frac{1}{2}\overrightarrow{\mathrm{BC}}\right|^2 + \frac{1}{2}|\overrightarrow{\mathrm{BC}}|^2 \\
&= 2|\overrightarrow{\mathrm{BA}} - \overrightarrow{\mathrm{BM}}|^2 + \frac{1}{2}|\overrightarrow{\mathrm{BC}}|^2 \quad (\text{M は BC の中点}) \\
&= 2|\overrightarrow{\mathrm{MA}}|^2 + (\text{定数})
\end{aligned}$$

と考えても結局最大は BC の中点からの距離が最大になるときであることがわかります．

別解 BC の中点を M とすると中線定理より

$$\mathrm{AB}^2 + \mathrm{BC}^2 + \mathrm{CA}^2 = (\mathrm{AB}^2 + \mathrm{AC}^2) + \mathrm{BC}^2 = 2(\mathrm{AM}^2 + \mathrm{BM}^2) + \mathrm{BC}^2$$

2 点 B, C を固定して A のみを動かすと上式で変化するのは AM だけになる．これが最大となるのは A が $\stackrel{\frown}{\mathrm{BC}}$ の中点にあるときである．このとき △ABC は二等辺三角形になるので $\beta = \gamma$, $\alpha + 2\beta = \pi$ である．このもとで

$$\begin{aligned}
&\mathrm{AB}^2 + \mathrm{BC}^2 + \mathrm{CA}^2 \\
&= \sin^2 \alpha + 2\sin^2 \beta \\
&= \sin^2(\pi - 2\beta) + 2\sin^2 \beta = \sin^2 2\beta + 2\sin^2 \beta \\
&= 1 - \cos^2 2\beta + 2 \cdot \frac{1 - \cos 2\beta}{2} = -\left(\cos 2\beta + \frac{1}{2}\right)^2 + \frac{9}{4}
\end{aligned}$$

これより $\cos 2\beta = -\dfrac{1}{2}$ のとき最大値 $\dfrac{9}{4}$ をとる． □

3. (3)を求めるときに次のような発想をしています．

$$\begin{cases} \text{(2)で和の最大値を求めている} \\ \text{和が一定で積の最大値は相加相乗平均の関係を利用} \end{cases}$$

$\implies$ (積) $\leqq$ (和) $\leqq$ ((2)の答え)

$\implies$ 和も積の対称式だから正三角形のとき同時に等号成立するはず

対称性が崩れない限り何度不等式をつなげても安心ということです．

4. (2)の別解の方針で(3)を単独に解くなら少し工夫が必要です．

別解 B, C を固定して A を動かすと AB × BC × CA のうち変化するのは AB × AC である．これは面積に注目すると

$$\text{AB} \times \text{AC} = \frac{2\triangle \text{ABC}}{\sin A}$$

B, C を固定しているので $\widehat{\text{BC}}$ も一定でそれに対する円周角 A も一定である．ということは AB × AC が最大になるのは $\triangle$ABC の面積が最大になるときで，底辺 BC は一定だから高さが最大になるとき，つまり A が優弧 $\widehat{\text{BC}}$ (長い方の弧) の中点にあるときである．このとき(2)と同様に $\alpha = \pi - 2\beta$, $\gamma = \beta$ だから

$$\{\text{AB} \times \text{BC} \times \text{CA}\}^2 = \{\sin^2\beta \sin(\pi - 2\beta)\}^2$$
$$= (\sin^2\beta \sin 2\beta)^2 = 4\sin^6\beta \cos^2\beta = 4\sin^6\beta(1 - \sin^2\beta)$$

ここで $\sin^2\beta = t$ とおくと上式は $4t^3(1-t)$ ($=f(t)$ とおく) となる．よって $0 < t < 1$ における $\sqrt{f(t)}$ の最大値を求めればよい．

$$f(t) = 4(t^3 - t^4) \text{ より } f'(t) = 4t^2(3 - 4t)$$

右の増減表より求める最大値は

$$\sqrt{f\left(\frac{3}{4}\right)} = \frac{3\sqrt{3}}{8}$$

t	0		$\dfrac{3}{4}$		1
$f'(t)$		+	0	−	
$f(t)$		↗		↘	

5. (2)の本解答のように $\sin\alpha \sin\beta \sin\gamma$ ($\alpha + \beta + \gamma = \pi$) の最大値を直接求めることもできます．$\cos(\alpha - \beta)$ の係数が正なので，先に $\cos(\alpha - \beta) \leqq 1$ を利用して $\alpha - \beta$ を解決させておいて後から $\alpha + \beta$ を動かしていきます．

別解 $\sin\alpha \sin\beta \sin\gamma = -\dfrac{1}{2}\{\cos(\alpha + \beta) - \cos(\alpha - \beta)\} \sin(\pi - \alpha - \beta)$

$= \dfrac{1}{2}\{-\cos(\alpha + \beta) + \cos(\alpha - \beta)\} \sin(\alpha + \beta)$

$\leqq \dfrac{1}{2}\{-\cos(\alpha + \beta) + 1\} \sin(\alpha + \beta)$ $(\sin(\alpha + \beta) > 0$ より$)$

最後の式の最大値を求めればよいが，これは正なので 2 乗して議論してもよい．そこで 2 乗して $\cos(\alpha + \beta) = t$ とおけば $\dfrac{1}{4}(1-t)^2(1-t^2)$ となる．

これを $f(t)$ とおいて $0 < t < 1$ における最大値を求める．

$$f'(t) = -\frac{1}{2}(t-1)^2(2t+1)$$

t	0		$-\frac{1}{2}$		1
$f'(t)$		+	0	−	
$f(t)$		↗		↘	

したがって，求める最大値は「$\cos(\alpha-\beta)=1$ かつ $\cos(\alpha+\beta)=-\frac{1}{2}$」つまり $\alpha=\beta=\frac{\pi}{3}$ のときで

$$\sqrt{f\left(-\frac{1}{2}\right)} = \frac{3\sqrt{3}}{8}$$

6. 最後にもう一度練習してみましょう．

例 同じ三角形の内角で $\cos\alpha + \cos\beta + \cos\gamma$ の最大値を求めよ．

《解答》

$$\cos\alpha + \cos\beta + \cos\gamma = 2\cos\frac{\alpha+\beta}{2}\cos\frac{\alpha-\beta}{2} + \cos(\pi-\alpha-\beta)$$

$$= 2\cos\frac{\alpha+\beta}{2}\cos\frac{\alpha-\beta}{2} - \cos(\alpha+\beta)$$

$$\leqq 2\cos\frac{\alpha+\beta}{2} - 2\cos^2\frac{\alpha+\beta}{2} + 1$$

$$\left(\cos\frac{\alpha+\beta}{2} > 0, \cos\frac{\alpha-\beta}{2} \leqq 1 \text{ より}\right)$$

$$= -2\left(\cos\frac{\alpha+\beta}{2} - \frac{1}{2}\right)^2 + \frac{3}{2}$$

$$\leqq \frac{3}{2}$$

等号成立は $\cos\frac{\alpha-\beta}{2}=1$, $\cos\frac{\alpha+\beta}{2}=\frac{1}{2}$ のとき，つまり $\alpha=\beta=\frac{\pi}{3}$ のとき．よって求める最大値は $\frac{3}{2}$ □

まとめると，このような問題のポイントは
・$\alpha+\beta+\gamma=\pi$ 等の条件は，$\alpha+\beta$ と γ の関係式と見る
・和 $\rightleftarrows$ 積を利用して $\alpha+\beta$, $\alpha-\beta$ だけの関数に変える
・$\alpha-\beta=0$ を使うタイミングを探る．最後かそれとも最初かといえます．

―― 三角関数の定義：三角関数の次数下げ，傾きの関数 ――

19 xy 座標平面において，原点 $O(0, 0)$ を中心とする半径 1 の円 S と，2 点 $A(0, 2)$，$B(0, -2)$ を考える．S 上の点 $P(\cos\theta, \sin\theta)$ に対し，直線 AP と x 軸との交点を X_A，直線 BP と x 軸との交点を X_B とする．次の問に答えよ．
(1) 2 点 X_A，X_B の x 座標をそれぞれ θ を用いて表せ．
(2) $0 < \theta < \dfrac{\pi}{2}$ の範囲で点 $P(\cos\theta, \sin\theta)$ が S 上を動くとき，線分 $X_A X_B$ の長さの最大値を求めよ．

〔大阪市立大〕

アプローチ

(イ) 三角関数の定義は，単位円周上の点の x，y 座標であることを忘れてはいけません．例えば次のような例題は，一般的には合成するのでしょうが，$(\cos\theta, \sin\theta)$ が単位円周上の点であることを利用するのも悪くありません．

例　次の不等式を解け．（ただし，$0 \leqq \theta < 2\pi$）
(1) $\sqrt{3}\cos\theta + \sin\theta \leqq 0$　　(2) $\cos\theta + \sin\theta < 1$

《解答》　$P(\cos\theta, \sin\theta)$，$A(1, 0)$ とおくと，A を角 θ 回転した点が P である． 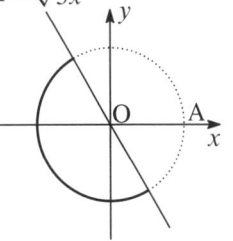
(1) $\sqrt{3}\cos\theta + \sin\theta \leqq 0$
　　$\iff \sin\theta \leqq -\sqrt{3}\cos\theta$
　　$\left(\iff y \leqq -\sqrt{3}x\right)$
だから P の存在範囲は右図の太実線部．
よって，$\dfrac{2}{3}\pi \leqq \theta \leqq \dfrac{5}{3}\pi$

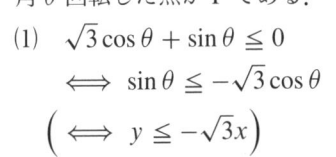

(2) $\cos\theta + \sin\theta < 1$
$\iff \sin\theta < -\cos\theta + 1 \ (\iff y < -x + 1)$
だから P の存在範囲は右図の太実線部.

よって, $\dfrac{\pi}{2} < \theta < 2\pi$

(ロ) 分数関数の扱いの基本は,分母分子のうち次数の高い方を次数の低い方で割って帯分数化することです.このことにより,変数の場所が減ったり相加相乗平均の関係が利用できる形が現れる可能性があります.

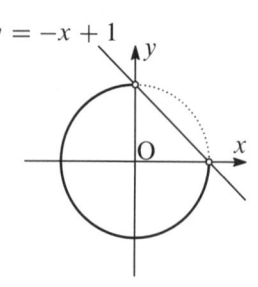

例 次の関数の最大値を求めよ.

(1) $y = \dfrac{-x^2 + x + 2}{x^2 - x + 1}$ (2) $y = \dfrac{x}{x^2 + 3x + 5}$ $(x > 0)$

(3) $y = \dfrac{3x^2 + 2x - 1}{x^2}$

《解答》 (1) $y = \dfrac{-x^2 + x - 1 + 3}{x^2 - x + 1} = -1 + \dfrac{3}{x^2 - x + 1}$

$$x^2 - x + 1 = \left(x - \dfrac{1}{2}\right)^2 + \dfrac{3}{4} \geq \dfrac{3}{4}$$

だから $\dfrac{1}{x^2 - x + 1}$ の最大値は $\dfrac{4}{3}$ となり,求める最大値は

$$-1 + 3 \cdot \dfrac{4}{3} = \mathbf{3}$$

(2) 相加相乗平均の関係より

$$y = \dfrac{1}{x + 3 + \dfrac{5}{x}} = \dfrac{1}{x + \dfrac{5}{x} + 3} \leq \dfrac{1}{2\sqrt{x \cdot \dfrac{5}{x}} + 3} = \dfrac{1}{2\sqrt{5} + 3}$$

等号成立は $x = \dfrac{5}{x}$ のとき,つまり $x = \sqrt{5}$ のときだから,求める最大値は

$$\dfrac{\mathbf{1}}{\mathbf{3 + 2\sqrt{5}}}$$

(3) $y = 3 + 2 \cdot \dfrac{1}{x} - \left(\dfrac{1}{x}\right)^2 = -\left(\dfrac{1}{x} - 1\right)^2 + 4$ だから求める最大値は **4**

解答

(1) $\cos\theta = 0$ のとき直線 AP は y 軸と一致するので X_A は原点と一致する.

また $\cos\theta \neq 0$ のとき直線 AP の方程式は
$$y = \frac{\sin\theta - 2}{\cos\theta}x + 2$$
となる．$y = 0$ とおいて
$$(X_A \text{ の } x \text{ 座標}) = \frac{2\cos\theta}{2 - \sin\theta}$$
これは $\cos\theta = 0$ のときも正しい．

同様にして
$$(X_B \text{ の } x \text{ 座標}) = \frac{2\cos\theta}{2 + \sin\theta}$$

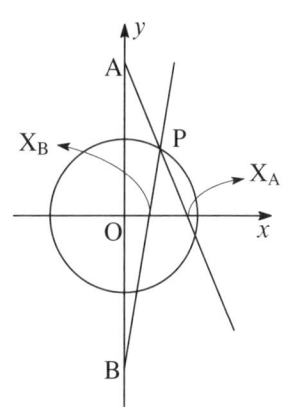

(2) $0 < \theta < \dfrac{\pi}{2}$ のとき，X_A は X_B の右側にあるので

$$X_A X_B = \frac{2\cos\theta}{2 - \sin\theta} - \frac{2\cos\theta}{2 + \sin\theta} = \frac{4\sin\theta\cos\theta}{4 - \sin^2\theta} \quad \cdots\cdots\cdots ①$$

$$= \frac{2\sin 2\theta}{4 - \dfrac{1 - \cos 2\theta}{2}} = \frac{4\sin 2\theta}{7 + \cos 2\theta} = 4 \cdot \frac{\sin 2\theta - 0}{\cos 2\theta - (-7)}$$

$$= 4 \times \left\{2 \text{ 点 } Q(\cos 2\theta, \sin 2\theta), C(-7, 0) \text{ を結ぶ直線の傾き}\right\}$$

$0 < 2\theta < \pi$ だから点 Q は原点を中心とする単位円の $y > 0$ の部分を動く．直線 QC の傾きの最大値は右図のように直線 QC と円が $y > 0$ の部分で接するときである．そのときの $\angle OCQ = \alpha$ とおくと， 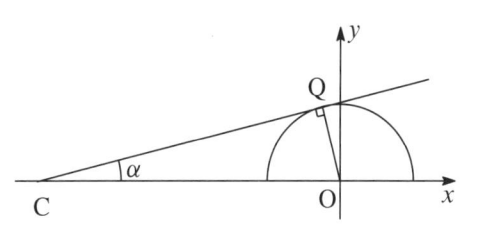
$OQ = 1$, $OC = 7$, $CQ = 4\sqrt{3}$ だから
$$(QC \text{ の傾き}) = \tan\alpha = \frac{OQ}{CQ} = \frac{1}{4\sqrt{3}}$$
よって求める最大値は
$$4\tan\alpha = \frac{1}{\sqrt{3}}$$

別解 ［①までは同じ］
①の分母分子を $\cos^2\theta\ (\neq 0)$ で割ると,

$$① = \frac{4\tan\theta}{4\cdot\dfrac{1}{\cos^2\theta} - \tan^2\theta} = \frac{4\tan\theta}{4(1+\tan^2\theta) - \tan^2\theta} = \frac{4\tan\theta}{4+3\tan^2\theta}$$

$$= \frac{4}{\dfrac{4}{\tan\theta} + 3\tan\theta}$$

$$\leq \frac{4}{2\sqrt{\dfrac{4}{\tan\theta}\cdot 3\tan\theta}} = \frac{1}{\sqrt{3}} \qquad \text{(相加相乗平均の関係より)}$$

等号成立は $\dfrac{4}{\tan\theta} = 3\tan\theta$ つまり $\tan\theta = \dfrac{2}{\sqrt{3}}$ のとき (以下同様)

フォローアップ

1. すでに説明したように，相加相乗平均を利用して最大最小問題を解くときは，必ず等号成立を確認しましょう (☞ 18 (ニ)).

2. $x^3,\ x^2y,\ xy^2,\ y^3$ はすべて x と y の次数の合計が 3 になっています．このように変数の次数の合計が等しい式を同次式といいます．このような式の扱いの 1 つが，いずれかの文字の最高次で割る（くくる）作業です．この作業で変数の数が減ることを実感して下さい．

> **例** 任意の $x,\ y,\ z$ に対して
> $$7x^2 + y^2 + z^2 + 2kxy - 4xz \geq 0$$
> が成立するような k の範囲を求めよ．

《解答》 $x=0$ のとき不等式は $y^2 + z^2 \geq 0$ となり成立するので，$x \neq 0$ のときを考える．不等式の両辺を $x^2\ (>0)$ で割ると

$$7 + \left(\frac{y}{x}\right)^2 + \left(\frac{z}{x}\right)^2 + 2k\cdot\frac{y}{x} - 4\cdot\frac{z}{x} \geq 0$$

$\dfrac{y}{x} = a,\ \dfrac{z}{x} = b$ とおくと

$$7 + a^2 + b^2 + 2ka - 4b \geq 0$$
$$\iff (a+k)^2 + (b-2)^2 + \underbrace{3-k^2}_{\min} \geq 0$$

これが任意の a, b について成立する条件を求めて
$$3 - k^2 \geqq 0 \iff -\sqrt{3} \leqq k \leqq \sqrt{3} \qquad \square$$

もとの不等式は変数が 3 つですが，x, y, z の同次であることに注目した式変形を行うと変数が 2 つに減っているのがわかります．これと同じ作業が①の分母分子を $\cos^2\theta$ で割っている作業になります．つまり $\cos^2\theta, \sin^2\theta, \sin\theta\cos\theta, 1(=\cos^2\theta+\sin^2\theta)$ はすべて 2 次の同次式と考えられるので，最高次の $\cos^2\theta$ で割って一変数化 ($\tan\theta$ だけの式) を行ったことになります．

3. もう少し分数関数の最大最小を考えてみます．

> 例 (1) $y = \dfrac{x^2+1}{x-1}$ $(x > 1)$ の最小値を求めよ．
> (2) $y = \dfrac{x^2+x+1}{(x-1)^2}$ の最小値を求めよ．

《解答》 (1) $x - 1 = t \iff x = t + 1$ とおくと $t > 0$ であり
$$y = \frac{(t+1)^2+1}{t} = \frac{t^2+2t+2}{t}$$
$$= t + \frac{2}{t} + 2 \geqq 2\sqrt{t \cdot \frac{2}{t}} + 2 = 2\sqrt{2} + 2$$
等号成立は $t = \dfrac{2}{t}$ つまり $t = \sqrt{2}$ ($x = \sqrt{2}+1$) のとき．よって，y の最小値は $\boldsymbol{2 + 2\sqrt{2}}$

(2) (1)と同様のおきかえを行うと，$t \neq 0$ で
$$y = \frac{(t+1)^2+(t+1)+1}{t^2} = \frac{t^2+3t+3}{t^2}$$
$$= 3\left(\frac{1}{t}\right)^2 + 3 \cdot \frac{1}{t} + 1 = 3\left(\frac{1}{t} + \frac{1}{2}\right)^2 + \frac{1}{4}$$
よって，y の最小値は $\boldsymbol{\dfrac{1}{4}}$

$\square$

これらの方法で解決できないものは，普通は数Ⅲの分数関数の微分を使います (☞ 44 フォローアップ 1.)．

$\cos\theta$ の n 倍角公式：チェビシェフ多項式

20 次の問いに答えよ．

(1) n を正の整数とする．どんな角 θ に対しても
$$\cos n\theta = 2\cos\theta \cos(n-1)\theta - \cos(n-2)\theta$$
が成り立つををを示せ．また，ある多項式 $p_n(x)$ を用いて $\cos n\theta$ は $\cos n\theta = p_n(\cos\theta)$ と表されることを示せ．

(2) $p_n(x)$ は n が偶数ならば偶関数，奇数ならば奇関数になることを示せ．

(3) 多項式 $p_n(x)$ の定数項を求めよ．また，$p_n(x)$ の 1 次の項の係数を求めよ．

〔九州大〕

アプローチ

(イ) $\cos\theta$ には 2 倍角，3 倍角の公式があります：
$$\cos 2\theta = 2\cos^2\theta - 1$$
$$\cos 3\theta = 4\cos^3\theta - 3\cos\theta$$

これらの右辺は $\cos\theta$ の多項式になっているので，一般に「$\cos n\theta$ は $\cos\theta$ の多項式になる」と予想されます．これを示すのが本問(1)です．$n=4$ のときは
$$\cos 4\theta = \cos 2(2\theta) = 2\cos^2 2\theta - 1$$
$$= 2(2\cos^2\theta - 1)^2 - 1$$

となり，$p_2(x)$ から $p_4(x)$ の存在がわかります．これらから $p_n(x)$ の存在を示すのに帰納法が使えないかと考えます．そのためには「$n=k$ のときと $n=k+1$ のときの関係」すなわち「$\cos k\theta$ と $\cos(k+1)\theta$ の関係式」がわかっていないといけませんが，
$$\cos(k+1)\theta = \cos k\theta \cos\theta - \sin k\theta \sin\theta$$
となり，$\sin\theta$ がでてきてしまい，うまくありません．そこで誘導がついていて，$\cos n\theta$ は $\cos(n-1)\theta$ と $\cos(n-2)\theta$ と $\cos\theta$ でかけるので，$n=k$，$n=k+1$ のときを仮定すると $n=k+2$ が示せることがみえてきます．すなわち

[1] $P(1)$, $P(2)$
[2] $P(k)$, $P(k+1) \implies P(k+2)$

のタイプになり，これから $\{p_n(x)\}$ についての漸化式もわかります．

(ロ) (2)では $p_n(-x)$ が $p_n(x)$ か $-p_n(x)$ に等しいことを示せばよいので，$p_n(-\cos\theta)$ をつくってみます．

(ハ) (3)では，$p_n(x)$ の定数項と 1 次の項の係数を文字でおき，(1)からわかっている漸化式を利用すると，定数項と 1 次の項の係数の漸化式が得られます．

解答

(1) 余弦の加法定理から
$$\cos n\theta + \cos(n-2)\theta = \cos\{(n-1)\theta + \theta\} + \cos\{(n-1)\theta - \theta\}$$
$$= \{\cos(n-1)\theta\cos\theta - \sin(n-1)\theta\sin\theta\}$$
$$\qquad + \{\cos(n-1)\theta\cos\theta + \sin(n-1)\theta\sin\theta\}$$
$$= 2\cos(n-1)\theta\cos\theta$$

したがって，
$$\cos n\theta = 2\cos\theta\cos(n-1)\theta - \cos(n-2)\theta \qquad \cdots\cdots\cdots ①$$

が成り立つ．

「ある多項式 $p_n(x)$ を用いて $\cos n\theta = p_n(\cos\theta)$ と表せる」 $\cdots\cdots(*)$
ことを n についての帰納法で示す．

[1] $\cos 2\theta = 2\cos^2\theta - 1$ だから，
$$p_1(x) = x, \quad p_2(x) = 2x^2 - 1 \qquad \cdots\cdots\cdots ②$$

に対し，$n = 1, 2$ のとき $(*)$ が成り立つ．

[2] $n = k$, $n = k+1$ のときに $(*)$ が成り立つと仮定する，すなわち $\cos k\theta = p_k(\cos\theta)$, $\cos(k+1)\theta = p_{k+1}(\cos\theta)$ となる多項式 $p_k(x)$, $p_{k+1}(x)$ があるとする．このとき①から
$$\cos(k+2)\theta = 2\cos\theta\cos(k+1)\theta - \cos k\theta$$
$$= 2\cos\theta p_{k+1}(\cos\theta) - p_k(\cos\theta)$$

だから，
$$p_{k+2}(x) = 2x p_{k+1}(x) - p_k(x) \qquad \cdots\cdots\cdots ③$$

に対して，$n = k+2$ のとき $(*)$ が成り立つ．

以上から，題意が示された． □

(2) $\cos n\theta = p_n(\cos\theta)$ において,θ に $\pi - \theta$ を代入すると
$$\cos(n\pi - n\theta) = p_n(\cos(\pi - \theta)) = p_n(-\cos\theta)$$

(i) n が偶数のとき,
$$\cos(n\pi - n\theta) = \cos(-n\theta) = \cos n\theta = p_n(\cos\theta)$$
したがって,$p_n(-\cos\theta) = p_n(\cos\theta)$ となり,これから $p_n(-x) = p_n(x)$ であり $p_n(x)$ は偶関数である.

(ii) n が奇数のとき,
$$\cos(n\pi - n\theta) = \cos(\pi - n\theta) = -\cos n\theta = -p_n(\cos\theta)$$
したがって,$p_n(-\cos\theta) = -p_n(\cos\theta)$ となり,これから $p_n(-x) = -p_n(x)$ であり $p_n(x)$ は奇関数である. □

(3) $p_n(x)$ の定数項を a_n,1 次の項の係数を b_n とすると
$$p_n(x) = a_n + b_n x + \cdots$$
ここで $\cdots$ はより高次の項を表す.

②から $a_1 = 0$,$b_1 = 1$,$a_2 = -1$,$b_2 = 0$ ……④

③から
$$a_{k+2} + b_{k+2}x + \cdots = 2x(a_{k+1} + b_{k+1}x + \cdots) - (a_k + b_k x + \cdots)$$
となり,両辺の係数を比較すると
$$a_{k+2} = -a_k \qquad \cdots\cdots ⑤$$
$$b_{k+2} = 2a_{k+1} - b_k \qquad \cdots\cdots ⑥$$

④,⑤から
$$a_{2k} = (-1)^{k-1}a_2 = (-1)^k, \quad a_{2k-1} = (-1)^{k-1}a_1 = 0$$
$$\therefore \quad (定数項) = a_n = \begin{cases} \mathbf{0} & (\textbf{\textit{n}} \text{ は奇数}) \\ \mathbf{(-1)^{\frac{\textit{n}}{2}}} & (\textbf{\textit{n}} \text{ は偶数}) \end{cases}$$

これと⑥から,
$$b_{2k+2} = 2a_{2k+1} - b_{2k} = -b_{2k} \quad \therefore \quad b_{2k} = (-1)^{k-1}b_2 = 0$$
また,$b_{2k+1} = 2a_{2k} - b_{2k-1} = 2(-1)^k - b_{2k-1}$
$$\therefore \quad (-1)^{k+1}b_{2k+1} - (-1)^k b_{2k-1} = 2(-1)$$
$$\therefore \quad (-1)^k b_{2k-1} = (-1)b_1 + (k-1) \cdot 2(-1) = -2k + 1$$
$$\therefore \quad b_{2k-1} = (-1)^{k-1}(2k-1)$$

したがって,
$$(1\text{次の項の係数}) = b_n = \begin{cases} (-1)^{\frac{n-1}{2}} n & (n \text{ は奇数}) \\ 0 & (n \text{ は偶数}) \end{cases}$$

フォローアップ

1. (1)の前半の三角関数の式は「示せ」とあるので,加法定理で導きましたが,和 $\rightleftarrows$ 積の公式を利用してもよいでしょう:
$$\cos A + \cos B = 2\cos\frac{A+B}{2}\cos\frac{A-B}{2}$$
これに $A = n\theta$, $B = (n-2)\theta$ を代入すればわかります.

2. 本問は $\cos\theta$ の n 倍角の公式が「ある」ことを示す問題でしたが,上で求めた $p_n(x)$ 以外にないことも次のようにしてわかります:
$$\cos n\theta = q_n(\cos\theta)$$
となる多項式 $q_n(x)$ があるすると,
$$p_n(\cos\theta) = q_n(\cos\theta)$$
がすべての θ で成り立つ.すると $p_n(x) = q_n(x)$ が $-1 \leqq x \leqq 1$ でつねに成り立つので,無限個の値 ($-1 \leqq x \leqq 1$ には無限個の実数があるので) に対して $p_n(x) - q_n(x) = 0$ が成り立つ.もし $p_n(x) - q_n(x)$ が多項式として 0 でない ($p_n(x)$ と $q_n(x)$ が一致しない) とするなら,次数があり,(多項式) $= 0$ の解は有限個 (次数以下) しかないので矛盾する.したがって,多項式として $p_n(x) = q_n(x)$ である (恒等式). □

3. $p_n(x)$ の定数項 a_n については
$$a_n = p_n(0) = p_n\left(\cos\frac{\pi}{2}\right) = \cos\frac{n\pi}{2}$$
からも求められます.1次の項については,数Ⅲになりますが,次のようにもできます.
$$p_n(x) = a_n + b_n x + \cdots \quad \therefore \quad p_n{'}(x) = b_n + \cdots$$
そこで,$\cos n\theta = p_n(\cos\theta)$ の両辺を θ で微分すると
$$-n\sin n\theta = p_n{'}(\cos\theta)(-\sin\theta) \quad \therefore \quad p_n{'}(\cos\theta) = \frac{n\sin n\theta}{\sin\theta}$$
$$\therefore \quad b_n = p_n{'}(0) = p_n{'}\left(\cos\frac{\pi}{2}\right) = n\sin\frac{n\pi}{2}$$
これから同じ答えが得られます.

4. 本問の $p_n(x)$ は (第1種) チェビシェフ多項式 (Chebyshev polynomial) とよばれていて，普通は $T_n(x)$ とかかれます：$\cos n\theta = T_n(\cos\theta)$. 入試でもしばしば見かける多項式です．本問から
$$T_1(x) = x, \quad T_2(x) = 2x^2 - 1$$
$$T_{n+2}(x) = 2xT_{n+1}(x) - T_n(x) \quad\quad \cdots\cdots\cdots (*)$$
$$T_n(-x) = (-1)^n T_n(x)$$
などがわかりますが，さらに
$$T_m(T_n(x)) = T_{mn}(x)$$
もわかります ($x = \cos\theta$ を代入すれば両辺とも $\cos mn\theta$). また
　　「$T_n(x)$ は n 次式で，最高次の係数が 2^{n-1} である」
ことも漸化式 $(*)$ から示せます．

5. $\sin n\theta$ は $\sin\theta$ の多項式になりませんが，
$$\sin n\theta = U_{n-1}(\cos\theta)\sin\theta$$
となる $n-1$ 次多項式 $U_{n-1}(x)$ が存在します．この証明は $T_n(x)$ と同時に帰納法でおこなえます．まず
$$T_1(x) = x, \quad U_0(x) = 1$$
はあたりまえです．加法定理から
$$\cos(k+1)\theta = \cos k\theta \cos\theta - \sin k\theta \sin\theta$$
$$\sin(k+1)\theta = \sin k\theta \cos\theta + \cos k\theta \sin\theta$$
となるので，$T_k(x), U_{k-1}(x)$ の存在を仮定すれば
$$\cos(k+1)\theta = T_k(\cos\theta)\cos\theta - U_{k-1}(\cos\theta)(1 - \cos^2\theta)$$
$$\sin(k+1)\theta = \{U_{k-1}(\cos\theta)\cos\theta + T_k(\cos\theta)\}\sin\theta$$
だから
$$T_{k+1}(x) = xT_k(x) - (1-x^2)U_{k-1}(x)$$
$$U_k(x) = xU_{k-1}(x) + T_k(x)$$
により多項式 $T_{k+1}(x), U_k(x)$ をきめればよいのです．

　三角比は sin から習いますが，三角関数になると cos の方が重要で，内積をみてもわかるように，入試レベルの数学でも cos の方がよくでてきます．$T_n(x)$ もその一例といえます．

---- 軌跡：円と直線，媒介変数消去 ----

21 m を実数とする．円 $C:(x-m)^2+y^2=m^2+1$ と直線 $l:y=-mx+3$ が異なる 2 つの共有点をもつとする．

(1) m の値の範囲を求めよ．

(2) C と l の異なる 2 つの共有点を P, Q とし，線分 PQ の中点を N とする．N の x 座標と y 座標を m を用いて表せ．

(3) m が(1)で求めた範囲を動くとき，(2)の中点 N の軌跡を求め，それを図示せよ．

〔徳島大〕

アプローチ

(イ) 円と直線との位置関係は，基本的に中心から直線までの距離 d と半径 r で議論します．

$$\begin{cases} d<r \cdots\cdots 2 \text{ 点で交わる} \\ d=r \cdots\cdots \text{接する} \\ d>r \cdots\cdots \text{共有点をもたない} \end{cases}$$

しかし，状況によっては x または y を消去して判別式で考えたほうがよいときもあります．例えば円の方程式に文字が含まれ平方完成が面倒で，しかも半径が煩雑な平方根の式になるとか，直線が x, y 軸とか $y=x$ であるときなどです．本問は(2)のことまで考えるとこの方法も悪くない方針です．なぜなら，連立した式があれば交点の座標もわかりその中点の座標もわかるからです．

(ロ) 円の弦の中点や，円と直線が接するときの接点は，中心を通り直線や弦に直交する直線上にあります．

(ハ) $x=\dfrac{(t \text{ の 1 次式})}{(t \text{ の 2 次式})}$, $y=\dfrac{(t \text{ の 1 次式})}{(t \text{ の 2 次式})}$

（ただし x, y の分母は同じ）

の形から媒介変数 t を消去する作業は慣れておきましょう．まず $\dfrac{y}{x}$ または $\dfrac{x}{y}$ の計算をし，$t=(x, y \text{ の式})$ を作ります．その式を x（または y）のどちらかの式に代入すればよいでしょう．この作業のとき，分母が 0 になるか否

かの場合分けは行います．また，本問のように $\dfrac{(t\ \text{の}\ 2\ \text{次式})}{(t\ \text{の}\ 2\ \text{次式})}$ になれば，帯分数化して定数を移項しておきます．

(ニ) (3)において媒介変数 m を消去するとき，すべての条件から m を消去しないといけません．そのとき $\left|\dfrac{y-b}{x-a}\right| < k$ のような条件が現れます．これを $|y-b| < k|x-a|$ と変形して絶対値の中身の符号で場合分けしても図示できます．しかし「$\dfrac{y-b}{x-a}$ を 2 点 (a, b), (x, y) を結ぶ傾きとみる」と，簡単に領域はわかります．

解答

(1) C と l が異なる 2 点で交わる条件は，C の中心 $(m, 0)$ と $l : mx + y - 3 = 0$ の距離が C の半径 $\sqrt{m^2+1}$ より小さいことだから

$$\dfrac{|m^2-3|}{\sqrt{m^2+1}} < \sqrt{m^2+1} \iff |m^2-3| < m^2+1 \quad \cdots\cdots\cdots ①$$

①の右辺はつねに正だから

$$① \iff -(m^2+1) < m^2-3 < m^2+1 \iff m^2 > 1$$

$$\therefore \quad \boldsymbol{m < -1,\ 1 < m}$$

(2) l に垂直で C の中心 $(m, 0)$ を通る直線 l' の方程式は

$$y = \dfrac{1}{m}(x - m)$$

となる．l, l' の交点が N だから，2 式を連立して

$$\begin{cases} mx + y = 3 \\ x - my = m \end{cases}$$

これを解いて，$\mathrm{N}\left(\dfrac{\boldsymbol{4m}}{\boldsymbol{m^2+1}},\ \dfrac{\boldsymbol{3-m^2}}{\boldsymbol{m^2+1}}\right)$

(3) $\mathrm{N}(x, y)$ とおくと

$$\begin{cases} x = \dfrac{4m}{m^2+1} \\ y = -1 + \dfrac{4}{m^2+1} \end{cases} \iff y + 1 = \dfrac{4}{m^2+1} \quad \cdots\cdots\cdots ②$$

$y + 1 \neq 0$ だから 2 式の辺々を割って

$$\dfrac{x}{y+1} = m \quad \cdots\cdots\cdots ③$$

これを②の 2 番目の式に代入して

$$y + 1 = \frac{4}{\left(\dfrac{x}{y+1}\right)^2 + 1} = \frac{4(y+1)^2}{x^2 + (y+1)^2}$$

$y + 1 \neq 0$ だから両辺を $y + 1$ で割ると

$$1 = \frac{4(y+1)}{x^2 + (y+1)^2}$$

分母払って整理すると,

$$x^2 + (y-1)^2 = 4, \quad y \neq -1 \qquad \cdots\cdots ④$$

また, (1)より $|m| > 1$ だから③より

$$\left|\frac{x}{y+1}\right| > 1$$

$$\iff \left|\frac{y-(-1)}{x-0}\right| < 1, \quad y \neq -1$$

$$\iff |(0, -1), (x, y)\text{を結ぶ直線の傾き}| < 1$$

$$y \neq -1$$

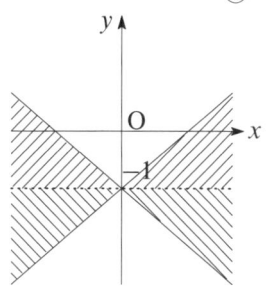

この条件と④を合わせて図示すると求める N の軌跡は右図の円弧の実線部.

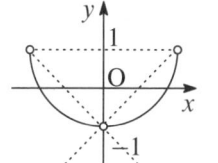

フォローアップ

1. アプローチの後半の方針で解くと次のようになります.

別解 (1) C と l の 2 式から y を消去して整理すると

$$(1 + m^2)x^2 - 8mx + 8 = 0 \qquad \cdots\cdots ⓐ$$

これが異なる 2 実解をもてばよいので

$$D/4 = 16m^2 - 8(1 + m^2) > 0 \iff \boldsymbol{m < -1,\ 1 < m}$$

(2) ⓐの 2 解が P, Q の交点の x 座標で, PQ の中点が N だから, 解と係数の関係より

$$(\text{N の } x \text{ 座標}) = \frac{1}{2} \cdot \frac{8m}{1 + m^2} = \frac{4m}{m^2 + 1}$$

これを l の式に代入して (以下同様). □

2. N の座標は $y = -mx + 3$, $y = \dfrac{1}{m}x - 1$ の連立方程式の解です. ということは, N の座標から m を消去するのが大変なら, それと同値であるこれら 2 式から m を消去しても構いません.

126 – 21

別解 $y = -mx + 3 \cdots$ ⓑ, $y = \dfrac{1}{m}x - 1 \cdots$ ⓒ
「$m < -1, 1 < m$」$\cdots$ ⓓ

これらを同時にみたす m が存在するような条件を求める．そこでⓑにおいて $x = 0$ とすると $y = 3$ となる．この点をⓒに代入すると $3 = \dfrac{1}{m} \cdot 0 - 1$ となり，これをみたす m は存在しない．よって $x \neq 0$ としてよく，このもとでⓑ $\iff m = \dfrac{3-y}{x}$ となるので，これらをⓒ，ⓓに代入すると

$$y = \dfrac{x}{3-y} \cdot x - 1, \quad \left|\dfrac{3-y}{x}\right| > 1$$

∴ $x^2 + y^2 - 2y - 3 = 0 \ (x \neq 0)$, $|2 点 (x, y), (0, 3) を結ぶ傾き| > 1$

これを図示して，(以下略) □

3. 図形 $f(x, y) + kg(x, y) = 0$ は k によらず $f(x, y) = 0, g(x, y) = 0$ となる点を通ります．つまり 2 つの図形 $f(x, y) = 0, g(x, y) = 0$ の交点を通るある図形を表します．しかし $g(x, y) = 0$ 自身は表すことができません (もちろん $g(x, y) = 0$ 以外のすべての図形を表せるといっているわけではありません)．いまいちピンと来ない人もいるかもしれませんが，具体的に考えて見ましょう．例えば $x + ky = 0$ は $x = 0, y = 0$ の交点である原点を通る直線ですが，$y = 0$ は表せません．ちなみに $y = 0$ 上の点 $(2, 0)$ を代入すると $2 + k \cdot 0 = 0 \iff 2 = 0$ となり成立しません．他の点も同様です．これから (k がついている方の式) $= 0$ は表せません．さて，この内容を利用して次のような別解が考えられます．

別解 $l : mx + (y - 3) = 0$ は点 $(0, 3)$ を通る直線のうち $x = 0$ 以外の直線を表す．$l' : x - m(y + 1) = 0$ は点 $(0, -1)$ を通る直線のうち $y = -1$ 以外の直線 (図 1) を表す．$l \perp l'$ だから，これらの交点 N は 2 点 $(0, 3)$, $(0, -1)$ を直径の両端とする円周上 (図 2) にある．ただし，表せない直線どうしの交点である $(0, -1)$ は除外する．また，(1)の結果より l の傾きの範囲は -1 より小さいか 1 より大きいので交点 N の動く範囲は図 3 の斜線部内に含まれる．以上をあわせると N の軌跡は図 4 の円弧の実線部になる．

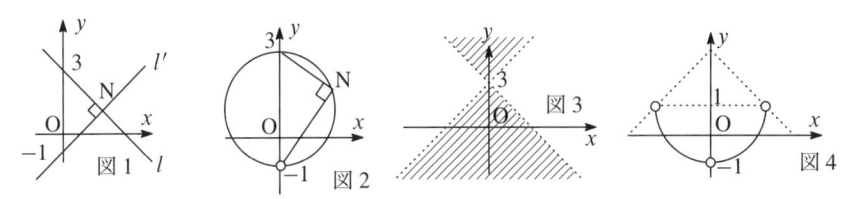

このように文字定数が含まれる曲線は，その文字によらず通る定点が存在することがあります．その定点が問題を解決してくれることがあるので，アンテナをはって式を眺めるようにしましょう．

4. 3.とともに学習しておいた方がよいと思われることをあげてみます．「a によらず通る定点を求めよ」は簡単にできるのに，次のような問題ができない人が多いようです．内容は同じですが，逆に使うと難しく感じるようです．

> **例** 円 $x^2+y^2+x-1=0$ と直線 $y-x-1=0$ との2つの交点を通り，x 軸から切り取られる弦の長さが $2\sqrt{5}$ となるような円の方程式を求めよ． 〔福井工業大〕

《解答》　$x^2+y^2+x-1+a(y-x-1)=0$ ………ⓔ

は a によらず $x^2+y^2+x-1=0$, $y-x-1=0$ の交点を通っている．これと x 軸との交点の x 座標は，ⓔにおいて $y=0$ としたときの
$$x^2+(1-a)x-1-a=0$$
の2解である．この解の差
$$\frac{-(1-a)+\sqrt{a^2+2a+5}}{2}-\frac{-(1-a)-\sqrt{a^2+2a+5}}{2}=\sqrt{a^2+2a+5}$$
が $2\sqrt{5}$ となるのが条件だから
$$\sqrt{a^2+2a+5}=2\sqrt{5} \iff (a+5)(a-3)=0 \quad \therefore \quad a=3,\ -5$$
これをⓔに代入して
$$x^2+y^2-2x+3y-4=0,\ x^2+y^2+6x-5y+4=0$$
□

つまり，少し砕けた表現すると2つの曲線の方程式を適当に何倍かして加減した式は，2つの曲線の交点を含むある図形になるになるということで

す．例えば交点をもつ2円の方程式
$$x^2+y^2+ax+by+c=0,\ x^2+y^2+mx+ny+l=0$$
の辺々を引いてできる直線の方程式
$$(a-m)x+(b-n)y+(c-l)=0$$
は共通弦の方程式であるし，2交点をもつ2つの放物線の方程式
$$y=ax^2+bx+c,\ y=px^2+qx+r$$
から x^2 を消去してできる直線の方程式
$$(p-a)y=(bp-aq)x+(cp-ar)$$
は2交点を通る直線の方程式です．

5. 絶対値を含む不等式は，絶対値の中身の符号で場合分けして外せば問題なく計算できます（☞ **1**）．①では，$|x|<A \iff -A<x<A$ を用いて計算しました．

絶対値のついている関数とそれ以外の関数を左辺と右辺に分けて，$y=$（右辺），$y=$（左辺）の上下関係を確認してから計算する方法も悪くありません．①なら $m^2=t$ とおいて $|t-3|<t+1$ としてグラフを描いて範囲 $t>1$ を求めます．次の例題をやって見ましょう．

例 次の不等式を解け．
(1) $|x^2-x-2| \leqq x+1$　　(2) $x^2-2x-3 > 3|x-1|$

《解答》

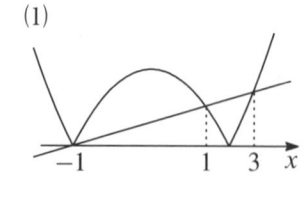

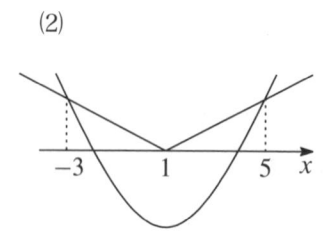

(1)　　　　　　　　　　　　(2)

(1) $\pm(x-2)(x+1)=x+1$ を解いて $x=-1,1,3$．これとグラフより
$x=-1,\ 1 \leqq x \leqq 3$

(2) $x^2-2x-3=3(x-1)$ を解いて $x=0,5$．これとグラフの $x=1$ に関する対称性より **$x<-3,\ 5<x$**　　　　　　□

── 軌跡:極線 ──

22 xy 平面上で,原点を中心とする半径 2 の円を C とし,直線 $y = ax + 1$ を l とする.ただし,a は実数である.

(1) 円 C と直線 l は異なる 2 点で交わることを示せ.

(2) 円 C と直線 l の 2 つの交点を P, Q とし,点 P における円 C の接線と点 Q における円 C の接線との交点を R とする.a が実数全体を動くとき,点 R の軌跡を求めよ.

〔奈良女子大〕

アプローチ

(イ) 円と直線が 2 点で交わる条件は,

(円の中心と直線との距離) < (円の半径)

ですが,それはこのとき円の内部を直線が通過するからです.いまの場合,図を描けば l が C 内部を通過していることがわかります.また,C と l の方程式を連立して,y を消去してできる 2 次方程式が異なる 2 実解をもつ,といいかえることもできますが,ちょっとおおげさすぎるでしょう.

(ロ) P, Q の x 座標は文字係数 2 次方程式の解ですから,具体的に表すと面倒なので文字でおいて表しましょう.円 $x^2 + y^2 = r^2$ の接線の方程式は,接点 (x_1, y_1) がわかっているときの公式

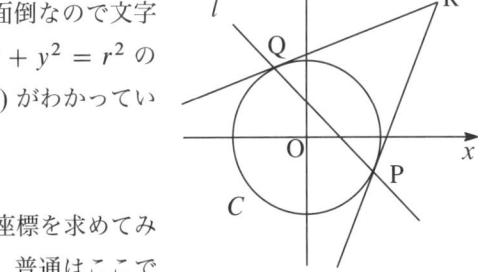

$$x_1 x + y_1 y = r^2$$

を利用して,とりあえず R の座標を求めてみます.すると軌跡がみえます.普通はここで解と係数の関係を利用するのですが,本問では不要です.

解答

(1) l は点 $(0, 1)$ を通り,点 $(0, 1)$ は C の内部 $x^2 + y^2 < 4$ にあるので,l は C と異なる 2 点で交わる. □

(2) C と l の交点 P, Q の x 座標をそれぞれ p, q とすると,(1)から $p \neq q$ で,P$(p, ap + 1)$, Q$(q, aq + 1)$ である.P, Q での C の接線の方程式は

$$px + (ap+1)y = 4 \qquad \cdots\cdots\cdots ①$$
$$qx + (aq+1)y = 4 \qquad \cdots\cdots\cdots ②$$

であり，①と②を連立し R の座標を求める．
① × $(aq+1)$ − ② × $(ap+1)$ から，
$$\{(aq+1)p - (ap+1)q\}x = 4(aq+1) - 4(ap+1)$$
$$\therefore \ (p-q)x = 4a(q-p) \qquad \therefore \ x = -4a \ (\because p \neq q)$$

① × q − ② × p から，
$$\{q(ap+1) - p(aq+1)\}y = 4q - 4p$$
$$\therefore \ (q-p)y = 4(q-p) \qquad \therefore \ y = 4 \ (\because p \neq q)$$

したがって，R$(-4a, 4)$ であり，a が実数全体を動くので，R の軌跡は
直線 $y = 4$

:::フォローアップ:::

1. まったく発想の違う次のような解答もできます．

別解 P(x_1, y_1), Q(x_2, y_2), R(x_3, y_3) とおく．P, Q での接線は
$$x_1 x + y_1 y = 4, \ x_2 x + y_2 y = 4$$
で，これらが R を通るので，
$$x_1 x_3 + y_1 y_3 = 4, \ x_2 x_3 + y_2 y_3 = 4$$
が成り立つ．これは直線
$$x_3 x + y_3 y = 4 \qquad \cdots\cdots\cdots ⓐ$$
の上に2点 P(x_1, y_1), Q(x_2, y_2) があることを示しているので，ⓐが直線 PQ つまり l に一致する．また $l : y = ax + 1$ は $-4ax + 4y = 4$ ともかけるので，ⓐと係数を比較して
$$x_3 = -4a, \ y_3 = 4 \qquad \therefore \ R(-4a, 4)$$
(以下略)

2. 上のことをすこし一般化しておきます．

原点を中心とする半径 r の円 $C : x^2 + y^2 = r^2$ について，C の外部の点 R(x_3, y_3) から，C にひいた2本の接線の接点を P(x_1, y_1), Q(x_2, y_2) とすると，P での接線，Q での接線が R を通るので，
$$x_1 x_3 + y_1 y_3 = r^2, \ x_2 x_3 + y_2 y_3 = r^2$$
が成り立ちます．するとこれらは直線

$$x_3 x + y_3 y = r^2$$

の上に P, Q があること示し, すなわちこれが直線 PQ (R からひいた 2 接線の接点を通る直線) の方程式です. 円の接線の公式は点が円の外部にあるときは, このような意味をもつ直線 (これは点 R を極とする極線とよばれています) になります.

上の別解は, R からひいた接線の接点を通る直線が l と与えられていることから, R を求めているのです.

3. もうすこし図形的に考えることもできます:

別解 PQ の中点を T とすると, 3 点 O, T, R は 1 直線上にあり, △OPT ∽ △ORP だから,

$$\text{OP} : \text{OT} = \text{OR} : \text{OP} \quad \therefore \quad \text{OR} = \frac{\text{OP}^2}{\text{OT}}$$

$\overrightarrow{\text{OT}}$ と $\overrightarrow{\text{OR}}$ は同じ向きだから

$$\overrightarrow{\text{OR}} = \left(\frac{\text{OR}}{\text{OT}}\right)\overrightarrow{\text{OT}} = \left(\frac{\text{OP}^2}{\text{OT}^2}\right)\overrightarrow{\text{OT}}$$

ここで, $T(x_T, y_T)$ とおくと

$$\overrightarrow{\text{OT}} = \frac{1}{2}(\overrightarrow{\text{OP}} + \overrightarrow{\text{OQ}}) \quad \therefore \quad x_T = \frac{1}{2}(p + q)$$

であり, p, q は C と l の方程式から y を消去した 2 次方程式

$$x^2 + (ax + 1)^2 = 4 \quad \therefore \quad (a^2 + 1)x^2 + 2ax - 3 = 0$$

の 2 解だから, 解と係数の関係により

$$p + q = -\frac{2a}{a^2 + 1} \quad \therefore \quad x_T = -\frac{a}{a^2 + 1}, \quad y_T = ax_T + 1 = \frac{1}{a^2 + 1}$$

また, O と l との距離から

$$\text{OT} = \frac{1}{\sqrt{a^2 + 1}}$$

となり,

$$\overrightarrow{\text{OR}} = 4(a^2 + 1)\left(-\frac{a}{a^2 + 1}, \frac{1}{a^2 + 1}\right) = (-4a, 4)$$

(以下略) □

ここでのベクトルの使い方については 28 を参照.

―― 軌跡：媒介変数の存在条件，軌跡の追跡 ――

23 次は［問題#］とそれに対する［A君の途中までの解答］である．

> ［問題#］s, t が $0 \leq s \leq 1, 0 \leq t \leq 1$ の範囲を動くとする．このとき関係式 $\left.\begin{array}{l} x = s+t \\ y = s^2 \end{array}\right\}$ …① により定義される xy 平面上の点 (x, y) が動く範囲を図示せよ．
>
> ［A君の途中までの解答］$0 \leq s \leq 1$ と①の第2式より $0 \leq y \leq 1$ である．さらに，①から s を消去すると $y = (x-t)^2$ である．つまり，問題#は $0 \leq t \leq 1$ のとき，$\left.\begin{array}{l} y = (x-t)^2 \\ 0 \leq y \leq 1 \end{array}\right\}$ …② を満たす (x, y) を考えることと同値である．

［A君の途中までの解答］における問題点をその理由とともに指摘し，［問題#］に対する正しい解答を与えよ．ただし，［問題#］に対するあなた自身の解答は，A君の解答に必ずしもそう必要はない．

〔札幌医科大〕

アプローチ

(イ) 点 (x, y) の軌跡を求めるときは，x, y のみたすべき関係式を求めようとします．そのためには s, t を消去しよう，つまり s, t の存在条件を求めようとします．そこでまず s, t を x, y で表して s, t の式に代入しようと考えるところです．この流れが実現できる例を示します．

> 例 s, t が $0 \leq s \leq 1, 0 \leq t \leq 1$ の範囲を動くとする．このとき関係式 $\left.\begin{array}{l} x = s+t \\ y = s-t \end{array}\right\}$ …① により定義される xy 平面上の点 (x, y) が動く範囲を図示せよ．

《解答》 ① $\iff s = \dfrac{x+y}{2}, t = \dfrac{x-y}{2}$
を $0 \leq s \leq 1, 0 \leq t \leq 1$ に代入して
$$0 \leq \frac{x+y}{2} \leq 1, 0 \leq \frac{x-y}{2} \leq 1$$

$$\iff -x \leq y \leq -x+2,\ x-2 \leq y \leq x$$

これを図示して…(以下略)… □

　本問でこの作業を実行するなら

$$s = \sqrt{y},\ t = x - \sqrt{y}\ \text{として}\ 0 \leq s \leq 1,\ 0 \leq t \leq 1\ \text{に代入} \cdots\cdots(*)$$

ですが無理関数 ($\sqrt{\ }$ を含む関数) があらわれ図示が少し大変です．そこでA君はまず s を消去し，それから t の存在条件で考えようとして，途中で間違ったようです．方針はいいのですが，作業の中で何がまずかったのでしょうか．A君の解答の方針はまず s を消去なんだから，$s = \cdots\cdots$ をつくってそれ以外の s の式すべてに代入しないといけません．そのことができていないところがあります．そこを指摘します．

(ロ) $y = f(x-a) + b$ は $y = f(x)$ を x 軸方向に a，y 軸方向に b だけ平行移動したグラフです．

(ハ) 本問は媒介変数を1つ消去した後，残りの媒介変数を実際に動かして曲線の動きを追跡した方がよいかもしれません．

解答

　条件は
$$\begin{cases} 0 \leq s \leq 1 & \cdots\cdots ③ \\ 0 \leq t \leq 1 & \cdots\cdots ④ \\ x = s + t & \cdots\cdots ⑤ \\ y = s^2 & \cdots\cdots ⑥ \end{cases}$$

であるが，A君はこれを
$$\begin{cases} x = s + t & \cdots\cdots ⑤ \\ 0 \leq t \leq 1 & \cdots\cdots ④ \\ y = (x-t)^2 & \cdots\cdots ⑦ \\ 0 \leq y \leq 1 & \cdots\cdots ⑧ \end{cases}$$

とした．
$$\{③,\ ④,\ ⑤,\ ⑥\} \implies \{④,\ ⑤,\ ⑦,\ ⑧\}$$

はもちろん成立する．しかし逆は成立しない．それは⑤と⑦から⑥は得られるが，その⑥と⑧から

$$0 \leq s^2 \leq 1 \iff -1 \leq s \leq 1$$

となり③に戻れない．つまりここで同値関係が崩れているところがA君の解答の問題点である．

　正解は次のようになる：

⑤ $\iff s = x - t$ を③, ⑥に代入すると
$$y = (x-t)^2, \ 0 \leqq x - t \leqq 1$$

これを図示すると右の通り．これを④の範囲で t を変化させたときの通過領域を求めればよい．それは「$y = x^2 \ (0 \leqq x \leqq 1)$ を x 軸方向に $y = (x-1)^2 \ (1 \leqq x \leqq 2)$ まで平行移動 (右図参照) したときの通過領域」である．これを図示して下図の斜線部 (境界を含む).

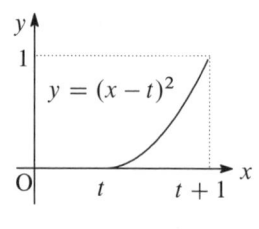

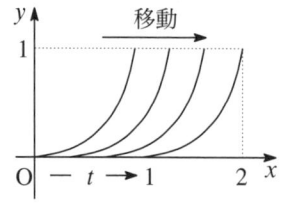

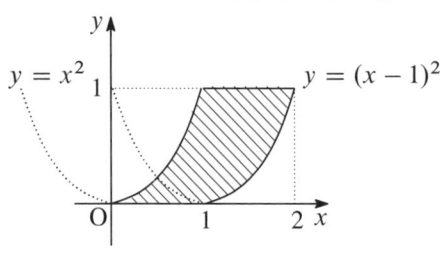

フォローアップ

1. 2つの媒介変数で表された点の軌跡は難しいようです．(イ)の例では s, t の存在条件を実際 s, t を消去することで表現しました．次の例は s, t が区間 $[0, 1]$ に存在する条件を，s, t を解にもつ方程式が $[0, 1]$ に解をもつ条件で表現しています．

> **例** s, t が $0 \leqq s \leqq 1, \ 0 \leqq t \leqq 1$ の範囲を動くとする．このとき関係式
> $$\left. \begin{array}{l} x = s + t \\ y = st \end{array} \right\} \quad \cdots\cdots\cdots ①$$
> により定義される xy 平面上の点 (x, y) が動く範囲を図示せよ．

《解答》 ①より s, t は $f(X) = X^2 - xX + y = 0$ の2解である．$0 \leqq s, t \leqq 1$ だから，この2解が $0 \leqq X \leqq 1$ に存在するような条件を求めればよい．それは 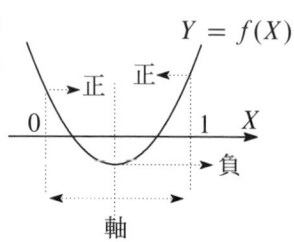
$$f(X) = \left(X - \tfrac{1}{2}x\right)^2 + y - \tfrac{1}{4}x^2 \text{ より}$$

$$\begin{cases} f(0) = y \geqq 0 \\ f(1) = 1 - x + y \geqq 0 \\ 0 \leqq \dfrac{x}{2} \leqq 1 \\ f\left(\dfrac{x}{2}\right) = y - \dfrac{1}{4}x^2 \leqq 0 \end{cases} \iff \begin{cases} y \geqq 0 \\ y \geqq x - 1 \\ 0 \leqq x \leqq 2 \\ y \leqq \dfrac{1}{4}x^2 \end{cases}$$

これを図示すると右図の斜線部 (境界を含む). □

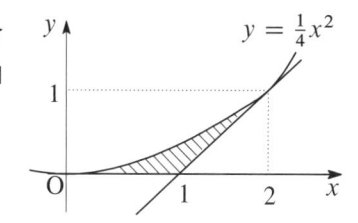

2. t を消去する方法もあります.

別解 ⑤ $\iff t = x - s$ を④に代入すると
$$0 \leqq x - s \leqq 1 \iff s \leqq x \leqq s + 1$$

これと⑥より s を固定すると
$$A(s, s^2),\ B(s+1, s^2)$$
を端点とする線分上を動くことがわかる. この s を③で動かしたときの線分 AB の通過領域が求める求める点 (x, y) の存在領域である. A は
$$y = x^2\ (0 \leqq x \leqq 1)$$
B は
$$y = (x-1)^2\ (1 \leqq x \leqq 2)$$
を動くので, 求める範囲は本解答の通り. □

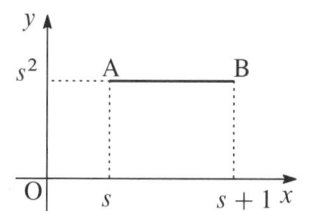

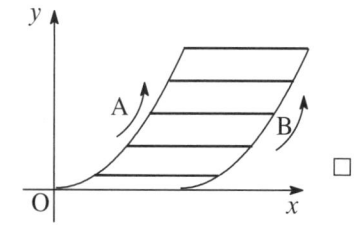

―― 領域と最大最小：対称式 ――

24 実数 x, y が $x^2 + y^2 \leq 1$ を満たしながら変化するとする．

(1) $s = x + y, t = xy$ とするとき，点 (s, t) の動く範囲を st 平面上に図示せよ．

(2) 負でない定数 $m \geq 0$ をとるとき，$xy + m(x + y)$ の最大値，最小値を m を用いて表せ．

〔東京工業大〕

アプローチ

(イ) 和が m，積が n となる 2 数は
$$x^2 - mx + n = 0 \quad \cdots\cdots\cdots(*)$$
の 2 解です．例えば和が 2 で積が -5 となる 2 数は $x^2 - 2x - 5 = 0$ より $x = 1 \pm \sqrt{6}$ です．また，和が 2 で積が 5 となる 2 数は $x^2 - 2x + 5 = 0$ より $x = 1 \pm 2i$ です．ということは 2 実数の (和, 積) が $(2, -5)$ となることはあるが，$(2, 5)$ となることはありません．これから 2 実数の和 m と積 n の間には
$$(*) \text{ の判別式} : D = m^2 - 4n \geq 0$$
という実数条件がつくことがわかります．忘れないようにしましょう．

(ロ) x, y の対称式 (x, y を入れ換えたとしても変化しない式のこと) は $x + y = a$, $xy = b$ で表せます．
$$x^2 + y^2 = a^2 - 2b$$
$$x^3 + y^3 = a^3 - 3ab$$
$$x^4 + y^4 = (x^2 + y^2)^2 - 2x^2y^2 = (a^2 - 2b)^2 - 2b^2$$
$$x^5 + y^5 = (x^2 + y^2)(x^3 + y^3) - x^3y^2 - x^2y^3$$
$$\qquad\quad = (a^2 - 2b)(a^3 - 3ab) - ab^2$$
$$\vdots$$

これらの使いまわしで $x^n + y^n$ は a, b で表すことが出来ます (☞ **36**)．

(ハ) (不等式で与えられた条件) + (式のとり得る値の範囲) の解法は，まず不等式の表す領域を図示します．つぎに

(i) 式の意味を考えて取り得る値を求めます．式の意味とは

$(x-a)^2 + (y-b)^2 + \cdots$ と変形できれば 2 点 (a, b), (x, y) の距離の平方と考えて，点 (a, b) から領域までの距離の範囲を考えます．また，$\dfrac{y-b}{x-a}$ なら 2 点を結ぶ傾きと考えます．

(ii) (i)のように式に意味があるものは限られています．そうでない場合は (式) $= k$ とおき，この方程式の表す図形と領域とが共有点をもつような条件を求めます．つまり x, y の存在条件から k の範囲を求める解法といえます．

(iii) (ii)のように $= k$ とおいた図形が簡単に動かせるようなものばかりではありません．その場合はまず一文字を固定して残りの文字を動かします．これで最大値，最小値の候補を求めておいて，最後に固定していた変数を動かして最大値，最小値を求める解法をとります (受験用語では予選決勝法とよばれることもあります)．

(二) 本問と同じ注意点がある問題を練習します．

例 x, y が $x^2 \leq y \leq 1$ のとき次式の最小値を求めよ．
(1) $x + y$ (2) $4x + y$

《解答》 不等式を xy 平面に図示すると右図の通り．

(1) $x + y = k \iff y = -x + k$ ………①
とおいてこの領域と共有点をもつような k の最小値を求める．そこで $y = x^2$ の接線の傾きが -1 ($=$①の傾き) になる接点を求めると，$y' = 2x = -1$ より $\left(-\dfrac{1}{2}, \dfrac{1}{4}\right)$ この点は領域内の点だから，①がこの点を通るとき k は最小となる．よって k の最小値は $-\dfrac{1}{2} + \dfrac{1}{4} = \boldsymbol{-\dfrac{1}{4}}$

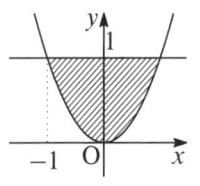

(2) $\quad\quad\quad 4x + y = l \iff y = -4x + l$ ………②
とおいてこの領域と共有点をもつような l の最小値を求める．そこで $y = x^2$ の接線の傾きが -4 ($=$②の傾き) になる接点を求めると，$y' = 2x = -4$ より $(-2, 4)$．この点は領域外の点だから，②が点 $(-1, 1)$ を通るとき l は最小となる．よって l の最小値は $-4 + 1 = \boldsymbol{-3}$ □

①, ②と $y = x^2$ が接するときの k の値は，両者を連立して (判別式) $= 0$ としても求まります．しかしすぐに接点がわからないので，領域内に接点が含まれているかどうかもわかりません．だから上の解答では接点がわかるような微分を用いました．本問も傾きに変数が入っているので，接点が領域に含まれるか否かの場合分けが生じます．最小値をとるのは，接点が含まれるときは接点を通るとき，含まれないときは端点を通るときとなります．

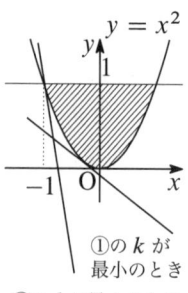

解答

(1) $x + y = s$, $xy = t$ より x, y は $X^2 - sX + t = 0$ の 2 解である．x, y の実数条件より (判別式)：$D = s^2 - 4t \geq 0$
$$\iff t \leq \frac{1}{4}s^2 \quad \cdots\cdots\cdots ①$$

また条件式より
$$x^2 + y^2 \leq 1$$
$$\iff s^2 - 2t \leq 1$$
$$\iff t \geq \frac{1}{2}(s^2 - 1) \quad \cdots\cdots\cdots ②$$

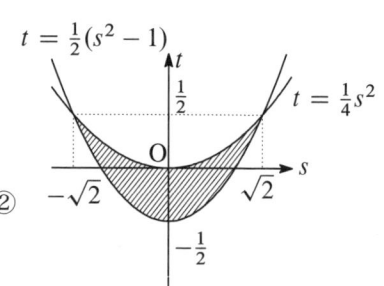

①, ②を st 平面に図示すると右の通り．

(2) $xy + m(x + y) = t + ms = k \cdots\cdots ③$ とおく．③ $\iff t = -ms + k$ と (1) の領域が共有点をもつような k の最大値と最小値を求めればよい．$m \geq 0$ だから直線③の傾きは 0 以下である．図より k が最大になるのは③が $\left(\sqrt{2}, \frac{1}{2}\right)$ を通るときである．この点を③に代入して，k の最大値は

$$\sqrt{2}m + \frac{1}{2}$$

また，$t = \frac{1}{2}(s^2 - 1)$ の接線の傾きが $-m (= ③の傾き)$ と等しくなる接点の座標を求めると，$t' = s = -m$ だから $\left(-m, \frac{1}{2}(m^2 - 1)\right)$

(i) $-m < -\sqrt{2} \iff m > \sqrt{2}$ のとき，③が $\left(-\sqrt{2}, \frac{1}{2}\right)$ を通るとき k は最小となる．よって，この点を③に代入して，k の最小値は
$$-\sqrt{2}m + \frac{1}{2}$$

(ii) $-\sqrt{2} \leq -m$ つまり $0 \leq m \leq \sqrt{2}$ のとき, ③が $\left(-m, \frac{1}{2}(m^2-1)\right)$ を通るとき k は最小となる. よって, この点を③に代入して k の最小値は
$$m(-m) + \frac{1}{2}(m^2-1) = -\frac{1}{2}m^2 - \frac{1}{2}$$
(i)(ii)をまとめると最小値は

$0 \leq m \leq \sqrt{2}$ のとき $-\frac{1}{2}m^2 - \frac{1}{2}$, $m > \sqrt{2}$ のとき $-\sqrt{2}m + \frac{1}{2}$

┌─フォローアップ─────────────────────
1. 対称式は和と積で表すのが基本です. 本問は誘導がありましたが, ないことがあるので覚えておきましょう.

> **例** x, y は実数で, $x^2 - 2xy + y^2 + 2x + 2y + 3 = 0$ をみたすとき, $x + y + xy$ の最小値を求めよ.

《解答》 $x + y = X$, $xy = Y$ とおく. x, y は $t^2 - Xt + Y = 0$ の2解だから
$$x, y \text{ が実数} \iff X^2 - 4Y \geq 0 \qquad \cdots\cdots\text{①}$$
また条件式より
$$X^2 - 4Y + 2X + 3 = 0 \iff Y = \frac{1}{4}(X^2 + 2X + 3) \qquad \cdots\cdots\text{②}$$
①,②より Y を消去して整理すると
$$X \leq -\frac{3}{2} \qquad \cdots\cdots\text{③}$$
②より
$$x + y + xy = X + Y = \frac{1}{4}(X^2 + 6X + 3) = \frac{1}{4}(X+3)^2 - \frac{3}{2}$$
これの③における最小値を求めると, $X = -3$ のとき $-\dfrac{3}{2}$

2. (ハ)の(iii)の解法をとるなら(2)は次のようになります.

別解 (1)の領域は
$$\frac{1}{2}(s^2-1) \leq t \leq \frac{1}{4}s^2$$
となる. s を固定したときの t の最大値と最小値は上式の右辺と左辺だから, $t + ms$ の最大値 $(= f(s)$ とおく$)$ 最小値 $(= g(s)$ とおく$)$ は
$$g(s) = \frac{1}{2}(s^2-1) + ms, \quad f(s) = \frac{1}{4}s^2 + ms$$
とする. そこで s を $-\sqrt{2} \leq s \leq \sqrt{2}$ $\qquad \cdots\cdots\text{①}$

で動かしたときの $g(s)$ の最小値と $f(s)$ の最
大値を求めればよい．
$$f(s) = \frac{1}{4}(s+2m)^2 - m^2$$
の最大値は $m \geqq 0$ より
$$f(\sqrt{2}) = \frac{1}{2} + \sqrt{2}m$$

また，$g(s) = \frac{1}{2}(s+m)^2 - \frac{1}{2}m^2 - \frac{1}{2}$ だから①における最小値を求める．
軸は $s = -m(\leqq 0)$ だからこれが①に含まれるか否かで場合分けを行うと

・$-m < -\sqrt{2} \iff m > \sqrt{2}$ のとき，最小値は
$$g(-\sqrt{2}) = -\sqrt{2}m + \frac{1}{2}$$

・$-\sqrt{2} \leqq -m \leqq 0 \iff 0 \leqq m \leqq \sqrt{2}$ のとき，最小値は
$$g(-m) = -\frac{1}{2}m^2 - \frac{1}{2}$$

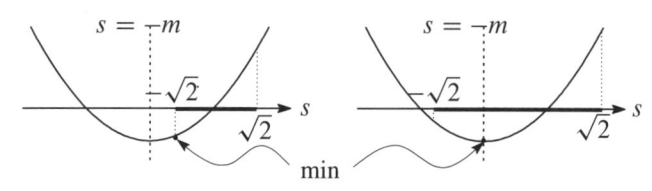

3. 不等式の形によっては図示できないときもあります．

> 例 実数 x, y が $x^2 - 2xy + 4y^2 \leqq 1$ をみたすとき，$x + 2y$ のとり
> 得る値の範囲を求めよ．

《解答》 $x + 2y = k \iff x = k - 2y$ とおいて条件の不等式に代入して整
理すると $12y^2 - 6ky + k^2 - 1 \leqq 0$
これをみたす実数 y が存在する条件は (これが共有点をもつ条件に対応)
　　(判別式)：$D/4 = 9k^2 - 12(k^2 - 1) \geqq 0 \iff -2 \leqq k \leqq 2$
したがって，求める範囲は $-2 \leqq x + 2y \leqq 2$ である． □

4. すこし根本的なことを確認しておきます．
　　xy 平面の領域 D で定義された関数 $F(x, y)$ の値域とは，実数の部分集合
$$R = \{F(x, y) \mid (x, y) \in D\}$$

のことです．R に最大数が含まれるとき，それを $F(x, y)$ の最大値といい，最小数が含まれるとき，それを $F(x, y)$ の最小値といいます．

このような関数の値域を求めるには，(ハ)でいったように，$F(x, y)$ の図形的意味がわかるなどのように直接に考えられることもありますが，そうでないときには，次のいい換えをよく用います：

$k \in R \iff F(x, y) = k$ となる $(x, y) \in D$ が存在する ……… ⓐ

$\iff$ 図形 $F(x, y) = k$ と D とが共有点をもつ ……… ⓑ

したがって，このような k の集合が求める値域ですから，

ⓑが成り立つための k についての条件

を求めることに帰着され，そのような k の最大値・最小値が関数 $F(x, y)$ の最大値・最小値です (**共有点条件**)．

この方法でほとんどの問題が解決しますが，図形 $F(x, y) = k$ が簡単 (例えば直線) で，領域との関係がよくわかるときに用います．

ところが $F(x, y)$ が 2 次になったりすると，曲線が表れるので図で考えるのがやりにくくなることもあります．そのような場合には，次の考え方を用います (**1 文字固定**，いわゆる「予選決勝法」)：

(i) まず 1 変数，例えば x を固定する．このとき y を動かして $F(x, y)$ の最大値 $M(x)$ を求める

(ii) つぎに x を変化させて関数 $M(x)$ の最大値 M を求める

これにより D での $F(x, y)$ の最大値 M が求められます．D を $x = $ (一定) で切って，その上で $F(x, y)$ の最大値 $M(x)$ を求め，つぎに x を変化させて最大値を求めています．最小値についても同様です．この方法では，どちらを固定するかが重要で，はじめにやりやすい方から考えます．つまり，まず「難しい変数」を固定します．難しいとは，$F(x, y)$ が多項式などのときは「次数が高い」，「でてくる回数が多い」などでだいたい判断できます．

さらに，$F(x, y) = k$ が簡単でも D がよくわからないときは，図で考えるのではなく，ⓐにより $F(x, y) = k$ と D の定義式を連立し，これらをともにみたす実数 x, y が存在する条件に帰着させることもよくあります (☞ フォローアップ 3.)．

---- 座標平面：座標設定，必要条件から十分性の確認 ----

25 平面上の四角形 ABCD を考える．

(1) 四角形 ABCD が長方形であるとき，この平面上の任意の点 P に対して
$$PA^2 + PC^2 = PB^2 + PD^2$$
が成り立つことを証明せよ．

(2) 逆にこの平面上の任意の点 P に対して
$$PA^2 + PC^2 = PB^2 + PD^2$$
が成り立つならば，四角形 ABCD は長方形であることを証明せよ．

〔信州大〕

アプローチ

(イ) このような図形問題でまず悩むのが道具の選び方です．つまり，ベクトル・初等幾何・座標 (理系なら複素数平面もあります) などのどれで考えようかということです．道具にはそれぞれ得意なこと・不得意なことがあります．例えばベクトルは分点の比や面積比などを求めるのが得意です．しかし動点の軌跡などを追うときに円や直線など単純な図形ならベクトルでもわかりますが，複雑なものは座標をおかないとわからないこともあります．またベクトルで考えるにしても成分を設定するというのは座標を設定することになるので，いろいろな道具を併用しながら問題解決への糸口を探ってください．つぎに問題になるのは変数・未知数を何にしようかということでしょう．大雑把にいうと「辺の長さ」や「角度」になると思います．絶対にこれというものはないので，問題の特性に合わせて柔軟に考えましょう．

(ロ) (2)は「任意の〜で成立するための条件を求めよ」という問題ではありません．「任意の〜で成立する $\Longrightarrow$ ・・・・・である」ということを示せばよいのです．つまり必要条件だけでよいということを最大限に利用します．任意の点で成り立つなら特別な点でも成り立つということから，四角形 ABCD が長方形であることを導きます．

(ハ) 長方形，正方形，ひし形を示すときには，まず平行四辺形であることを示すことが多いです．その後 $+\alpha$ として 1 つの角が直角なら長方形，対角線

の長さが等しければ長方形，対角線が直交していたらひし形，隣り合う2辺が等しければひし形，長方形とひし形の両方の条件をクリアしたら正方形となります．

解答

(1) A$(0, 0)$, B$(a, 0)$, C(a, b), D$(0, b)$ と座標軸を設定し P(x, y) とおくと
$$\begin{cases} PA^2 + PC^2 = x^2 + y^2 + (x-a)^2 + (y-b)^2 \\ PB^2 + PD^2 = (x-a)^2 + y^2 + x^2 + (y-b)^2 \end{cases}$$
これらより
$$PA^2 + PC^2 = PB^2 + PD^2 \qquad \square$$

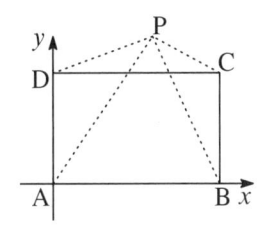

(2) 任意の P に対して等式が成り立つならば，P = A, B, C, D のときも成立する．よって AA = 0 等に注意して

$$AC^2 = AB^2 + AD^2 \qquad \cdots\cdots ①$$
$$AB^2 + BC^2 = BD^2 \qquad \cdots\cdots ②$$
$$AC^2 = BC^2 + CD^2 \qquad \cdots\cdots ③$$
$$AD^2 + CD^2 = BD^2 \qquad \cdots\cdots ④$$

①，③より AC を消去すると
$$AB^2 + AD^2 = BC^2 + CD^2 \qquad \cdots\cdots ⑤$$

②，④より BD を消去すると
$$AB^2 + BC^2 = AD^2 + CD^2 \qquad \cdots\cdots ⑥$$

⑤＋⑥より
$$2AB^2 = 2CD^2 \qquad \therefore \quad AB = CD$$

これと⑤から AD = BC
これらより四角形 ABCD は平行四辺形になる．さらに，①から
$$AC^2 = AB^2 + BC^2 \qquad \therefore \quad \angle ABC = 90°$$

となるので長方形になる． $\square$

フォローアップ

1. ベクトルを道具にするなら，
「$\overrightarrow{AB} = \vec{a}$, $\overrightarrow{AD} = \vec{b}$, $\overrightarrow{AP} = \vec{p}$ とおくと四角形が長方形だから

$$\vec{AC} = \vec{a} + \vec{b}, \quad \vec{a} \cdot \vec{b} = 0 \rfloor$$

と設定して始めることになり，(1)は本解答とそれほど大差のない解答になるでしょう．しかし多角形の1角に90°が含まれるのでそれを頼りにして座標設定を試みるのも1つの定石です．空間図形でも同様です．

例 辺の長さが $AB = 3$，$AC = 4$，$BC = 5$，$AD = 6$，$BD = 7$，$CD = 8$ である四面体 ABCD の体積を求めよ．

〔京都大〕

《解答》 $3^2 + 4^2 = 5^2$ だから $\angle BAC = 90°$ であり，前半3つの条件より

$$A(0, 0, 0), \quad B(3, 0, 0), \quad C(0, 4, 0), \quad D(x, y, z)$$

とおける．さらに後半3つの条件より

$$\begin{cases} x^2 + y^2 + z^2 = 36 \\ (x-3)^2 + y^2 + z^2 = 49 \\ x^2 + (y-4)^2 + z^2 = 64 \end{cases} \iff x = -\frac{2}{3}, \ y = -\frac{3}{2}, \ z = \pm\frac{\sqrt{1199}}{6}$$

よって求める体積は

$$\frac{1}{3}\triangle ABC \cdot |z| = \frac{1}{3}\left(\frac{1}{2} \cdot 3 \cdot 4\right)\frac{\sqrt{1199}}{6} = \frac{\sqrt{1199}}{3}$$

□

2. 式①〜④をどう扱っていくかは，(イ)のことを考えるとまず対角線である AC，BD を消去しようとします．そして，平行四辺形ができる条件である

(i) 向かい合う2組の辺が平行である

(ii) 向かい合う2組の辺が等しい

(iii) 向かい合う1組の辺が平行で等しい

(iv) 向かい合う2角が等しい

(v) 対角線が各々の中点で交わる

の(ii)にもちこもうとします．

3. 結局(1)(2)を合わせて

「等式が任意の P に対して成立する $\iff$ 四角形 ABCD は長方形である」

を証明したことになります．つまり(1)は $\impliedby$ の証明，(2)は $\implies$ の証明です．もしも

「この平面上の任意の点 P に対して $PA^2 + PC^2 = PB^2 + PD^2$ が成立するような必要十分条件を求めよ」
という形で出題されたときは，(2)の作業を行い，まず「長方形であることが必要」ということを示し，つぎに(1)の作業を行い「長方形なら十分だ」ということを確認します．以下の例はその流れで解決できます．

> **例** 原点を中心とする半径 1 の円 O の周上に定点 A(1, 0) と動点 P をとる．円 O の周上の点 B, C で $PA^2 + PB^2 + PC^2$ が P の位置によらず一定であるものを求めよ．
>
> 〔一橋大〕

《解答》 P = A, B, C のときも同じ値をとることが必要だから
$$AB^2 + AC^2 = AB^2 + BC^2 = AC^2 + BC^2 \quad \therefore \quad AB = BC = CA$$
また，A = B = C のとき $PA^2 + PB^2 + PC^2 = 3PA^2$ となり条件をみたさない．よって △ABC は正三角形であることが必要である．(ここまでが(2)の作業に対応する)

逆にこのとき (ここからの作業が本問の(1)の作業に対応する)
$$B\left(-\frac{1}{2}, \frac{\sqrt{3}}{2}\right), \quad C\left(-\frac{1}{2}, -\frac{\sqrt{3}}{2}\right)$$
とおける．そこで $P(\cos\theta, \sin\theta)$ とおくと
$$(与式) = (\cos\theta - 1)^2 + (\sin\theta)^2 + \left(\cos\theta + \frac{1}{2}\right)^2$$
$$+ \left(\sin\theta - \frac{\sqrt{3}}{2}\right)^2 + \left(\cos\theta + \frac{1}{2}\right)^2 + \left(\sin\theta + \frac{\sqrt{3}}{2}\right)^2$$
$$= \cdots\cdots = 6$$
となり十分である．
よって，B, C は $\left(-\frac{1}{2}, \frac{\sqrt{3}}{2}\right), \left(-\frac{1}{2}, -\frac{\sqrt{3}}{2}\right)$ である．

□

このような流れは「任意の… に対して不等式が成り立つための条件は？」という問題で利用することがあります．

例 $x \geq 0, y \geq 0, z \geq 0$ ならば，不等式
$$(x+y+z)(xy+yz+zx) \geq axyz$$
がつねに成り立つような定数 a の最大値を求めよ．

〔横浜国立大〕

《解答》 $x = y = z = 1$ のときも不等式が成り立つことが必要だから，
$$3 \cdot 3 \geq a \cdot 1 \iff a \leq 9$$
逆に $a = 9$ とすると，相加相乗平均の関係より
$$(\text{左辺}) \geq 3\sqrt[3]{xyz} \cdot 3\sqrt[3]{x^2y^2z^2} = 9xyz = (\text{右辺})$$
となり与えられた不等式は成立するので十分である．
$$\therefore \quad (a \text{ の最大値}) = \mathbf{9} \qquad \square$$

4. 最初から必要十分条件を直接求めるなら次のようになり，最後は x, y の恒等式となる条件を求めることに帰着されます．

別解 $P(x, y)$, $A(0, 0)$, $B(a, 0)$, $C(b, c)$, $D(e, f)$ とおく (ただし $a > 0, c > 0, f > 0$ とする). 条件式より
$$x^2 + y^2 + (x-b)^2 + (y-c)^2 = (x-a)^2 + y^2 + (x-e)^2 + (y-f)^2$$
$$\iff 2(a-b+e)x + 2(f-c)y + b^2 + c^2 - a^2 - e^2 - f^2 = 0$$
これが x, y の恒等式になる条件は
$$a + e = b, \ f = c, \ b^2 + c^2 = a^2 + e^2 + f^2$$
$$\iff a + e = b \cdots \text{①}, \ f = c \cdots \text{②}, \ b^2 = a^2 + e^2 \qquad \cdots\cdots\cdots \text{③}$$
①，③より b を消去すると
$$a^2 + 2ae + e^2 = a^2 + e^2 \iff ae = 0 \quad \therefore \quad e = 0 \quad (a > 0 \text{ より})$$
これと①より $a = b$

よって，$a = b, e = 0, c = f$ となり，四角形 ABCD は長方形である． $\square$

5. 中線定理 (☞ **15** (フォローアップ)1.) を用いると(1)は次のようになります．

別解 AC, BD の交点は各々の中点だからそれを M とおくと，
$$PA^2 + PC^2 = 2(MP^2 + AM^2), \qquad PB^2 + PD^2 = 2(MP^2 + BM^2)$$
また四角形 ABCD は長方形だから AM = BM となり，(左辺) = (右辺)． $\square$

―― 平面ベクトル：内積，角の二等分線 ――

26 三角形 ABC において，

$$|\vec{AB}| = c, \quad |\vec{BC}| = a, \quad |\vec{CA}| = b,$$

$$\vec{p} = \frac{\vec{AB}}{c}, \quad \vec{q} = \frac{\vec{BC}}{a}, \quad \vec{r} = \frac{\vec{CA}}{b}$$

とおき，$b < c$，$\angle B < \angle C$ とする．

(1) $|\vec{r} - \vec{q}| < |\vec{q} - \vec{p}|$ であることを示せ．

(2) 定数 s, t に対して，辺 AB 上の点 D，辺 AC 上の点 E があって

$$\vec{BE} = s(\vec{q} - \vec{p}), \quad \vec{CD} = t(\vec{r} - \vec{q})$$

となっている．このとき，s, t を a, b, c で表し，さらに $|t(\vec{r} - \vec{q})| < |s(\vec{q} - \vec{p})|$ であることを示せ．

〔広島大〕

アプローチ

(イ) ベクトルの実数倍の和の大きさは，2 乗して内積を展開して計算します．単位ベクトルどうしの内積は定義により，なす角の cos です．$\vec{q}$ と $\vec{r}$ のなす角は，$\vec{BC}$ と $\vec{CA}$ のなす角であり，これは $\angle BCA$ ではなく，$\pi - \angle BCA$ に注意してください．ベクトルのなす角 θ は，始点をそろえてはかり，$0 \le \theta \le \pi$ の範囲の角です．

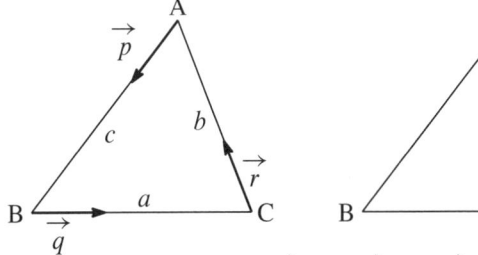

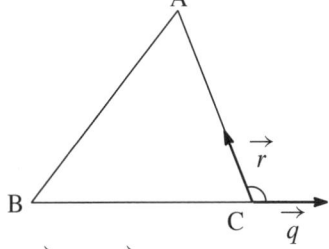

(ロ) E は辺 AC 上の点だから，$\vec{BE} = x\vec{BA} + y\vec{BC}$，$x + y = 1$ とかけることを利用します．D についても同様です．最後の長さの比較は 2 乗して計算をする前に(1)の結果を用いてみます．

解答

(1) $\vec{p}, \vec{q}, \vec{r}$ は単位ベクトルである．

$$|\vec{q}-\vec{p}|^2-|\vec{r}-\vec{q}|^2$$
$$=|\vec{q}|^2-2\vec{q}\cdot\vec{p}+|\vec{p}|^2-|\vec{r}|^2+2\vec{r}\cdot\vec{q}-|\vec{q}|^2$$
$$=2(\vec{r}\cdot\vec{q}-\vec{q}\cdot\vec{p}) \qquad \cdots\cdots\cdots ①$$

ここで, $\vec{r}$ と $\vec{q}$ のなす角は $\pi-\angle C$, $\vec{q}$ と $\vec{p}$ のなす角は $\pi-\angle B$ で, $0<\angle B<\angle C<\pi$ だから

$$① = 2\{\cos(\pi-\angle C)-\cos(\pi-\angle B)\} = 2(\cos\angle B-\cos\angle C)>0$$

ゆえに, $|\vec{r}-\vec{q}|<|\vec{q}-\vec{p}|$ である. □

(2) $\vec{BE}=s\vec{q}-s\vec{p}=\dfrac{s}{a}\vec{BC}-\dfrac{s}{c}\vec{AB}=\dfrac{s}{a}\vec{BC}+\dfrac{s}{c}\vec{BA}$

ここで E は辺 AC 上だから

$$\dfrac{s}{a}+\dfrac{s}{c}=1 \qquad \therefore\ s=\dfrac{ca}{c+a}$$

$$\vec{CD}=t\vec{r}-t\vec{q}=\dfrac{t}{b}\vec{CA}+\dfrac{t}{a}\vec{CB}$$

であり, D は辺 AB 上だから

$$\dfrac{t}{b}+\dfrac{t}{a}=1 \qquad \therefore\ t=\dfrac{ab}{a+b}$$

また, (1)から

$$|t(\vec{r}-\vec{q})|=t|\vec{r}-\vec{q}|<t|\vec{q}-\vec{p}|=\dfrac{t}{s}|s(\vec{q}-\vec{p})|$$

ここで

$$\dfrac{t}{s}=\dfrac{ab}{a+b}\cdot\dfrac{c+a}{ca}=\dfrac{bc+ba}{bc+ca}<1 \quad (\because\ b<c)$$

だから,

$$|t(\vec{r}-\vec{q})|<|s(\vec{q}-\vec{p})|$$

である. □

フォローアップ

1. 一般に, 大きさが等しいベクトルの和は 2 つのベクトルのなす角を二等分するベクトルを表します. これはひし形ができることからわかります.

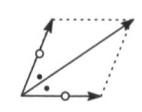

本問では $\vec{q}+(-\vec{p})$ とみれば, $\vec{BC}$ と $-\vec{AB}=\vec{BA}$ と同じ向きの単位ベクトルの和ですから, これは $\angle ABC$ の二等分線向きのベクトルになります. したがって, $\vec{BE}=s(\vec{q}-\vec{p})$ できまる E が AC 上にあるので, BE は $\angle B$ の二等分線です. すると, 三角形の角の二等分線についての定理から,

AE : EC = BA : BC = $c : a$ となり，分点公式から(2)に答えることもできます．

もちろん，上の解答のように s を求めると
$$\vec{BE} = \frac{a}{c+a}\vec{BA} + \frac{c}{c+a}\vec{BC} \quad \therefore \quad AE : EC = c : a$$
となることから，角の二等分線の定理の 1 つの証明ができたことになります．

2. 本問は図形的にいえば，次のような命題を示すものです：

「$\angle B < \angle C$ の三角形 ABC において，角 B と角 C の内角の二等分線が対辺と交わる点をそれぞれ D, E とすると，CD < BE である」

図を描くとそりゃそうだろう，と納得いきますが，証明はそう簡単にはいきません．このまま証明を出題されると，角の二等分線の長さを求めてそれらを比較することになるでしょう．本問のように 3 辺の長さを a, b, c とおくと，AE : EC = $c : a$ だから AE = $\dfrac{cb}{c+a}$．これと △ABE に余弦定理を用いて
$$BE^2 = c^2 + \left(\frac{cb}{c+a}\right)^2 - 2c \cdot \frac{cb}{c+a} \cos A$$
また △ABC で余弦定理から
$$2bc \cos A = b^2 + c^2 - a^2$$
だから，これを上式へ代入すると BE^2 が a, b, c で表せます (この二等分線の長さの計算は入試ではしばしばあらわれます)．同様にして CD^2 を求めて，差をつくってみればよいはずですが，これはなかなか大変です．このようにみてくると，本問の誘導の巧みさがわかります．

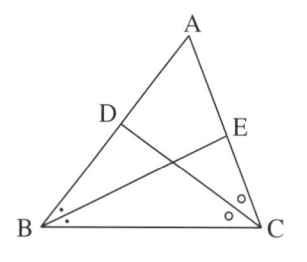

参考までに，上の命題の初等幾何による証明をあげておきます．比較する長さ CD と BE を 2 辺にもつ三角形を作るために補助線をひくところが要点です．

《証明》 BC = a, CA = b, AB = c とおく．角の大小と対辺の大小は一致するので $\angle ACB > \angle ABC$ より $c > b$ である．角の二等分線の性質より
$$AD : BD = b : a, \quad AE : EC = c : a \quad \therefore \quad BD = \frac{ac}{a+b}, \quad CE = \frac{ab}{c+a}$$

よって，
$$BD - CE = \frac{ac}{a+b} - \frac{ab}{c+a} = \frac{a(c^2+ca-ba-b^2)}{(a+b)(c+a)}$$
$$= \frac{a(c-b)(a+b+c)}{(a+b)(a+c)} > 0 \qquad (c > b \text{ より})$$
$$\therefore \quad BD > CE$$

つぎに BD, BE を隣り合う 2 辺とする平行四辺形 BDFE をつくる．
$$EF = BD > CE$$
だから，△ECF において
$$\angle ECF > \angle EFC \qquad \cdots\cdots\cdots ②$$
また $\angle DFE = \angle DBE < \angle ACD$ より
$$\angle ACD > \angle DFE \qquad \cdots\cdots\cdots ③$$
② + ③ より
$$\angle DCF > \angle DFC$$
これより DF > DC がいえ，DF = BE より
$$BE > DC \quad \therefore \quad CD < BE$$

□

3. 角の二等分線の応用として，三角形の内心の位置ベクトルを求める問題をやってみましょう．

例 △ABC の内心を I とし，BC = a, CA = b, AB = c とする．このとき
$$\overrightarrow{OI} = \frac{a\overrightarrow{OA} + b\overrightarrow{OB} + c\overrightarrow{OC}}{a+b+c}$$
であることを示せ．

《解答》 AI の延長と辺 BC の交点を D とする．
I は内心だから AD は ∠BAC の二等分線であり，
$$BD : DC = AB : AC = c : b$$
$$\therefore \quad \overrightarrow{AD} = \frac{b\overrightarrow{AB} + c\overrightarrow{AC}}{b+c} \qquad \cdots\cdots\cdots ④$$
また，I は内心だから △ABD で BI は ∠ABD

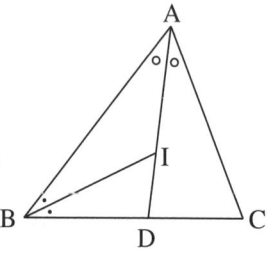

の二等分線で

$$AI : ID = BA : BD = BA : \frac{BD}{BD+DC}BC = c : \frac{ca}{c+b} = (b+c) : a$$

$$\therefore \quad \vec{AI} = \frac{b+c}{a+b+c}\vec{AD} \qquad \cdots\cdots\cdots ⑤$$

④, ⑤から

$$\vec{AI} = \frac{b\vec{AB} + c\vec{CA}}{a+b+c}$$

となり, この始点を O に変更して

$$\vec{OI} = \vec{OA} + \vec{AI} = \vec{OA} + \frac{b(\vec{OB} - \vec{OA}) + c(\vec{OC} - \vec{OA})}{a+b+c}$$

$$= \frac{a\vec{OA} + b\vec{OB} + c\vec{OC}}{a+b+c} \qquad \square$$

　内心の兄弟みたいなのに傍心があります．三角形の1つの内角と他の2つの外角の二等分線が1点で交わる点で，三角形の外部に3点あります．これらを中心に3辺またはその延長に接する円が描け，これを傍心円といいます．

　右図の傍心 J について, 上と同様にその位置ベクトルを求めてみましょう．三角形の外角の二等分線についての定理を利用する方法もありますが，ここでは フォローアップ 1. の大きさの等しいベクトルの和を利用します．記号は上の例題と同じとします．

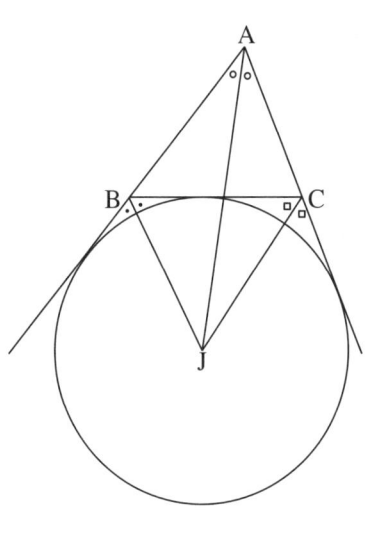

$$\vec{AJ} \,/\!/ \left(\frac{\vec{AB}}{c} + \frac{\vec{AC}}{b} \right) \,/\!/ \, (b\vec{AB} + c\vec{AC})$$

として二等分線方向を表します．

　AJ は角 A の二等分線だから

$$\vec{AJ} = k(b\vec{AB} + c\vec{AC}) = bk\vec{AB} + ck\vec{AC} \qquad \cdots\cdots\cdots ⑥$$

と表せる．また BJ は角 B の二等分線だから

$$\vec{BJ} = l(a\vec{AB} + c\vec{BC}) \quad \therefore \quad \vec{AJ} - \vec{AB} = l(a\vec{AB} + c\vec{AC} - c\vec{AB})$$

$$\therefore \ \overrightarrow{\mathrm{AJ}} = (1 + al - cl)\overrightarrow{\mathrm{AB}} + cl\overrightarrow{\mathrm{AC}} \qquad \cdots\cdots\cdots ⑦$$

と表せる．⑥，⑦の $\overrightarrow{\mathrm{AB}}$, $\overrightarrow{\mathrm{AC}}$ の係数を比較して

$$k = l = \frac{1}{-a+b+c}$$

だから，

$$\overrightarrow{\mathrm{AJ}} = \frac{b\overrightarrow{\mathrm{AB}} + c\overrightarrow{\mathrm{AC}}}{-a+b+c} \qquad \cdots\cdots\cdots ⑧$$

となり，この始点を O に変更すると

$$\overrightarrow{\mathrm{OJ}} = \frac{-a\overrightarrow{\mathrm{OA}} + b\overrightarrow{\mathrm{OB}} + c\overrightarrow{\mathrm{OC}}}{-a+b+c}$$

である． □

　これは上の例題の内心の表現で a を $-a$ と置き換えたものですから，他の 2 つの傍心も b を $-b$, c を $-c$ と置き換えることで得られます．

　また，④，⑧から

$$\overrightarrow{\mathrm{AJ}} = \frac{b+c}{-a+b+c}\overrightarrow{\mathrm{AD}}$$

となり，JA : JD $= (b+c) : a$，すなわち J が AD を $(b+c) : a$ に外分した点であることもわかります．さらに，上では角 A の内角と角 B の外角の二等分線の交点 J を求めたのですが，⑧から

$$\overrightarrow{\mathrm{CJ}} = \frac{-a\overrightarrow{\mathrm{CA}} + b\overrightarrow{\mathrm{CB}}}{-a+b+c} \mathbin{/\mkern-6mu/} \left(\frac{-\overrightarrow{\mathrm{CA}}}{b} + \frac{\overrightarrow{\mathrm{CB}}}{a}\right)$$

とかけるので，J が角 C の外角の二等分線上にあることがわかり，J が内角 A，外角 B，外角 C の 2 等分線の交点になることがわかります．

―― 平面ベクトルの内積：内積式の表す図形 ――

27 A, B, C, D を平面上の相異なる 4 点とする．

(1) 同じ平面上の点 P が

(∗)　　$|\vec{PA}+\vec{PB}+\vec{PC}+\vec{PD}|^2 = |\vec{PA}+\vec{PB}|^2 + |\vec{PC}+\vec{PD}|^2$

を満たすとき，$\vec{PA}+\vec{PB}$ と $\vec{PC}+\vec{PD}$ の内積を求めよ．

(2) (∗) を満たす点 P の軌跡はどのような図形か．

(3) (2)で求めた図形が 1 点のみからなるとき，四角形 ACBD は平行四辺形であることを示せ．

〔愛媛大〕

アプローチ

(イ) やみくもに内積を展開すると面倒です．$\vec{PA}+\vec{PB}$, $\vec{PC}+\vec{PD}$ のカタマリがみえるので，カタマリは置き換えるのが定石ですから，文字でおいて表します．

(ロ) 点 P を含むベクトルの等式から，P の軌跡を求めるのに次の重要なものがあります．

(i)　$|\vec{CP}|=r \iff$　「P は C を中心とする半径 r の円 (周) 上にある」

(ii)　$\vec{AP}\cdot\vec{BP}=0 \iff$　「P は AB を直径とする円 (周) 上にある」

(iii)　$\vec{n}\cdot\vec{AP}=0 \iff$　「P は $\vec{n}$ に垂直で A を通る直線上にある」

(i) は多くは次の変形とともに利用します：ベクトル式の平方完成

$$|\vec{p}|^2 + \vec{a}\cdot\vec{p} = \left|\vec{p}+\frac{1}{2}\vec{a}\right|^2 - \frac{1}{4}|\vec{a}|^2$$

(ii) は $\angle APB = \dfrac{\pi}{2}$ からわかりますが，ベクトル式の因数分解

$$|\vec{p}|^2 - (\vec{a}+\vec{b})\cdot\vec{p} + \vec{a}\cdot\vec{b} = (\vec{p}-\vec{a})\cdot(\vec{p}-\vec{b})$$

とともに利用します．上の関係式は P の位置ベクトル $\vec{p}$ について，(i)(ii) は「2 次」，(iii) は「1 次」と考えられます．また空間で考えると，(i)(ii) は「球 (面)」，(iii) は「平面」を表します．

これらを利用するときに「分点公式でベクトルをまとめる」ことが大切です．

$$m\overrightarrow{\text{PA}} + n\overrightarrow{\text{PB}} = (m+n)\left(\frac{m\overrightarrow{\text{PA}} + n\overrightarrow{\text{PB}}}{m+n}\right)$$

とかけることから，AB を $n:m$ に分ける点を C とおけば

$$m\overrightarrow{\text{PA}} + n\overrightarrow{\text{PB}} = (m+n)\overrightarrow{\text{PC}}$$

となり，A，B が定点なら C も定点です．とくに $m=n=1$ のとき C は中点です．

(八) 内積を含むベクトルの方程式・不等式の変形に関して少し練習してみましょう．要点がぼやけないように次の例題はすべて始点をそろえています．もし，そろっていない式からスタートしていたら，始点をそろえる作業からおこなってください．式変形のポイントは動点について「次数」を確認し，1次なら因数分解，2次なら平方完成です．

例 平面内に $\triangle$OAB と動点 P があり，$\overrightarrow{\text{OA}} = \vec{a}$，$\overrightarrow{\text{OB}} = \vec{b}$，$\overrightarrow{\text{OP}} = \vec{p}$ とする．次の関係式をみたすとき動点 P の存在範囲を求めよ．

(1) $2\vec{a}\cdot\vec{p} - |\vec{a}|^2 - \vec{a}\cdot\vec{b} = 0$

(2) $\vec{a}\cdot\vec{p} + |\vec{a}|^2 \geqq 0$

(3) $|\vec{p}|^2 - \vec{a}\cdot\vec{p} - \dfrac{3}{4}|\vec{a}|^2 = 0$

(4) $|\vec{p}|^2 - (\vec{a}+\vec{b})\cdot\vec{p} \leqq 0$

《解答》

(1) 条件式より，$\vec{a}\cdot\left(\vec{p} - \dfrac{\vec{a}+\vec{b}}{2}\right) = 0$

$\iff \vec{a}\cdot(\vec{p} - \overrightarrow{\text{OM}}) = 0$ 　　　(AB の中点を M とした)

$\iff \overrightarrow{\text{OA}}\cdot\overrightarrow{\text{MP}} = 0$

したがって，P は M を通り OA に垂直な直線上を動く．

(2) 条件式より，$\vec{a}\cdot(\vec{p} + \vec{a}) \geqq 0$

$\iff \vec{a}\cdot\{\vec{p} - (-\vec{a})\} \geqq 0$

$\iff \vec{a}\cdot(\vec{p} - \overrightarrow{\text{OC}}) \geqq 0$ 　　　($-\vec{a} = \overrightarrow{\text{OC}}$ とした)

$$\iff \overrightarrow{OA} \cdot \overrightarrow{CP} \geqq 0$$

これより $\overrightarrow{OA}$, $\overrightarrow{CP}$ のなす角が $90°$ 以下だから，P は C を通り OA に垂直な直線およびこの直線に関して O を含む側の領域内を動く．

(3) 条件式より，$\left|\vec{p} - \dfrac{1}{2}\vec{a}\right|^2 - |\vec{a}|^2 = 0$

$$\iff \left|\vec{p} - \dfrac{1}{2}\vec{a}\right|^2 = |\vec{a}|^2$$

$$\iff |\vec{p} - \overrightarrow{ON}| = |\vec{a}| \qquad \left(\dfrac{1}{2}\vec{a} = \overrightarrow{ON} \text{ とした}\right)$$

$$\iff |\overrightarrow{NP}| = |\overrightarrow{OA}|$$

これより P は N を中心とする半径 OA の円周上を動く．

(4) 条件式より，

$$\left|\vec{p} - \dfrac{\vec{a} + \vec{b}}{2}\right|^2 \leqq \left|\dfrac{\vec{a} + \vec{b}}{2}\right|^2$$

$$\iff |\overrightarrow{MP}| \leqq |\overrightarrow{OM}|$$

これより P は M を中心とする半径 OM の円周およびその内部を動く．

別解　$\vec{p} \cdot \{\vec{p} - (\vec{a} + \vec{b})\} \leqq 0$

$$\iff \vec{p} \cdot (\vec{p} - \overrightarrow{OD}) \leqq 0 \qquad (\vec{a} + \vec{b} = \overrightarrow{OD} \text{ とした})$$

$$\iff \overrightarrow{OP} \cdot \overrightarrow{DP} \leqq 0$$

これより，$\overrightarrow{OP}$, $\overrightarrow{DP}$ のなす角が $90°$ 以上だから，P は OD を直径の両端とする円周およびその内部を動く．

《注》　もし問題文の入口が「空間内に…」であれば，答の円を球に，直線を平面に変えます．

解答

(1) $\vec{a} = \overrightarrow{PA} + \overrightarrow{PB}$, $\vec{b} = \overrightarrow{PC} + \overrightarrow{PD}$ とおくと，(*) から

$$|\vec{a} + \vec{b}|^2 = |\vec{a}|^2 + |\vec{b}|^2$$

$$\therefore \quad |\vec{a}|^2 + 2\vec{a} \cdot \vec{b} + |\vec{b}|^2 = |\vec{a}|^2 + |\vec{b}|^2$$

$$\therefore \quad \vec{a} \cdot \vec{b} = 0$$

したがって，$(\overrightarrow{PA} + \overrightarrow{PB}) \cdot (\overrightarrow{PC} + \overrightarrow{PD}) = 0$

(2)　ABの中点をM，CDの中点Nとおくと
$$\vec{PM} = \frac{1}{2}(\vec{PA} + \vec{PB}), \quad \vec{PN} = \frac{1}{2}(\vec{PC} + \vec{PD})$$
だから，(1)から
$$(2\vec{PM}) \cdot (2\vec{PN}) = 0 \quad \therefore \quad \vec{PM} \cdot \vec{PN} = 0$$
したがって，Pの軌跡は

(i)　$M \neq N$ のとき，$\angle MPN = 90°$ または $P = M$ または $P = N$ となり，**MNを直径とする円**(周)である．

(ii)　$M = N$ のとき，$|\vec{PM}|^2 = 0$ となり，$P = M$ つまり，**AB(CD)の中点**である．

(3)　(2)の(ii)のときだから，$M = N$ であり
$$\vec{PA} + \vec{PB} = \vec{PC} + \vec{PD} \quad \therefore \quad \vec{PA} - \vec{PD} = \vec{PC} - \vec{PB}$$
$$\therefore \quad \vec{DA} = \vec{BC} \ (\neq \vec{0})$$

したがって，四角形ACBDは平行四辺形である．　□

┌─ フォローアップ ─────────────────

1.　「A，B，C，Dが異なる4点で，線分ABと線分CDがその中点で交わるので，対角線が互いにその中点で交わり，したがって，平行四辺形である」としてもよいでしょう(25 フォローアップ 2.)．ただし，細かいことをいうと，実は本問の仮定だけでは平行四辺形にならないこともあります．実際4点が同一直線上にあっても条件(*)はみたすことがあり，このときは平行四辺形はできません．(3)では「四角形ACBD」とあるので，四角形をなすことは前提です．

2.　上のような軌跡を求めるときに座標を設定するという方法もありえますが，本問の場合，4点A，B，C，Dの座標をおくのはあまりよい方法ではありません．やはりできるだけベクトルのまま変形する方法を身につけておいて下さい．

3.　2定点からの距離の比が一定である点の軌跡は円(空間では球)になり，これをアポロニウスの円といいます：

> 平面において，2 点 A，B からの距離の比が $m:n$ ($m \neq n$, $m > 0$, $n > 0$) である点 P の軌跡は，AB を $m:n$ に内分する点と外分する点を直径の両端とする円である

もちろん $m = n$ のときは，AB の垂直二等分線 (空間では垂直二等分面) です．さて，上の定理は平面図形 (幾何) の定理で図形的な証明もありますが，ここではベクトルで証明してみましょう．(□)の内積の変形(ii)が使えます．

《証明》 PA : PB $= m : n$ から $n^2|\overrightarrow{PA}|^2 = m^2|\overrightarrow{PB}|^2$

$$\therefore \quad (n\overrightarrow{PA} + m\overrightarrow{PB}) \cdot (n\overrightarrow{PA} - m\overrightarrow{PB}) = 0$$

$$\therefore \quad \left(\frac{n\overrightarrow{PA} + m\overrightarrow{PB}}{n+m}\right) \cdot \left(\frac{n\overrightarrow{PA} - m\overrightarrow{PB}}{n-m}\right) = 0$$

AB を $m:n$ に内分，外分する点をそれぞれ C, D とおくと，

$$\overrightarrow{PC} = \frac{n\overrightarrow{PA} + m\overrightarrow{PB}}{n+m}, \quad \overrightarrow{PD} = \frac{n\overrightarrow{PA} - m\overrightarrow{PB}}{n-m}$$

だから

$$\overrightarrow{PC} \cdot \overrightarrow{PD} = 0$$

ゆえに P は CD を直径とする円を描く． □

この証明でも，分点公式でベクトルをまとめること (☞ (□)) をうまく利用していることに注意しておきます．

―― ベクトルの応用 ――

28 a, b, c は 0 以上の実数とする．3 点 A$(a, 0)$, B$(0, b)$, C$(1, c)$ は，$\angle\mathrm{ABC} = 30°$, $\angle\mathrm{BAC} = 60°$ をみたす．

(1) c を求めよ．

(2) AB の長さの最大値と最小値を求めよ．

〔一橋大〕

アプローチ

(イ) 辺の長さの比が $1 : 2 : \sqrt{3}$ である直角三角形があらわれます．その条件を辺の長さでとらえようとすると

$$\frac{1}{2}\mathrm{AB} = \frac{1}{\sqrt{3}}\mathrm{BC} = \mathrm{CA}$$

となり，辺々を平方すると

$$\frac{1}{4}(a^2 + b^2) = \frac{1}{3}\{1 + (b-c)^2\} = (a-1)^2 + c^2$$

これは a, b, c の連立方程式ですが，式が 2 つ (等号が 2 つ) しかありません．普通は未知数が 3 個なら式も 3 個ですが，そうではなく，しかもかなり面倒な式でちょっと解けそうにもありません．設問によれば c はきまるらしいのですが，どのようにして a, b が消去できるのか，途方にくれてしまいます．長さの関係式を立式しようとすると，どうしても 2 次になってしまいます．できれば 1 次関係式の方が都合がよいですが，何かないでしょうか？

2 条件 $\mathrm{AC} : \mathrm{CB} = 1 : \sqrt{3}$, $\mathrm{AC} \perp \mathrm{BC}$ に同時に着目してみます．直交だけだと (内積) $= 0$ とかくことになり，やはり 2 次の関係式になってしまいます．さらに方向 (傾き) だけではなく，向きにも着目してみます．すなわちベクトルを考えましょう．問題文にはベクトルのベの字もないですが，図形問題を考えるには必須の手段の 1 つです．つねに選択肢の 1 つとして頭にいれておいてください．

(ロ) 教科書によれば，ベクトルは「大きさ」(長さ) と「向き」をもった量で，矢印で表します．大きさは矢印の長さですが，向きは単位ベクトルによって表せて，

$$(\text{ベクトル}) = (\text{大きさ})(\text{単位ベクトル})$$

という分解ができます．すると，大きさが r で $\vec{a}$ と同じ向きのベクトルは

$$r\left(\frac{\vec{a}}{|\vec{a}|}\right) = \frac{r}{|\vec{a}|}\vec{a}$$

と表せます.

$\vec{v} = (a, b) \neq (0, 0)$ を, その始点のまわりに正の向きに90°回転すると $(-b, a)$ となります. これは $\vec{v}$ の方向角 (x 軸正の方向からの回転角) を θ, $|\vec{v}|$ を r とすると,

$$(a, b) = r(\cos\theta, \sin\theta)$$

であり, これを正の向きに90°回転すると

$$r\bigl(\cos(\theta + 90°), \sin(\theta + 90°)\bigr)$$
$$= r(-\sin\theta, \cos\theta) = (-b, a)$$

となることからわかります. なお, $-90°$ 回転すると $(b, -a)$ です.

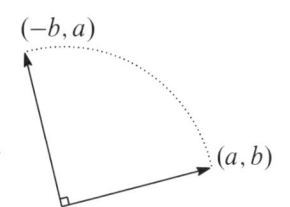

解答

(1) 条件から3点 A, B, C は図のようになる. $\vec{CB}$ は $\vec{AC} = \vec{OC} - \vec{OA} = (1-a, c)$ を 90° 回転したベクトル $(-c, 1-a)$ と同じ向きであり, 大きさが AC の $\sqrt{3}$ 倍だから

$$\vec{CB} = \sqrt{3}(-c, 1-a)$$

他方 $\vec{CB} = \vec{OB} - \vec{OC} = (-1, b-c)$ だから,

$$\begin{cases} -\sqrt{3}c = -1 & \cdots\cdots ① \\ \sqrt{3}(1-a) = b - c & \cdots\cdots ② \end{cases}$$

①から $c = \dfrac{1}{\sqrt{3}}$

(2) ②から $b = \sqrt{3}(1-a) + \dfrac{1}{\sqrt{3}} = -\sqrt{3}\left(a - \dfrac{4}{3}\right)$

となり,

$$AB^2 = a^2 + b^2 = a^2 + 3\left(a - \dfrac{4}{3}\right)^2$$
$$= 4a^2 - 8a + \dfrac{16}{3} = 4(a-1)^2 + \dfrac{4}{3}$$

$a \geq 0$, $b \geq 0$ により a のとり得る値の範囲は $0 \leq a \leq \dfrac{4}{3}$ だから, AB^2 は $a = 1$ のとき最小値 $\dfrac{4}{3}$ をとり, $a = 0$ のとき最大値 $\dfrac{16}{3}$ をとる.

以上から，AB の最小値は $\dfrac{2}{\sqrt{3}}$，最大値は $\dfrac{4}{\sqrt{3}}$ である．

(フォローアップ)

1. (イ)のような距離の関係の方程式だけからでもなんとか解答できます．例えば，内積の関係を用いる方がすこしは楽なので，$\overrightarrow{CA}\cdot\overrightarrow{CB}=0$ として $\overrightarrow{CA}=(a-1,\ -c)$, $\overrightarrow{CB}=(-1,\ b-c)$ から

$$-(a-1)-c(b-c)=0 \quad \therefore\quad a-1=-cb+c^2 \quad \cdots\cdots\text{ⓐ}$$

$3|\overrightarrow{CA}|^2=|\overrightarrow{CB}|^2$ から

$$3\{(a-1)^2+c^2\}=1+(b-c)^2$$

ⓐをこれに代入して

$$3\{c^2(b-c)^2+c^2\}=1+(b-c)^2$$
$$\therefore\quad 3c^2(b-c)^2+3c^2-(b-c)^2-1=0$$
$$\therefore\quad (3c^2-1)\{(b-c)^2+1\}=0$$

となり，これから $c=\dfrac{1}{\sqrt{3}}$ がでます．方針として，a が b, c でかけるので a を消去して，そのあとの b, c の式は b について 2 次，c について 4 次だから，b について整理しているわけです．このように式が扱えるにはかなりの眼力と練習が必要で，やはり簡単にはいきません．なお，2 直線のなす角をもちだしても，上と同様の式があらわれ，解答のようにはすんなりとはいきません．

2. 本問のようにベクトルを用いる問題として，次のようなものがあります．

> **例** a, b を正の数とし，xy 平面の 2 点 A(a, 0) および B(0, b) を頂点とする正三角形を ABC とする．このような第 1 象限の点 C の座標を求めよ．

《解答》 AB の中点を M とすると $\overrightarrow{OM}=\dfrac{1}{2}(a,\ b)$ であり，$\overrightarrow{MC}$ は $\overrightarrow{BA}=(a,\ -b)$ を正の向きに 90° 回転したベクトル $(b,\ a)$ と同じ向きであり，大きさが AB の $\dfrac{\sqrt{3}}{2}$ 倍だから

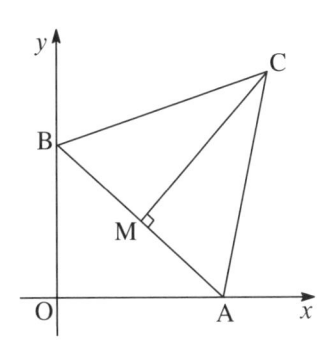

$$\overrightarrow{MC} = \frac{\sqrt{3}}{2}(b, a)$$
$$\therefore \overrightarrow{OC} = \overrightarrow{OM} + \overrightarrow{MC}$$
$$= \left(\frac{1}{2}a + \frac{\sqrt{3}}{2}b, \frac{1}{2}b + \frac{\sqrt{3}}{2}a\right)$$
□

なお，理系の人はたとえばBを中心にAを60°回転したものがCであることから，回転(数Ⅲ，複素数)が利用できます．また，本問(1)でも，ACをこの向きに2倍に延長した点をDとすると，△ABDが正三角形をなすので，Bを中心にAを60°回転した点がDであることを利用する方法もあります．

3. 本問を座標やベクトルではなく図形的に考えてみます．

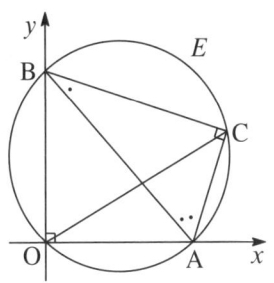

別解 まずA, BがともにOでないときを考える．$\angle AOB = \angle ACB = 90°$ だから，4点OACBは円 E に内接する四辺形である．すると $\overparen{AC}$ の円周角から
$$\angle AOC = \angle ABC = 30°$$
$C(1, c)$ だから
$$c = 1 \cdot \tan 30° = \frac{1}{\sqrt{3}} \quad \therefore \ C\left(1, \frac{1}{\sqrt{3}}\right) \quad \therefore \ OC = \frac{2}{\sqrt{3}}$$

$\angle OBA = \theta$ とおく．円 E の直径は AB だから，△OBC に正弦定理を用いて
$$\frac{OC}{\sin \angle OBC} = AB \quad \therefore \ AB = \frac{2}{\sqrt{3}\sin(\theta + 30°)} \quad \cdots\cdots\cdots ⓑ$$

ここで θ のとる範囲は $0° < \theta < 90°$ であり，$\theta = 0°$ のときは $a = 0$ つまり $A = O$, $\theta = 90°$ のときは $b = 0$ つまり $B = O$ となり，これらのときもⓑは正しい．ゆえに $0° \leqq \theta \leqq 90°$ としてよく，$30° \leqq \theta + 30° \leqq 120°$ だから，AB は $\theta = 60°$ のときは最小値 $\dfrac{2}{\sqrt{3}}$，$\theta = 0°$ のとき最大値 $\dfrac{4}{\sqrt{3}}$ をとる．
□

空間ベクトル：直線の交点の位置ベクトル，分点比

29 1辺の長さが1の正四面体 OABC において，$\vec{OA} = \vec{a}$, $\vec{OB} = \vec{b}$, $\vec{OC} = \vec{c}$ とする．線分 AB を $1:2$ に内分する点を L，線分 BC の中点を M，線分 OC を $t:1-t$ に内分する点を N とする．さらに，線分 AM と線分 CL の交点を P とし，線分 OP と線分 LN の交点を Q とする．ただし，$0 < t < 1$ である．

(1) $|\vec{OP}|$ の値を求めよ．
(2) $\vec{OQ}$ を t, $\vec{a}$, $\vec{b}$, $\vec{c}$ を用いて表せ．
(3) 三角形 QOC の面積と三角形 QAM の面積が等しくなる t の値を求めよ．

〔福島県立医科大〕

アプローチ

(イ) 基本的に平面図形は2つのベクトル，空間図形は3つのベクトルで表そうとします．またベクトルの始点は基本的に多角形の頂点にとります．(1)ではまず P の位置ベクトルを求めます．P は平面 ABC 上の2直線の交点だから，始点を A か B か C にして求めます．最後の結果を始点 O に変更すればよいでしょう．

(ロ) 直線 AB 上に P があるとき，

$$\vec{AP} = t\vec{AB} \cdots\cdots (*) \quad \left(\iff \vec{OP} - \vec{OA} = t\left(\vec{OB} - \vec{OA}\right) \right)$$
$$\iff \vec{OP} = (1-t)\vec{OA} + t\vec{OB} \qquad \cdots\cdots\cdots (\star)$$

と表せ，$(\star)$ の係数の和が1になるので，これは

$$\vec{OP} = x\vec{OA} + y\vec{OB}, \quad x + y = 1 \qquad \cdots\cdots\cdots (\star\star)$$

と表せます．

(ハ) (1)は AM 上の点 P を $(\star)$ の形で表して $\vec{AB}$, $\vec{AC}$ の式にします．最後に CL 上の点 P を $(\star\star)$ の形で表現したいので，$\vec{AB}$ を $\vec{AL}$ で表します．

(2)は OP 上の点 Q を $(\star)$ の形で表して $\vec{a}$, $\vec{b}$, $\vec{c}$ で表します．最後に LN 上の点 Q を $(\star\star)$ の形で表現したいので，$\vec{a}$, $\vec{b}$ を $\vec{OL}$ で，$\vec{c}$ を $\vec{ON}$ で表します．

(ニ)　ベクトルによる三角形の面積公式
$$\triangle \mathrm{OAB} = \frac{1}{2}\sqrt{|\overrightarrow{\mathrm{OA}}|^2|\overrightarrow{\mathrm{OB}}|^2 - (\overrightarrow{\mathrm{OA}} \cdot \overrightarrow{\mathrm{OB}})^2}$$

特に $\overrightarrow{\mathrm{OA}} = (a, b)$, $\overrightarrow{\mathrm{OB}} = (c, d)$ のとき
$$\triangle \mathrm{OAB} = \frac{1}{2}|ad - bc|$$

簡単に証明しておきます．

《証明》
$$\triangle \mathrm{OAB} = \frac{1}{2}|\overrightarrow{\mathrm{OA}}| \cdot |\overrightarrow{\mathrm{OB}}| \cdot \sin \angle \mathrm{AOB} = \frac{1}{2}\sqrt{|\overrightarrow{\mathrm{OA}}|^2|\overrightarrow{\mathrm{OB}}|^2 \sin^2 \angle \mathrm{AOB}}$$
$$= \frac{1}{2}\sqrt{|\overrightarrow{\mathrm{OA}}|^2|\overrightarrow{\mathrm{OB}}|^2(1 - \cos^2 \angle \mathrm{AOB})}$$
$$= \frac{1}{2}\sqrt{|\overrightarrow{\mathrm{OA}}|^2|\overrightarrow{\mathrm{OB}}|^2 - (|\overrightarrow{\mathrm{OA}}||\overrightarrow{\mathrm{OB}}|\cos \angle \mathrm{AOB})^2}$$
$$= \frac{1}{2}\sqrt{|\overrightarrow{\mathrm{OA}}|^2|\overrightarrow{\mathrm{OB}}|^2 - (\overrightarrow{\mathrm{OA}} \cdot \overrightarrow{\mathrm{OB}})^2}$$

$\overrightarrow{\mathrm{OA}} = (a, b)$, $\overrightarrow{\mathrm{OB}} = (c, d)$ を代入すると，上式は
$$\frac{1}{2}\sqrt{(a^2 + b^2)(c^2 + d^2) - (ac + bd)^2}$$
$$= \frac{1}{2}\sqrt{a^2d^2 - 2abcd + b^2c^2} = \frac{1}{2}\sqrt{(ad - bc)^2}$$
$$= \frac{1}{2}|ad - bc| \qquad \square$$

(ホ)　(3)で考えることは，
(i)　二つの三角形で共通なものはないか；例えば高さ，底辺，内角など
(ii)　辺の比で二つの三角形の面積比がわからないか
(iii)　何かの多角形の面積を媒介として表現できないか；例えば △ABC で二つの面積が表現できるとか
(iv)　あきらめて本格的に計算で求める

などありますが，結局今回は(ii)(iii)(iv)の複合的な解法をとります．つまり計算はしなければならいが，求めやすい三角形を媒介として，それぞれの面積を辺の比から求めることにします．

(ヘ)　交点の位置ベクトルを求める作業によって，その交点に関係する辺の比がわかることを意識しておいて下さい．その辺の比から面積比がわかる可能性もでてきます．本問は(1)(2)から P，Q に関係する辺の比が求まっているこ

とに注意していれば，(3)の面積の話も辺の比から面積比へとスムーズに接続されます．

解答

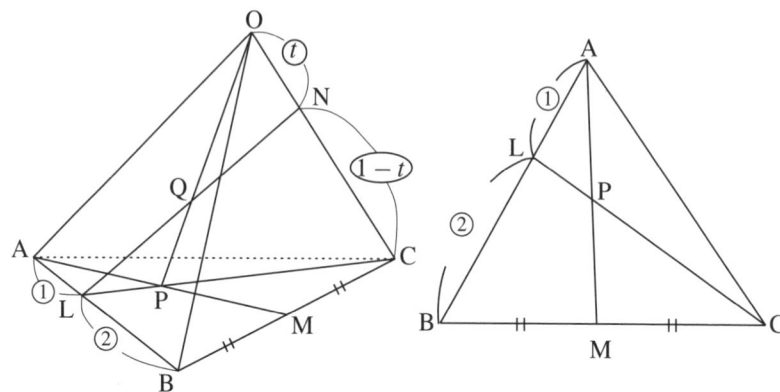

(1) P は AM 上より

$$\overrightarrow{AP} = s\overrightarrow{AM}$$
$$= s\left(\frac{1}{2}\overrightarrow{AB} + \frac{1}{2}\overrightarrow{AC}\right) = \frac{s}{2}\overrightarrow{AB} + \frac{s}{2}\overrightarrow{AC} \quad \cdots\cdots\cdots ①$$
$$= \frac{3s}{2}\overrightarrow{AL} + \frac{s}{2}\overrightarrow{AC} \quad (\overrightarrow{AB} = 3\overrightarrow{AL} \text{より}) \quad \cdots\cdots\cdots ①'$$

と表せる．$\overrightarrow{AL}, \overrightarrow{AC}$ は一次独立だから

$$\text{P が LC 上} \iff \frac{3s}{2} + \frac{s}{2} = 1 \iff s = \frac{1}{2}$$

ゆえに

$$① \iff \overrightarrow{AP} = \frac{1}{4}\overrightarrow{AB} + \frac{1}{4}\overrightarrow{AC} \quad \cdots\cdots\cdots ②$$
$$\iff \overrightarrow{OP} - \vec{a} = \frac{1}{4}(\vec{b} - \vec{a}) + \frac{1}{4}(\vec{c} - \vec{a})$$
$$\iff \overrightarrow{OP} = \frac{2\vec{a} + \vec{b} + \vec{c}}{4}$$

$|\vec{a}| = |\vec{b}| = |\vec{c}| = 1, \ \vec{a}\cdot\vec{b} = \vec{b}\cdot\vec{c} = \vec{c}\cdot\vec{a} = \frac{1}{2}$ より

$$|\overrightarrow{OP}|^2 = \frac{4|\vec{a}|^2 + |\vec{b}|^2 + |\vec{c}|^2 + 4\vec{a}\cdot\vec{b} + 2\vec{b}\cdot\vec{c} + 4\vec{c}\cdot\vec{a}}{16} = \frac{11}{16}$$

よって，

$$|\overrightarrow{OP}| = \frac{\sqrt{11}}{4}$$

(2) Q は OP 上より
$$\overrightarrow{OQ} = k\overrightarrow{OP} = k\frac{2\vec{a} + \vec{b} + \vec{c}}{4} \quad \cdots\cdots\cdots ③$$
とおける.
$$\overrightarrow{OL} = \frac{2\vec{a} + \vec{b}}{3} \left(\iff 2\vec{a} + \vec{b} = 3\overrightarrow{OL}\right),\ \vec{c} = \frac{1}{t}\overrightarrow{ON}$$
より
$$\overrightarrow{OQ} = k\frac{3\overrightarrow{OL} + \frac{1}{t}\overrightarrow{ON}}{4} = \frac{3k}{4}\overrightarrow{OL} + \frac{k}{4t}\overrightarrow{ON}$$
$\overrightarrow{OL},\ \overrightarrow{ON}$ は1次独立だから
$$\text{Q が LN 上} \iff \frac{3k}{4} + \frac{k}{4t} = 1 \iff k = \frac{4t}{3t+1}$$
これを③に代入して
$$\overrightarrow{OQ} = \frac{t}{3t+1}(2\vec{a} + \vec{b} + \vec{c})$$

(3)

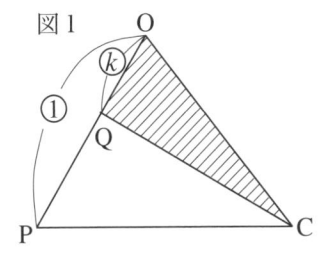

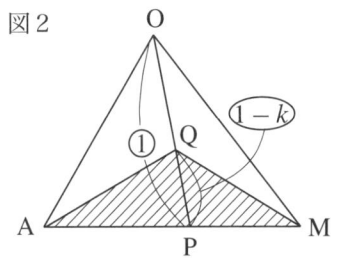

図1

図2

$$\overrightarrow{OP}\cdot\vec{c} = \frac{2\vec{a}\cdot\vec{c} + \vec{b}\cdot\vec{c} + |\vec{c}|^2}{4} = \frac{5}{8}$$
と(1)の結果より
$$\triangle OCP = \frac{1}{2}\sqrt{|\overrightarrow{OP}|^2|\vec{c}|^2 - (\overrightarrow{OP}\cdot\vec{c})^2} = \frac{\sqrt{19}}{16}$$
また(2)の k の値を用いて
$$\triangle QOC = \frac{OQ}{OP}\cdot\triangle OCP = k\frac{\sqrt{19}}{16}$$
$$= \frac{\sqrt{19}\,t}{4(3t+1)} \quad \cdots\cdots\cdots ④$$

また $\triangle OAM$ は $MA = MO = \dfrac{\sqrt{3}}{2}$, $OA = 1$ の二等辺三角形だから右図より

$$\triangle OAM = \dfrac{1}{2} \cdot 1 \cdot \dfrac{1}{\sqrt{2}} = \dfrac{\sqrt{2}}{4}$$

よって(2)の k の値を用いて

$$\triangle QAM = \dfrac{PQ}{OP} \cdot \triangle OAM = (1-k) \cdot \dfrac{\sqrt{2}}{4}$$
$$= \left(1 - \dfrac{4t}{3t+1}\right) \dfrac{\sqrt{2}}{4} \cdots\cdots ⑤$$

よって条件より

$$④ = ⑤ \iff \dfrac{\sqrt{19}t}{4(3t+1)} = \dfrac{1-t}{3t+1} \cdot \dfrac{\sqrt{2}}{4}$$

$\therefore \ \sqrt{19}t = \sqrt{2}(1-t) \quad \therefore \ t = \dfrac{\sqrt{38}-2}{17}$

⌜フォローアップ⌝

1. ①′ に $s = \dfrac{1}{2}$ を代入すると

$$\overrightarrow{AP} = \dfrac{3}{4}\overrightarrow{AL} + \dfrac{1}{4}\overrightarrow{AC} = \dfrac{3\overrightarrow{AL} + \overrightarrow{AC}}{4}$$

となるので P は LC を 1 : 3 に内分することがわかります．さらに②を $\overrightarrow{AC}$ の係数を少し細工して係数の和が 1 となるようにすると

$$\overrightarrow{AP} = \dfrac{1}{4}\overrightarrow{AB} + \dfrac{3}{4} \cdot \dfrac{1}{3}\overrightarrow{AC}$$

ここで，$\dfrac{1}{3}\overrightarrow{AC} = \overrightarrow{AC'}$ とおくと

$$\overrightarrow{AP} = \dfrac{\overrightarrow{AB} + 3\overrightarrow{AC'}}{4}$$

となります．C′ は AC を 1 : 2 に内分する点であり，BC′ を 3 : 1 に内分する点が P であることがわかります．結局右図の辺の比がすべてわかったことになります．

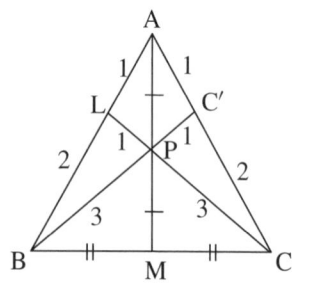

また，この比はメネラウスの定理，チェバの定理を用いて求めることもできます．

$\triangle BCL$ についてメネラウスの定理を用いると

$$\frac{BM}{MC} \cdot \frac{CP}{PL} \cdot \frac{LA}{AB} = 1 \iff 1 \cdot \frac{CP}{PL} \cdot \frac{1}{3} = 1 \qquad \therefore \quad \frac{CP}{PL} = 3$$

だから,P は CL を 3:1 に内分する点である.

△ABM についてメネラウスの定理を用いると

$$\frac{AL}{LB} \cdot \frac{BC}{CM} \cdot \frac{MP}{PA} = 1 \iff \frac{1}{2} \cdot \frac{2}{1} \cdot \frac{MP}{PA} = 1 \qquad \therefore \quad \frac{MP}{PA} = 1$$

だから,P は AM を 1:1 に内分する点である.

△ABC についてチェバの定理を用いると

$$\frac{AL}{LB} \cdot \frac{BM}{MC} \cdot \frac{CC'}{C'A} = 1 \iff \frac{1}{2} \cdot \frac{1}{1} \cdot \frac{CC'}{C'A} = 1 \qquad \therefore \quad \frac{CC'}{C'A} = 2$$

だから,C′ は CA を 2:1 に内分する点である.

△ABC′ についてメネラウスの定理を用いると

$$\frac{AL}{LB} \cdot \frac{BP}{PC'} \cdot \frac{C'C}{CA} = 1 \iff \frac{1}{2} \cdot \frac{BP}{PC'} \cdot \frac{2}{3} = 1 \qquad \therefore \quad \frac{BP}{PC'} = 3$$

だから,P は BC′ を 3:1 に内分する点である.

以上から同じ結果が得られます.さて,これを使って $\overrightarrow{AP}, \overrightarrow{OQ}$ を求めることも可能です.

別解 P は CL を 3:1 に内分する点だから

$$\overrightarrow{AP} = \frac{3\overrightarrow{AL} + \overrightarrow{AC}}{4} = \frac{3 \cdot \frac{1}{3}\overrightarrow{AB} + \overrightarrow{AC}}{4} = \frac{1}{4}\overrightarrow{AB} + \frac{1}{4}\overrightarrow{AC}$$

[これで本解答の②が得られ以下は同様]

さらに,△CLN についてメネラウスの定理を用いると

$$\frac{CP}{PL} \cdot \frac{LQ}{QN} \cdot \frac{NO}{OC} = 1 \iff \frac{3}{1} \cdot \frac{LQ}{QN} \cdot \frac{t}{1} = 1 \qquad \therefore \quad \frac{LQ}{QN} = \frac{1}{3t}$$

したがって,Q は LN を $1:3t$ に内分する点だから

$$\overrightarrow{OQ} = \frac{3t\overrightarrow{OL} + \overrightarrow{ON}}{1 + 3t}$$

ここに $\overrightarrow{OL} = \dfrac{2\vec{a} + \vec{b}}{3}, \overrightarrow{ON} = t\vec{c}$ を代入すると

$$\overrightarrow{OQ} = \frac{t}{3t+1}(2\vec{a} + \vec{b} + \vec{c}) \qquad \square$$

2. ④,⑤を求めるとき,面積比を用いました.解答(3)の図 1 より OP:OQ が底辺の比になり,図 2 より OP:QP が高さの比になることを用いました.

3. $\overrightarrow{\mathrm{AP}}$ を求めるとき，直線 AM の方程式①を立式しましたが，直線 LC の方程式を媒介変数を用いて立式しませんでした．立式した場合は①の続きが以下のようになります．

別解 P は LC 上だから

$$\overrightarrow{\mathrm{AP}} = l\overrightarrow{\mathrm{AL}} + (1-l)\overrightarrow{\mathrm{AC}} = \frac{l}{3}\overrightarrow{\mathrm{AB}} + (1-l)\overrightarrow{\mathrm{AC}} \quad \left(\overrightarrow{\mathrm{AL}} = \frac{1}{3}\overrightarrow{\mathrm{AB}} \text{より}\right)$$

これと①を係数比較すると

$$\begin{cases} \dfrac{s}{2} = \dfrac{l}{3} \\ \dfrac{s}{2} = 1 - l \end{cases} \iff \begin{cases} s = \dfrac{1}{2} \\ l = \dfrac{3}{4} \end{cases}$$

これを①に代入して (以下略) □

4. $\overrightarrow{\mathrm{OQ}}$ を求めるとき，直線 OP の方程式③を立式しましたが，直線 LN の方程式を媒介変数を用いて立式しませんでした．立式した場合は③の続きが以下のようになります．

別解 Q は LN 上だから，

$$\overrightarrow{\mathrm{OQ}} = (1-u)\overrightarrow{\mathrm{ON}} + u\overrightarrow{\mathrm{OL}} = \frac{2}{3}u\vec{a} + \frac{1}{3}u\vec{b} + t(1-u)\vec{c}$$

とおける．$\vec{a}, \vec{b}, \vec{c}$ は 1 次独立だから，③と係数を比較すると

$$\frac{2}{3}u = \frac{1}{2}k, \ \frac{1}{3}u = \frac{1}{4}k, \ t(1-u) = \frac{1}{4}k$$

$$\iff u = \frac{3}{4}k, \ t(1-u) = \frac{1}{4}k$$

$$\iff k = \frac{4t}{3t+1}, \ u = \frac{3t}{3t+1}$$

これを③に代入して (以下略) □

―― 空間座標：平面と直線の垂直，定点と円周上の動点の距離 ――

30 空間に 4 点 A$(-2, 0, 0)$, B$(0, 2, 0)$, C$(0, 0, 2)$, D$(2, -1, 0)$ がある．3 点 A, B, C を含む平面を T とする．

(1) 点 D から平面 T に下ろした垂線の足 H の座標を求めよ．

(2) 平面 T において，3 点 A, B, C を通る円 S の中心の座標と半径を求めよ．

(3) 点 P が円 S の周上を動くとき，線分 DP の長さが最小になる P の座標を求めよ．

〔大阪市立大〕

アプローチ

(イ) 点 P が三角形 ABC を含む平面上にあるとき，ある実数 s, t を用いて

$$\overrightarrow{AP} = s\overrightarrow{AB} + t\overrightarrow{AC} \qquad \cdots\cdots(*)$$

とかけます．ベクトルの始点を O にすると

$$\overrightarrow{OP} - \overrightarrow{OA} = s(\overrightarrow{OB} - \overrightarrow{OA}) + t(\overrightarrow{OC} - \overrightarrow{OA})$$
$$\iff \overrightarrow{OP} = (1 - s - t)\overrightarrow{OA} + s\overrightarrow{OB} + t\overrightarrow{OC} \qquad \cdots\cdots(\star)$$

$(\star)$ の式の係数の和は 1 になることに注意してください．

(ロ) 平面とベクトルが垂直である条件は平面上の 2 つの 1 次独立な (互いに平行でなく $\vec{0}$ でない) ベクトルと垂直であることです．つまり三角形 ABC を含む平面と $\vec{n}$ が垂直である条件は

$$\overrightarrow{AB} \cdot \vec{n} = 0, \overrightarrow{AC} \cdot \vec{n} = 0$$

となります．このベクトルの始点を O にすると

$$(\overrightarrow{OB} - \overrightarrow{OA}) \cdot \vec{n} = 0, (\overrightarrow{OC} - \overrightarrow{OA}) \cdot \vec{n} = 0 \iff \overrightarrow{OA} \cdot \vec{n} = \overrightarrow{OB} \cdot \vec{n} = \overrightarrow{OC} \cdot \vec{n}$$

未知数や文字が含まれているときは，この式に変形してから計算をした方がよい場合もあります．

(ハ) 三角形の外心を求めるときは，まずその三角形が直角三角形や正三角形でないかを確認します．直角三角形なら斜辺が外接円の直径となるので，その中点が中心です．また正三角形なら外心・重心・内心・垂心はすべて一致するので，重心の公式から求めます．そうでなければ本格的に計算をおこな

います．本問なら平面上にある設定をおこない，その点から A, B, C までの距離が等しいという式を立てます．これはかなり煩雑な計算になるので，計算を始める前に特別なこと (直角三角形，正三角形) が起こっていないかを確認しましょう．

(二) 円周上の動点 P と円周上にない定点 Q との距離の最大最小は，円の中心 O と Q との距離と半径 r で考えます．

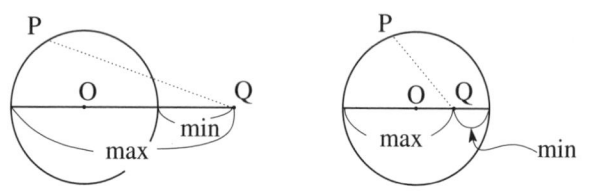

上図より，PQ の最大値は $OQ + r$，最小値は $|OQ - r|$

【解答】

(1) H は平面 T 上より
$$\overrightarrow{OH} = a\overrightarrow{OA} + b\overrightarrow{OB} + c\overrightarrow{OC} = (-2a, 2b, 2c) \quad \cdots\cdots(**)$$
とおける．ただし $a + b + c = 1$ ………①
これより
$$\overrightarrow{DH} = \overrightarrow{OH} - \overrightarrow{OD} = (-2a - 2, 2b + 1, 2c)$$
また
$$\overrightarrow{AB} = \overrightarrow{OB} - \overrightarrow{OA} = (2, 2, 0) \mathbin{/\mkern-6mu/} (1, 1, 0)$$
$$\overrightarrow{AC} = \overrightarrow{OC} - \overrightarrow{OA} = (2, 0, 2) \mathbin{/\mkern-6mu/} (1, 0, 1)$$
よって，$T \perp DH$ つまり $\overrightarrow{DH} \cdot \overrightarrow{AB} = 0$, $\overrightarrow{DH} \cdot \overrightarrow{AC} = 0$ より
$(-2a - 2, 2b + 1, 2c) \cdot (1, 1, 0) = 0, (-2a - 2, 2b + 1, 2c) \cdot (1, 0, 1) = 0$
$\iff -2a + 2b - 1 = 0, -2a + 2c - 2 = 0$
$\iff b = a + \dfrac{1}{2}, c = a + 1$
これと①より
$$a = -\frac{1}{6}, b = \frac{1}{3}, c = \frac{5}{6}$$
これを (**) に代入して
$$H\left(\frac{1}{3}, \frac{2}{3}, \frac{5}{3}\right)$$

(2) 三角形 ABC は $AB = BC = CA = 2\sqrt{2}$ だから正三角形である．よって，外接円の中心は重心 G と一致するので求める円 S の中心は

$$\vec{OG} = \frac{\vec{OA} + \vec{OB} + \vec{OC}}{3}$$

より
$$\left(-\frac{2}{3},\ \frac{2}{3},\ \frac{2}{3}\right)$$

また，半径は
$$AG = \sqrt{\left(-\frac{2}{3}+2\right)^2 + \left(\frac{2}{3}\right)^2 + \left(\frac{2}{3}\right)^2} = \frac{2\sqrt{6}}{3}$$

(3) $DP^2 = DH^2 + PH^2$ において DH は一定だから，PH が最小になるときを考えればよい．そこで
$$GH = \sqrt{\left(\frac{1}{3}+\frac{2}{3}\right)^2 + \left(\frac{2}{3}-\frac{2}{3}\right)^2 + \left(\frac{5}{3}-\frac{2}{3}\right)^2}$$
$$= \sqrt{2}$$
$$< \frac{2}{\sqrt{3}}\sqrt{2} = (S\text{ の半径})$$

これより，H は円 S の内部にあることがわかる．ということは P が下右図のように半直線 GH 上にあるとき最小となる．このとき
$$GP : GH = \frac{2}{\sqrt{3}}\sqrt{2} : \sqrt{2} = 2 : \sqrt{3}$$

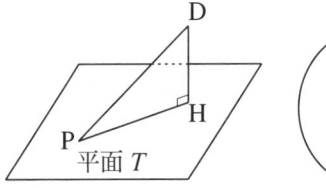

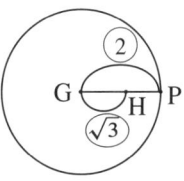

よって，求める点 P は GH を $2 : (2-\sqrt{3})$ に外分する点だから
$$\vec{OP} = \frac{-(2-\sqrt{3})\vec{OG} + 2\vec{OH}}{-(2-\sqrt{3})+2}$$

より
$$P\left(\frac{2\sqrt{3}-2}{3},\ \frac{2}{3},\ \frac{2\sqrt{3}+2}{3}\right)$$

フォローアップ

1. (1)について，もし原点から平面 T に垂線を下ろしたならその垂線の足は(2)の外心となります．一般に，次のことが成り立ちます：
「$OA = OB = OC$ である四面体 OABC において，O から平面 ABC に下ろした垂線の足 H は三角形 ABC の外心である」

《証明》 △OAH, △OBH, △OCH において
　　∠OHA = ∠OHB = ∠OHC = 90°
　　OA = OB = OC
　　OH 共通
だから △OAH ≡ △OBH ≡ △OCH
(直角三角形の斜辺と他の一辺が等しい)
これより AH = BH = CH となるので H は外心である. □

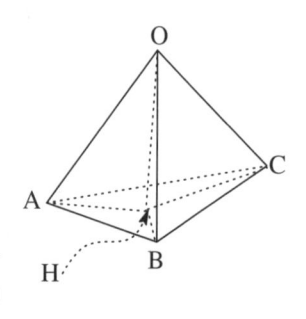

これは次のように考えてもよいでしょう.

O を中心とする半径 OA の球面上に A, B, C があるので, この球面を平面 ABC で切った切り口 (交円) が △ABC の外接円になる. また, 球面の中心 O からこの平面 ABC に下ろした垂線の足 H は, 交円の中心になるので H は △ABC の外心である. □

もし △ABC が正三角形なら外心 H は重心と一致します. これが正四面体の1つの頂点から向かいの面に垂線を下ろしたとき, その足が重心になる理由です.

2. (3)で行った分点の比を求めて交点を求める作業は, 本問と似た問題で, 球面上の動点と球面上にない定点との距離の最大・最小となる点を求めるときにもおこないます. このようにある図形と直線との交点を, 分点比を用いて求めるというのは, 経験していないとなかなか浮かばないアイデアかもしれません. これは2点 $A(a, \cdots, \cdots)$ と $B(b, \cdots, \cdots)$ を結ぶ直線と平面 $x = k$ との交点を求めるときにも利用できます.

2点と交点のそれぞれを通る平行な3平面の幅に注目して分点公式を立式します.

$$\frac{(k-b)\overrightarrow{OA} + (a-k)\overrightarrow{OB}}{(a-k) + (k-b)}$$

これは a, b, k の大小によらず成立します. $a-k, k-b$ が同符号なら内分点の公式, 異符号なら外分点の公式になります.

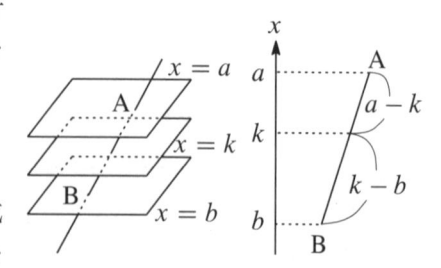

3. (イ)の (*) の左辺だけを始点変更すると

$$\overrightarrow{\mathrm{OP}} = \overrightarrow{\mathrm{OA}} + s\overrightarrow{\mathrm{AB}} + t\overrightarrow{\mathrm{AC}}$$

となります．この形から，A を通り $\overrightarrow{\mathrm{AB}}$, $\overrightarrow{\mathrm{AC}}$ に平行な平面であると読み取れます．媒介変数が 1 つ含まれる式は直線，2 つ含まれる式は平面を表すといえます．これを読み取る練習をしましょう．

例 $\vec{a} = (1, 1, 1)$, $\vec{b} = (1, 4, -2)$, $\vec{c} = (-3, -6, 6)$ とするとき，$|x\vec{a} + y\vec{b} + \vec{c}|$ の最小値を与える実数 x, y とそのときの最小値を求めよ． 〔九州大の一部〕

《解答》 $\overrightarrow{\mathrm{OP}} = x\vec{a} + y\vec{b} + \vec{c}$ とおくと P は点 $(-3, -6, 6)$ を通り $\vec{a}$, $\vec{b}$ に平行な平面上を動く．OP が最小になるのは OP とこの平面が垂直なときだから

$$\overrightarrow{\mathrm{OP}} \cdot \vec{a} = 0, \ \overrightarrow{\mathrm{OP}} \cdot \vec{b} = 0$$
$$\iff x|\vec{a}|^2 + y\vec{a} \cdot \vec{b} + \vec{a} \cdot \vec{c} = 0, \ x\vec{a} \cdot \vec{b} + y|\vec{b}|^2 + \vec{b} \cdot \vec{c} = 0$$
$$\iff 3x + 3y - 3 = 0, \ 3x + 21y - 39 = 0$$
$$\iff x = -1, \ y = 2$$

よって，**$x = -1, \ y = 2$** のとき最小となり，最小値は

$$|x\vec{a} + y\vec{b} + \vec{c}| = |-\vec{a} + 2\vec{b} + \vec{c}| = |(-2, 1, 1)| = \boldsymbol{\sqrt{6}} \quad \square$$

4. (ハ)の後半の方針で(2)の計算を行うと次のようになります．

別解 円 S の中心 G は平面 T 上だから，(**) と同様にして $\mathrm{G}(-2a, 2b, 2c)$ とおける．$\mathrm{AG} = \mathrm{BG} = \mathrm{CG}$ より

$$(-2a + 2)^2 + (2b)^2 + (2c)^2 = (-2a)^2 + (2b - 2)^2 + (2c)^2$$
$$= (-2a)^2 + (2b)^2 + (2c - 2)^2$$
$$\therefore \quad a = b = c$$

これと $a + b + c = 1$ をあわせて $a = b = c = \dfrac{1}{3}$

$$\therefore \ \mathbf{G}\left(-\dfrac{2}{3}, \dfrac{2}{3}, \dfrac{2}{3}\right) \quad \square$$

—— 空間ベクトル：四面体，内積 ——

31 四面体 ABCD は各辺の長さが 1 の正四面体とする．

(1) $\overrightarrow{AP} = l\overrightarrow{AB} + m\overrightarrow{AC} + n\overrightarrow{AD}$ で与えられる点 P に対し $|\overrightarrow{BP}| = |\overrightarrow{CP}| = |\overrightarrow{DP}|$ が成り立つならば，$l = m = n$ であることを示せ．また，このときの $|\overrightarrow{BP}|$ を l を用いて表せ．

(2) A, B, C, D のいずれとも異なる空間内の点 P と点 Q を，四面体 PBCD と四面体 QABC がともに正四面体となるようにとるとき，$\cos \angle PBQ$ の値を求めよ．

〔東北大〕

アプローチ

(イ) (空間) ベクトルの図形への応用では，まず始点 (座標の原点に対応する) をきめ，1 次独立な基準ベクトルをとり，その 1 次結合 (実数倍の和) で問題の条件を表します．こうして，図形の関係を係数間の代数的な関係に帰着させるのです．

現代の数学で扱う図形は，次元が高いものが多く，図などが平面に描けることはまずありません．そのようなものを扱うには，なんらかの方法で図形を，その性質を反映した代数的対象に移し，それを扱うことを通じてもとの図形の性質を知るというのが基本的な考えです．ベクトルの上のような使い方も，このような大きな考え方の特殊な場合であるといえます．

(ロ) 本問の場合，始点 A と基準ベクトル $\overrightarrow{AB}$, $\overrightarrow{AC}$, $\overrightarrow{AD}$ が与えられています．これらを用いて長さの条件を表すには，基準ベクトルの大きさ (長さ)，さらにそれらの間の内積の値が必要になりますが，1 辺の長さが 1 の正四面体なのでこれらの値はすべてわかっています．また 1 次結合で表されたベクトルの大きさは，2 乗して内積の式を展開して計算します．

(ハ) (2)は(1)の利用を考えます．また，正四面体の対称性にも注意しましょう．頂点はどう名付けても同じ図形になるので，$\overrightarrow{AP}$ がわかれば $\overrightarrow{DQ}$ がわかり，$\overrightarrow{BP}$ と $\overrightarrow{BQ}$ から $\cos \angle PBQ$ が求められます．

解答

(1) $|\vec{BP}| = |\vec{CP}| = |\vec{DP}|$
だから，始点を A に変更すると
$$|\vec{AP} - \vec{AB}|^2 = |\vec{AP} - \vec{AC}|^2$$
$$= |\vec{AP} - \vec{AD}|^2$$
$\therefore\ |\vec{AP}|^2 - 2\vec{AP}\cdot\vec{AB} + |\vec{AB}|^2$
$\quad = |\vec{AP}|^2 - 2\vec{AP}\cdot\vec{AC} + |\vec{AC}|^2$
$\quad = |\vec{AP}|^2 - 2\vec{AP}\cdot\vec{AD} + |\vec{AD}|^2$

$|\vec{AB}| = |\vec{AC}| = |\vec{AD}|\ (= 1)$ だから，
$$\vec{AP}\cdot\vec{AB} = \vec{AP}\cdot\vec{AC} = \vec{AP}\cdot\vec{AD}$$

これに $\vec{AP} = l\vec{AB} + m\vec{AC} + n\vec{AD}$ を代入して，
$$\vec{AB}\cdot\vec{AC} = \vec{AC}\cdot\vec{AD} = \vec{AD}\cdot\vec{AB} = 1\cdot 1\cdot \cos 60° = \frac{1}{2}$$
を用いると
$$l + \frac{1}{2}m + \frac{1}{2}n = \frac{1}{2}l + m + \frac{1}{2}n = \frac{1}{2}l + \frac{1}{2}n + m$$
$$\therefore\ l = m = n$$

である．このとき
$$|\vec{BP}|^2 = |\vec{AP}|^2 - 2\vec{AP}\cdot\vec{AB} + |\vec{AB}|^2$$
において，
$$|\vec{AP}|^2 = l^2|\vec{AB} + \vec{AC} + \vec{AD}|^2$$
$$= l^2\left(1 + 1 + 1 + 2\cdot\frac{1}{2} + 2\cdot\frac{1}{2} + 2\cdot\frac{1}{2}\right) = 6l^2$$
$$\vec{AP}\cdot\vec{AB} = l(\vec{AB} + \vec{AC} + \vec{AD})\cdot\vec{AB} = l\left(1 + \frac{1}{2} + \frac{1}{2}\right) = 2l$$
だから
$$|\vec{BP}| = \sqrt{6l^2 - 4l + 1}$$

(2) 点 P は $\vec{AP} = l\vec{AB} + m\vec{AC} + n\vec{AD}$ ($l,\ m,\ n$ は実数) と表せる．このとき PBCD が正四面体だから $|\vec{BP}| = |\vec{CP}| = |\vec{DP}|$ となり，(1)から $\vec{AP} = l(\vec{AB} + \vec{AC} + \vec{AD})$ であり，また $|\vec{BP}| = 1$ だから，
$$\sqrt{6l^2 - 4l + 1} = 1 \qquad \therefore\ l = 0,\ \frac{2}{3}$$

P ≠ A により l ≠ 0 だから, $l = \dfrac{2}{3}$ で
$$\vec{AP} = \dfrac{2}{3}(\vec{AB} + \vec{AC} + \vec{AD})$$
これと, 正四面体はすべての頂点が対等であることから
$$\vec{DQ} = \dfrac{2}{3}(\vec{DA} + \vec{DB} + \vec{DC})$$
であり, 始点を A に変更すると
$$\vec{AQ} - \vec{AD} = \dfrac{2}{3}(-\vec{AD} + \vec{AB} - \vec{AD} + \vec{AC} - \vec{AD})$$
$$\therefore \vec{AQ} = \dfrac{2}{3}\vec{AB} + \dfrac{2}{3}\vec{AC} - \vec{AD}$$
したがって,
$$\vec{BP} = \vec{AP} - \vec{AB} = -\dfrac{1}{3}\vec{AB} + \dfrac{2}{3}\vec{AC} + \dfrac{2}{3}\vec{AD}$$
$$\vec{BQ} = \vec{AQ} - \vec{AB} = -\dfrac{1}{3}\vec{AB} + \dfrac{2}{3}\vec{AC} - \vec{AD}$$
$$\therefore \vec{BP} \cdot \vec{BQ} = \dfrac{1}{9} - \dfrac{1}{9} - \dfrac{1}{9} - \dfrac{1}{9} + \dfrac{4}{9} + \dfrac{2}{9} + \dfrac{1}{6} - \dfrac{1}{3} - \dfrac{2}{3} = -\dfrac{7}{18}$$
$|\vec{BP}| = |\vec{BQ}| =$ (正四面体の 1 辺の長さ) $= 1$ だから
$$\cos \angle PBQ = \dfrac{\vec{BP} \cdot \vec{BQ}}{|\vec{BP}||\vec{BQ}|} = -\dfrac{7}{18}$$

フォローアップ

1. 出題者の意図は, 上のような解答であろうと思われますが, 次のように図形的に考えることもできます.

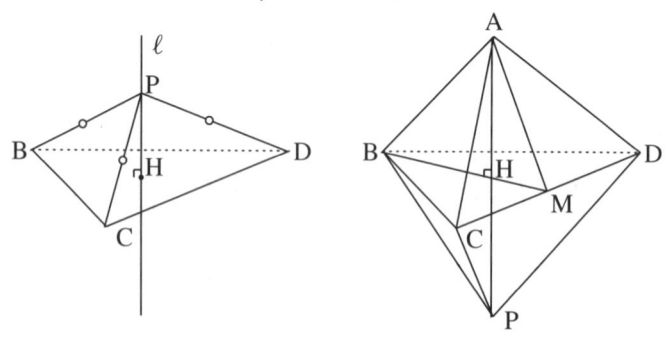

別解 一般に三角形 BCD があるとき, BP = CP = DP となる点 P の集合は三角形 BCD の外心を通り, 平面 BCD に垂直な直線 ℓ である. 実際, P から平面 BCD に下した垂線の足を H とすると,

$$BP^2 = BH^2 + PH^2, \quad CP^2 = CH^2 + PH^2, \quad DP^2 = DH^2 + PH^2$$

だから，$BH = CH = DH$ となり，H は △BCD の外心である（☞ 30 フォローアップ 1.）．正四面体 ABCD については，ℓ は A を通り，H は △BCD の重心でもあるので，ℓ 上の点 P は

$$\vec{AP} = k\vec{AH} = \frac{k}{3}(\vec{AB} + \vec{AC} + \vec{AD}) \quad (k \text{ は実数})$$

とかけ，これと $\vec{AB}, \vec{AC}, \vec{AD}$ が 1 次独立であることから $l = m = n \left(= \dfrac{k}{3}\right)$ である．さらに，CD の中点を M とおくと，$BH : HM = 2 : 1$ だから，

$$BH = \frac{2}{3}BM = \frac{2}{3} \cdot \frac{\sqrt{3}}{2} = \frac{1}{\sqrt{3}} \quad \therefore \quad AH = \sqrt{AB^2 - BH^2} = \sqrt{\frac{2}{3}}$$

$$\therefore \quad AP = kAH = 3l\,AH = \sqrt{6}\,l$$

すると △ABP において，余弦定理から

$$BP^2 = AB^2 + AP^2 - 2AB \cdot AP \cos \angle BAP$$

であり，$AB \cos \angle BAP = AB \cos \angle BAH = AH = \sqrt{\dfrac{2}{3}}$ だから

$$BP^2 = 1 + 6l^2 - 2\sqrt{6}l \cdot \sqrt{\frac{2}{3}} = 6l^2 - 4l + 1$$

［以下略，このあと(2)については上の解答と同様です］ □

2. (2)について，図形的に考えて「P は A の面 BCD についての対称点」(*)だから，$\vec{AP} = 2\vec{AH} = \dfrac{2}{3}(\vec{AB} + \vec{AC} + \vec{AD})$ としても間違いではないですが，これでは出題者の意図からはずれてしまい（$l = m = n$ は証明するまでもなく図からあきらかとなってしまう），設問(1)の意味がありません．(2)では「(1)を利用して l を求めよ」といっているのです．それは「(*)を証明せよ」ともいえます．(1)を証明させている以上は，図形的に考えるにしても，上の別解程度の説明は必要です．

　入試問題では多くが誘導つきで出題されます．そのような場合に出題者の意図を読みとることが大切です．解いて答えを出せばよいのではなく，その設問で何が要求されているかを問題全体の中で見きわめることが求められているのです．

群数列

32 正の整数 k に対して,a_k を $\sqrt{k}$ にもっとも近い整数とする.例えば $a_5 = 2$,$a_8 = 3$,$a_{20} = 4$ である.

(1) $\displaystyle\sum_{k=1}^{12} a_k = a_1 + a_2 + \cdots + a_{12}$ を求めよ.

(2) $\displaystyle\sum_{k=1}^{2020} a_k = a_1 + a_2 + \cdots + a_{2020}$ を求めよ.

〔早稲田大〕

アプローチ

(イ) 数列の問題では,本問のように一般項がどのようにしてきまるかがわかりにくいものがあります.このような場合はとりあえず n の小さな値について書きあげてみることです.こうすると一般的な様子が推定できることがあり,解法の手がかりがつかめることがあります.もちろん,推定だけでは「論証」になりませんが,そもそも結果がわかっていないと証明などできるわけがないのです.すなわち,

$$\boxed{\text{実験}} \implies \boxed{\text{推定}} \implies \boxed{\text{論証}}$$

という方針をとります.本問では(1)で「実験せよ」といってるわけです.

(ロ) 実験からすぐわかりますが,$\{a_n\}$ は等差数列でも等比数列でもなく漸化式がすぐわかるようなタイプでもありません.自然数が 1 から順に並んでいきますが,各数字の並ぶ個数が変化します.このような数列は,グループ (群) にわけて考えるとわかりやすくなります.この数列は「群に分けられ」,「各群の中でわかりやすい数列である」という 2 重の構造をもったもので,

(i) 各群には何項含まれるか (群構造の様子)

(ii) 各群ではどのような数列か (群の内部の様子)

とわけて考えていきます.このとき(i)の群構造が大切で,まず第 k 群に何項含まれるかとらえ,$g(k)$ 項あることがわかると,第 k 群までの末項までの項数 (第 k 群の最後の項が初項から何番目か) が

$$g(1) + g(2) + \cdots + g(k) \,(= f(k)\text{とおく})$$

となり,これから a_{2020} 項が第何群の何項目であるかがわかります.

解答

(1) $1 < \sqrt{2} < 1.5 < \sqrt{3} < \sqrt{6} < 2.5 < \sqrt{7} < 2\sqrt{3} < 3.5$ だから

k	1	2	3	4	5	6	7	8	9	10	11	12
$\sqrt{k}$	1	$\sqrt{2}$	$\sqrt{3}$	2	$\sqrt{5}$	$\sqrt{6}$	$\sqrt{7}$	$2\sqrt{2}$	3	$\sqrt{10}$	$\sqrt{11}$	$2\sqrt{3}$
a_k	1	1	2	2	2	2	3	3	3	3	3	3

となり,
$$\sum_{k=1}^{12} a_k = 1\cdot 2 + 2\cdot 4 + 3\cdot 6 = \mathbf{28}$$

(2) $\sqrt{n}$ は (整数)$+\dfrac{1}{2}$ と等しくなることはないので, $a_k = n$ となるのは
$$n - \frac{1}{2} < \sqrt{k} < n + \frac{1}{2} \quad \therefore \quad n^2 - n + \frac{1}{4} < k < n^2 + n + \frac{1}{4}$$
$$\therefore \quad n^2 - n + 1 \leqq k \leqq n^2 + n$$

をみたす自然数 k のときである. この k は $(n^2+n)-(n^2-n+1)+1 = 2n$ 項あるので, $\{a_k\}$ は自然数 n が順に $2n$ 項ずつ並ぶ数列であり, 第 n 群に $2n$ 項だけ含まれるように群に分け ($n = 1, 2, \cdots$), 第 n 群の最後の項までの項数を $f(n)$ とおくと,
$$f(n) = 2 + 4 + \cdots + 2n = n(n+1)$$
である. ここで
$$f(44) = 44 \cdot 45 = 1980 < 2020 < 45 \cdot 46 = 2070 = f(45)$$
だから, a_{2020} は第 45 群の $2020 - 1980 = 40$ 項目である. 第 n 群に含まれる項の和は $n \cdot 2n = 2n^2$ だから, 求める和は
$$\sum_{k=1}^{2020} a_k = \sum_{k=1}^{1980} a_k + \sum_{k=1981}^{2020} a_k = \sum_{n=1}^{44} 2n^2 + 45 \cdot 40$$
$$= \frac{2}{6} \cdot 44 \cdot 45 \cdot 89 + 1800 = \mathbf{60540}$$

フォローアップ

1. (1)の表と $3.5 = \sqrt{12.25} < \sqrt{13}$ により, $\{a_k\}$ は「1 が 2 項, 2 が 4 項, 3 が 6 項並ぶ数列」であることがわかります. これから「n が $2n$ 項並ぶ数列」であると推定できます. (2)ではこれを証明するために, n が何項並ぶのか, つまり $a_k = n$ となる k の範囲を考えています.

(2)のはじめにある，$\sqrt{n} \neq$ (整数) $+ \dfrac{1}{2}$ ですが，これは，m を整数として $\sqrt{n} = m + \dfrac{1}{2}$ とかけたとすると

$$n = m^2 + m + \dfrac{1}{4}$$

となり，右辺が整数でないので矛盾することからわかります．

2. (ロ)に補足します．このように $f(k)$ をきめると，a_n が第 k 群に含まれるのは

$$f(k-1) < n \leq f(k) \qquad \cdots\cdots\cdots (*)$$

のときであり，このとき a_n は第 k 群の

$$n - f(k-1) \text{ (項目)}$$

であることがわかります．また，$(*)$ は n の不等式とみるとかなり面倒な不等式です (本問でも 2 次不等式が 2 つ)．これは解くのではなく，これをみたす n を探すのです．このような n が 1 つしかないことはあらかじめわかっていますから，1 つみつければよく，本問でも $(n-1)n$ と $n(n+1)$ の間だから，だいたい n^2 が 2000 くらいになるのは何かと考えて，$n = 45$ ($45^2 = 2025$) と見当をつけて，その前後の値を代入しています．

例 数列 $\{a_n\}$ を第 k 群が k^2 個の項を含むように群に分けるとき ($k = 1, 2, \cdots$)，a_{1500} は第何群の何項目か．

第 n 群の末項までの項数を $f(n)$ とおくと

$$f(n) = \sum_{k=1}^{n} k^2 = \dfrac{1}{6} n(n+1)(2n+1)$$

だから，この最高次の項だけみて $f(n) \fallingdotseq \dfrac{1}{3} n^3$ と近似します．すると

$$\dfrac{1}{3} n^3 \fallingdotseq 1500 \quad \therefore \quad n^3 \fallingdotseq 4500$$

ここで $2^{10} = 1024$ だから，$n^3 \fallingdotseq 4 \times 1024 = 2^{12}$ として $n \fallingdotseq 2^4 = 16$ と見当をつけます．あとは $f(16)$，$f(17)$ を計算して

$$f(16) = 1496 < 1500 < f(17) = 1496 + 17^2$$

だから，**第 17 群**の $1500 - 1496 = $ **4 項目**です． □

—— 漸化式の応用：2 円の位置関係，分数漸化式 ——

33 次のように円 C_n を定める．まず，C_0 は $\left(0, \dfrac{1}{2}\right)$ を中心とする半径 $\dfrac{1}{2}$ の円，C_1 は $\left(1, \dfrac{1}{2}\right)$ を中心とする半径 $\dfrac{1}{2}$ の円とする．次に C_0, C_1 に外接し x 軸に接する円を C_2 とする．さらに，$n = 3, 4, 5, \cdots$ に対し，順に，C_0, C_{n-1} に外接し x 軸に接する円で C_{n-2} でないものを C_n とする．C_n $(n \geq 1)$ の中心の座標を (a_n, b_n) とするとき，次の問いに答えよ．ただし，2 つの円が外接するとは，中心間距離がそれぞれの円の半径の和に等しいことをいう．

(1) $n \geq 1$ に対し，$b_n = \dfrac{a_n{}^2}{2}$ を示せ．

(2) a_n を求めよ．

〔名古屋大〕

[アプローチ]

(イ) 台形のときによく引く補助線（下図 1 参照）があります．一度下図 2 の台形の面積を求めてください．この中の補助線が役に立つでしょう．

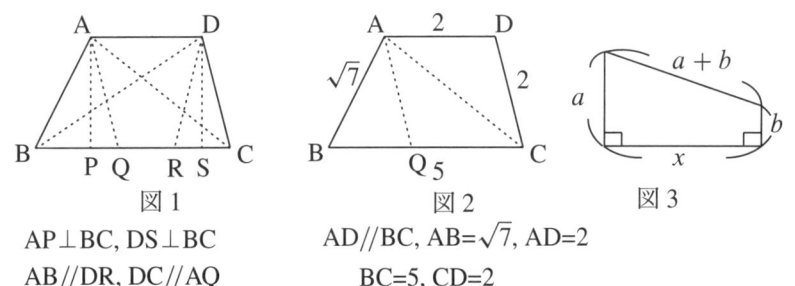

図 1
$AP \perp BC$, $DS \perp BC$
$AB // DR$, $DC // AQ$

図 2
$AD // BC$, $AB = \sqrt{7}$, $AD = 2$
$BC = 5$, $CD = 2$

図 3

《解答》 A を通り CD に平行な直線と BC との交点を Q とすると，四角形 $AQCD$ は平行四辺形になる．よって，$CQ = AD = 2$, $AQ = CD = 2$ だから $BQ = 3$ である．$\triangle ABQ$ について余弦定理より

$$\cos \angle AQB = \frac{2^2 + 3^2 - \sqrt{7}^2}{2 \cdot 2 \cdot 3} = \frac{1}{2} \qquad \therefore \quad \angle AQB = 60°$$

よって，$\angle QAD = 60°$ だから求める面積は

$$\triangle ABQ + 2 \times \triangle AQD = \frac{1}{2} \cdot 2 \cdot 3 \cdot \sin 60° + 2 \cdot \frac{1}{2} \cdot 2 \cdot 2 \cdot \sin 60° = \frac{7\sqrt{3}}{2}$$

別解 $AC = x$, $\angle DAC = \angle ACB = \theta$ とおく．$\triangle ABC$, $\triangle ACD$ において余弦定理より

$$\sqrt{7}^2 = x^2 + 5^2 - 2 \cdot x \cdot 5 \cdot \cos\theta, \quad 2^2 = x^2 + 2^2 - 2 \cdot x \cdot 2 \cdot \cos\theta$$

$$\therefore \quad x = 2\sqrt{3},\ \cos\theta = \frac{\sqrt{3}}{2} \qquad \therefore \quad \theta = 30°$$

よって，求める面積は

$$\triangle ABC + \triangle ACD = \frac{1}{2} \cdot 5 \cdot 2\sqrt{3} \cdot \sin 30° + \frac{1}{2} \cdot 2 \cdot 2\sqrt{3} \cdot \sin 30° = \frac{7\sqrt{3}}{2}$$

□

本問は前ページ図3のような台形がたくさんあらわれます．そのとき x と a, b の関係式があれば楽です．

(ロ) 本問は，設問の3行目後半から漸化式の立式のもとになる文言があります．つまり C_{n-1} から C_n を作る作業の説明は，漸化式の立式につながる部分です．すると，2種類の数列の連立漸化式になります．設問の流れは，b_n 消去 (代入する式の準備が(1)) で a_n の漸化式を作り a_n を求める ((2)) という流れです．

(ハ) 分数漸化式 $a_{n+1} = \dfrac{pa_n}{qa_n + r}$ 型は，両辺の逆数をとって，$\dfrac{1}{a_n}$ を一つのカタマリにします．本問は結局この形になる漸化式が表れます．この形であることを見抜けない人もいるかも知れません．困ったらまず，a_{n+1} について解いてみることです．

解答

図1

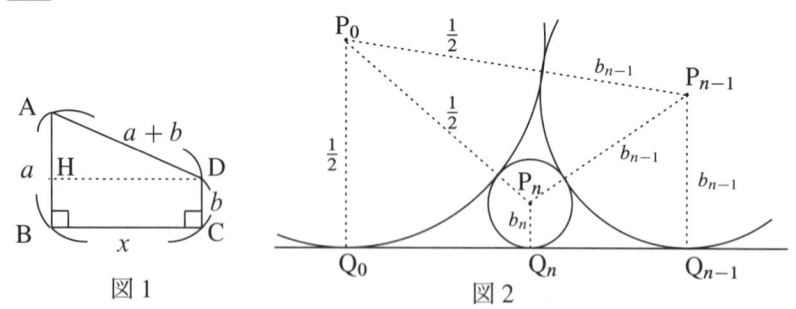

図2

まず，上図1のような台形 ABCD について考える．D から AB に下ろした垂線の足を H とする．$\triangle AHD$ について三平方の定理より

$$(a-b)^2 + x^2 = (a+b)^2 \qquad \therefore \quad x = 2\sqrt{ab} \qquad \cdots\cdots ①$$

この結果は a, b の大小によらず成立する．

さて，C_n の中心を P_n，C_n と x 軸との接点を Q_n とする．$P_n(a_n, b_n)$ だから C_n の半径は b_n，$Q_0Q_n = a_n$ となる ($Q_0 = O$)．3 種類の台形

$$P_0P_nQ_nQ_0, \quad P_0P_{n-1}Q_{n-1}Q_0, \quad P_nP_{n-1}Q_{n-1}Q_n$$

は，図 1 において (a, b, x) をそれぞれ

$$\left(\frac{1}{2}, b_n, a_n\right), \quad \left(\frac{1}{2}, b_{n-1}, a_{n-1}\right), \quad (b_{n-1}, b_n, a_{n-1} - a_n)$$

にしたものだから，①より

$$a_n = 2\sqrt{\frac{1}{2}b_n} \cdots\cdots\cdots ② \quad a_{n-1} = 2\sqrt{\frac{1}{2}b_{n-1}} \cdots\cdots\cdots ③$$

$$a_{n-1} - a_n = 2\sqrt{b_n b_{n-1}} \cdots\cdots\cdots ④$$

②は $n \geq 1$，③④は $n \geq 2$ で成り立つ．

(1) ②の両辺を 2 乗して

$$b_n = \frac{a_n{}^2}{2} \quad (n \geq 1) \qquad\qquad\qquad \square$$

(2) ②，③の右辺をかけたものが④の右辺だから，左辺より $n \geq 2$ に対して

$$a_n a_{n-1} = a_{n-1} - a_n$$

この両辺を $a_n a_{n-1}$ で割ると

$$\frac{1}{a_n} - \frac{1}{a_{n-1}} = 1 \qquad\qquad\qquad \cdots\cdots\cdots (*)$$

これより $\left\{\dfrac{1}{a_n}\right\}$ は公差が 1 の等差数列であることが分かる．$a_1 = 1$ より

$$\frac{1}{a_n} = \frac{1}{a_1} + 1 \cdot (n-1) = n \quad \therefore \quad \boldsymbol{a_n = \dfrac{1}{n}}$$

┤フォローアップ├

1. 本解答は座標で与えられていることをあまり使わない解法を用いました．それは図形的に解かないと駄目な問題もあるからです．以下は座標で与えられているときの解法です．このときの立式は

(i) C_n ($n = 1, 2, 3, \cdots$) が x 軸と接する

(ii) C_n ($n = 1, 2, 3, \cdots$) が C_0 と外接する

(iii) C_n, C_{n+1} が外接する

ということを表現します．(i)は C_n の半径が b_n であることで表現できたことになります．(ii)(iii)は中心間距離が半径の和と表現するだけです．

別解 2 点 $\left(0, \dfrac{1}{2}\right)$, (a_n, b_n) の距離が $\dfrac{1}{2} + b_n$ だから

$$(a_n - 0)^2 + \left(b_n - \frac{1}{2}\right)^2 = \left(b_n + \frac{1}{2}\right)^2 \iff b_n = \frac{1}{2}a_n{}^2$$

また，2 点 (a_n, b_n), (a_{n+1}, b_{n+1}) の距離が $b_n + b_{n+1}$ だから
$(a_{n+1} - a_n)^2 + (b_{n+1} - b_n)^2 = (b_n + b_{n+1})^2 \iff (a_{n+1} - a_n)^2 = 4b_{n+1}b_n$

ここに $b_n = \frac{1}{2}a_n{}^2$, $b_{n+1} = \frac{1}{2}a_{n+1}{}^2$ を代入して

$$(a_{n+1} - a_n)^2 = a_{n+1}{}^2 a_n{}^2$$

$a_{n+1} - a_n < 0$, $a_{n+1} > 0$, $a_n > 0$ だから

$$a_{n+1} - a_n = -a_{n+1}a_n$$

この両辺を $a_{n+1}a_n$ で割ると (*) の式が得られる．　□

2. (*) は a_n について解くと $a_n = \dfrac{a_{n-1}}{a_{n-1} + 1}$ だから，$\dfrac{1}{a_n}$ の漸化式に作り変えます．

　本問は誘導らしきものがついていますが，ないことも多いので．典型的な漸化式の解法は覚えておきましょう．漸化式を数列の情報 (等比，等差，階差数列など) が読み取れる形に変形することが要点です．

例　次の漸化式できまる数列の一般項を求めよ．
(1) $a_{n+1} = 2a_n + 1$, $a_1 = 1$
(2) $a_{n+1} = 2a_n + 3n$, $a_1 = -4$
(3) $a_{n+1} = 2a_n + 3^n$, $a_1 = 3$
(4) $a_{n+1} = 3a_n{}^2$, $a_1 = 3$
(5) $a_{n+1} = \dfrac{a_n}{a_n + 2}$, $a_1 = 1$
(6) $a_{n+2} = 5a_{n+1} - 6a_n$, $a_1 = 1$, $a_2 = 5$

《解答》
(1) $x = 2x + 1 (\iff x = -1)$ と与えられた漸化式の辺々を引くと
$$a_{n+1} - x = 2(a_n - x) \iff a_{n+1} + 1 = 2(a_n + 1)$$
これより $\{a_n + 1\}$ が等比数列であることがわかるので
$$a_n + 1 = (a_1 + 1)2^{n-1} = 2^n \iff \boldsymbol{a_n = 2^n - 1}$$

(2) 与えられた漸化式が
$$a_{n+1} + p(n+1) + q = 2(a_n + pn + q)$$

$$\iff a_{n+1} = 2a_n + pn + q - p$$

と変形できるとして,元の式と比較すると

$$p = 3,\ q - p = 0 \iff p = q = 3$$

これを左の式に代入すると

$$a_{n+1} + 3(n+1) + 3 = 2(a_n + 3n + 3)$$

これより $\{a_n + 3n + 3\}$ が等比数列であることがわかるので

$$a_n + 3n + 3 = (a_1 + 3 + 3) \cdot 2^{n-1} = 2^n \iff \boldsymbol{a_n = 2^n - 3n - 3}$$

《注》 $\{a_n\}$ の階差数列である $\{b_n\} = \{a_{n+1} - a_n\}$ の一般項を求めてから,a_n を求める誘導もあります.

$$\begin{cases} a_{n+2} = 2a_{n+1} + 3(n+1) \\ a_{n+1} = 2a_n + 3n \end{cases}$$

の辺々を引くと

$$b_{n+1} = 2b_n + 3$$

ここから(1)と同様の作業から b_n の一般項がわかり

$$a_n = a_1 + \sum_{k=1}^{n-1} b_k \quad (n \geq 2)$$

より求まります.

(3) 両辺を 2^n で割ると

$$\frac{a_{n+1}}{2^n} = \frac{a_n}{2^{n-1}} + \left(\frac{3}{2}\right)^n$$

これより $\left\{\dfrac{a_n}{2^{n-1}}\right\}$ の階差数列が $\left(\dfrac{3}{2}\right)^n$ であることがわかるので,$n \geq 2$ のとき

$$\begin{aligned}
\frac{a_n}{2^{n-1}} &= \frac{a_1}{2^0} + \sum_{k=1}^{n-1} \left(\frac{3}{2}\right)^k \\
&= 3 + \frac{\frac{3}{2}\left\{1 - \left(\frac{3}{2}\right)^{n-1}\right\}}{1 - \frac{3}{2}} = \frac{3^n}{2^{n-1}}
\end{aligned}$$

$$\therefore\ \boldsymbol{a_n = 3^n} \quad (n = 1 \text{ のときもこれでよい})$$

《注》 両辺を 3^n で割り $b_n = \dfrac{a_n}{3^{n-1}}$ を求める誘導もあります (☞ 🔢 (ハ)).

$$\frac{a_{n+1}}{3^n} = \frac{2}{3} \cdot \frac{a_n}{3^{n-1}} + 1 \iff b_{n+1} = \frac{2}{3}b_n + 1$$

ここから(1)と同様の作業を行えば b_n の一般項が求まり a_n もわかります．

(4) $a_1 > 0$ と漸化式から，すべての n について $a_n > 0$ である．両辺の底が 3 の対数をとり，$b_n = \log_3 a_n$ とおくと

$$\log_3 a_{n+1} = \log_3 3a_n^2 = 2\log_3 a_n + 1 \iff b_{n+1} = 2b_n + 1$$

$b_1 = \log_3 a_1 = 1$ だから(1)と同様にして

$$b_n = 2^n - 1 \quad \therefore \quad \boldsymbol{a_n = 3^{b_n} = 3^{2^n - 1}}$$

(5) $a_1 \neq 0$ と漸化式から，すべての n について $a_n \neq 0$ である．両辺の逆数をとり，$b_n = \dfrac{1}{a_n}$ とおくと

$$\frac{1}{a_{n+1}} = \frac{a_n + 2}{a_n} = 2 \cdot \frac{1}{a_n} + 1 \iff b_{n+1} = 2b_n + 1$$

$b_1 = \dfrac{1}{a_1} = 1$ だから(1)と同様にして

$$b_n = 2^n - 1 \iff \boldsymbol{a_n = \frac{1}{2^n - 1}}$$

(6) 一般的に $a_{n+2} = pa_{n+1} + qa_n \cdots ①$ について考える．
$x^2 = px + q \iff x^2 - px - q = 0$ を解き，2解を $x = \alpha, \beta$ とする．解と係数の関係より

$$\alpha + \beta = p, \ \alpha\beta = -q$$

これを利用して①の p, q を α, β で表すと

$$a_{n+2} = (\alpha + \beta)a_{n+1} - \alpha\beta a_n = \alpha a_{n+1} + \beta a_{n+1} - \alpha\beta a_n$$

と変形できる．右辺の αa_{n+1} を左辺に移項すると

$$a_{n+2} - \alpha a_{n+1} = \beta(a_{n+1} - \alpha a_n)$$

となる．この結果を本問に利用すると

$$x^2 = 5x - 6 \iff x = 2, 3$$

より $(\alpha, \beta) = (2, 3), (3, 2)$ として

$$a_{n+2} - 3a_{n+1} = 2(a_{n+1} - 3a_n), \ a_{n+2} - 2a_{n+1} = 3(a_{n+1} - 2a_n)$$

と変形できる．これより $\{a_{n+1} - 2a_n\}, \{a_{n+1} - 3a_n\}$ が等比数列であることがわかり

$$a_{n+1} - 2a_n = (a_2 - 2a_1) \cdot 3^{n-1} = 3^n$$
$$a_{n+1} - 3a_n = (a_2 - 3a_1) \cdot 2^{n-1} = 2^n$$

この辺々を引くと
$$a_n = 3^n - 2^n$$

3. 本問のようにある作業を繰り返す設定で，繰り返した結果が簡単にわからないときは，証明問題なら帰納法，求値問題なら漸化式を利用することが多いようです．つまり繰り返すのは困難だから繰り返してきたことがわかったとして，次のことを考えるのが帰納法であり漸化式です．このほか図形の問題でよくあるのは，繰り返しにより相似図形が現れる問題です．このときは公比だけを見つければよいので，「(1) a_2 を求めよ」のような誘導がついていることがあります．これは a_2 を求めることで公比 $\dfrac{a_2}{a_1}$ を求めよということです．「繰り返し」の証明問題と相似の「繰り返し」を練習してみます．

例 $n \geq 2$, $0 < p_i < 1$ ($i = 1, 2, \cdots, n$) であるとき，不等式
$$1 - (p_1 + p_2 + \cdots + p_n) < (1 - p_1)(1 - p_2) \cdots (1 - p_n)$$
が成立することを示せ． 〔関西大の一部〕

《方針》 本問は (右辺) − (左辺) > 0 を示せばよい．そこで n 個の変数 p_1, p_2, $\cdots$, p_n を動かしたときの最小値を求めて，それが正であることを示すことを目標にする．しかし n 個の変数を同時に動かすとわからないので，p_n を動かして最小値を求め，その最小値の中の p_{n-1} を動かして最小値を求め，その最小値の中の p_{n-2} を動かして最小値を求め，……を繰り返せばできるが，現実的には難しい．一度だけ最小値を求めておいて，それ以降の作業はわかったことにしておこう．つまり帰納法を利用しよう．

《解答》 ［1］ $n = 2$ のとき
$$(右辺) - (左辺) = (1 - p_1)(1 - p_2) - 1 + p_1 + p_2 = p_1 p_2 > 0$$
となり，成り立つ．

［2］ $n = k$ のとき成立すると仮定する．そこで，$n = k+1$ のとき
(右辺) − (左辺) = $f(p_{k+1})$ とおく．
$$f(p_{k+1}) = (1 - p_1)(1 - p_2) \cdots (1 - p_k)(1 - p_{k+1})$$
$$- 1 + (p_1 + p_2 + \cdots + p_k + p_{k+1})$$

これは p_{k+1} の 1 次関数で，p_{k+1} の係数は

$$1-(1-p_1)(1-p_2)\cdots(1-p_k)$$

である．

$$0<1-p_1<1,\ 0<1-p_2<1,\ \cdots,\ 0<1-p_k<1$$

より

$$(1-p_1)(1-p_2)\cdots(1-p_k)<1$$

だから，この p_{k+1} の係数は正である．よって $0<p_{k+1}<1$ のとき

$$f(p_{k+1})>f(0) \qquad\qquad \text{(傾きが正の 1 次関数だから)}$$
$$=(1-p_1)(1-p_2)\cdots(1-p_k)-1+p_1+p_2+\cdots+p_k$$
$$>0 \qquad\qquad \text{(帰納法の仮定より)}$$

したがって，$n=k+1$ のときも成立する．

［1］［2］あわせて数学的帰納法より不等式の成立が示された．

□

> **例** 一辺の長さが 1 である正四面体 OABC の各面に接する球を S_1 とする．S_1 に外接し 3 面 OAB，OBC，OCA に接する球を S_2 とする．S_2 に外接し，同じ 3 面に接する球で S_1 と共有点をもたないものを S_3 とし，以下同様にして球 S_n を定める．S_n の半径を求めよ．

《方針》 内接円の半径を求めるときは，面積を利用する．同様に内接球の半径は体積を利用する．

《解答》 O から平面 ABC に下ろした垂線の足を G とすると G は正 △ABC の外心 (= 重心) である．△ABC で正弦定理より

$$\frac{1}{\sin 60°}=2\text{AG} \qquad \therefore\ \text{AG}=\frac{1}{\sqrt{3}}$$

よって，△OAG について三平方の定理より

$$\text{OG}=\sqrt{\text{OA}^2-\text{AG}^2}=\sqrt{1-\frac{1}{3}}=\frac{\sqrt{6}}{3}$$

となる．(図 1 参照)

図1　図2　図3　図4

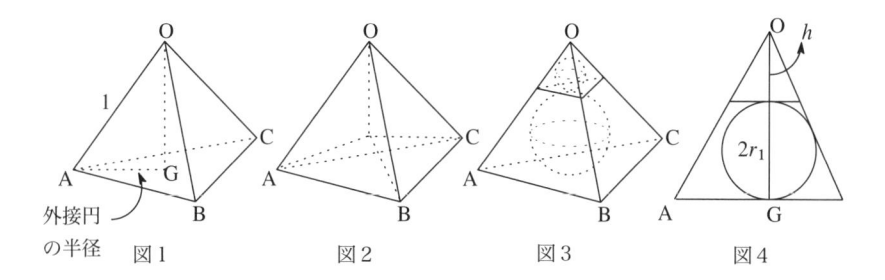

S_n の半径を r_n とし，四面体 OABC の体積を2通りに表現する．1つは S_1 の中心と各頂点を結ぶ線分でこの四面体を4分割して考える (図2参照)．

$$4 \times \frac{1}{3} \cdot \triangle \text{ABC} \cdot r_1 = \frac{1}{3} \cdot \triangle \text{ABC} \cdot \frac{\sqrt{6}}{3} \iff r_1 = \frac{\sqrt{6}}{12}$$

さらに，O を1つの頂点とし S_2 に外接する正四面体を考える (図3参照)．その四面体の高さ h は，

$$h = \text{OG} - 2r_1 = \frac{\sqrt{6}}{3} - \frac{\sqrt{6}}{6} = \frac{\sqrt{6}}{6}$$

ということは，S_1 に外接する正四面体 OABC の高さと S_2 に外接する正四面体の高さの比は

$$\text{OG} : h = \frac{\sqrt{6}}{3} : \frac{\sqrt{6}}{6} = 2 : 1$$

になる．したがって，これが相似比になるので $r_2 = \frac{1}{2} r_1$ となる．これを繰り返すと

$$r_n = \left(\frac{1}{2}\right)^{n-1} r_1 = \frac{\sqrt{6}}{12} \left(\frac{1}{2}\right)^{n-1} \qquad \square$$

OG の長さはベクトルを用いて次のようにも計算できます．

$$|\overrightarrow{\text{OG}}| = \left| \frac{\overrightarrow{\text{OA}} + \overrightarrow{\text{OB}} + \overrightarrow{\text{OC}}}{3} \right|$$

$$= \frac{1}{3} \sqrt{|\overrightarrow{\text{OA}}|^2 + |\overrightarrow{\text{OB}}|^2 + |\overrightarrow{\text{OC}}|^2 + 2\overrightarrow{\text{OA}} \cdot \overrightarrow{\text{OB}} + 2\overrightarrow{\text{OB}} \cdot \overrightarrow{\text{OC}} + 2\overrightarrow{\text{OC}} \cdot \overrightarrow{\text{OA}}}$$

$$= \frac{\sqrt{6}}{3}$$

$\left(|\overrightarrow{\text{OA}}| = |\overrightarrow{\text{OB}}| = |\overrightarrow{\text{OC}}| = 1, \overrightarrow{\text{OA}} \cdot \overrightarrow{\text{OB}} = \overrightarrow{\text{OB}} \cdot \overrightarrow{\text{OC}} = \overrightarrow{\text{OC}} \cdot \overrightarrow{\text{OA}} = \frac{1}{2} \right)$

4. 本問は2項間漸化式になりましたが，3項間漸化式になる問題もあります．

例 xy 平面に 2 つの円
$$C_0 : x^2 + \left(y - \frac{1}{2}\right)^2 = \frac{1}{4}, \quad C_1 : (x-1)^2 + \left(y - \frac{1}{2}\right)^2 = \frac{1}{4}$$
をとり, C_2 を x 軸と C_0, C_1 に接する円とする. さらに $n = 2, 3, \cdots$ に対して C_{n+1} を x 軸と C_{n-1}, C_n に接する円で C_{n-2} とは異なるものとする. C_n の半径を r_n とし,
$$q_n = \frac{1}{\sqrt{2r_n}}$$
とおく. q_n は整数であることを示せ. 〔東京大の一部〕

《解答》

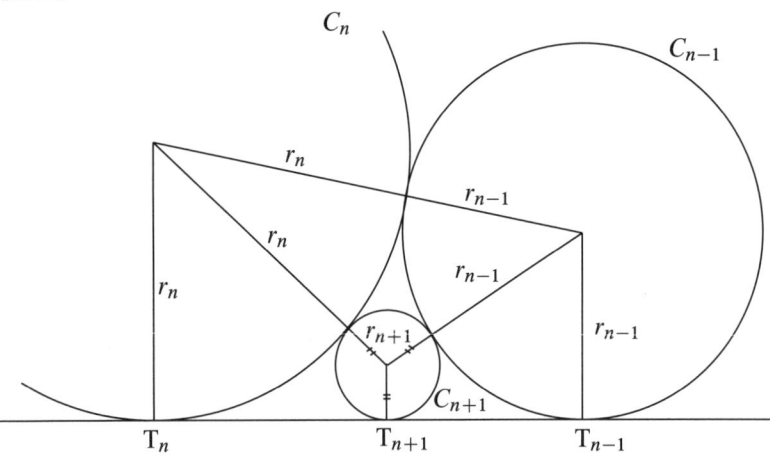

上図のように C_n と x 軸との接点を T_n と定めると, 本問と同様の台形に注目して

$$T_n T_{n+1} = 2\sqrt{r_n r_{n+1}}, \quad T_{n+1} T_{n-1} = 2\sqrt{r_{n+1} r_{n-1}}, \quad T_n T_{n-1} = 2\sqrt{r_n r_{n-1}}$$

これと $T_n T_{n+1} + T_{n+1} T_{n-1} = T_n T_{n-1}$ により
$$\sqrt{r_n r_{n+1}} + \sqrt{r_{n+1} r_{n-1}} = \sqrt{r_n r_{n-1}}$$

この両辺を $\sqrt{2r_{n-1} r_n r_{n+1}}$ で割ると

$$\frac{1}{\sqrt{2r_{n-1}}} + \frac{1}{\sqrt{2r_n}} = \frac{1}{\sqrt{2r_{n+1}}} \iff q_{n+1} = q_n + q_{n-1}$$

これより q_{k-1}, q_k が整数であれば q_{k+1} も整数である. $q_0 = q_1 = 1$ だから帰納法より q_n は整数である ($n = 0, 1, 2, \cdots$). □

―― 連立漸化式:数列の剰余 ――

34 自然数 n に対して,2つの数列 $\{a_n\}$, $\{b_n\}$ を
$$a_1 = 1, \ b_1 = 4, \ a_{n+1} = 2a_n + b_n, \ b_{n+1} = 4a_n - b_n$$
で定める.
(1) $a_{n+1} + tb_{n+1} = k(a_n + tb_n)$ がすべての n について成り立つような t, k の値が2組ある.その値 (t_1, k_1), (t_2, k_2) を求めよ.
(2) a_n, b_n を n で表せ.
(3) a_n が16で割り切れるのは $n = 4$ のときだけであることを示せ.

〔大阪医科大〕

アプローチ

(イ) 連立漸化式の解法は本問の(1)のような形にもちこみます.その中で典型的なものが係数交換型です.このときは辺々を加減すれば解決します.

例 $a_1 = 5$, $b_1 = 3$
$$a_{n+1} = 5a_n + 3b_n \ \cdots\cdots ①, \ b_{n+1} = 3a_n + 5b_n \ \cdots\cdots ②$$
のとき a_n, b_n を求めよ.

《解答》 ①±② より
$$a_{n+1} + b_{n+1} = 8(a_n + b_n), \ a_{n+1} - b_{n+1} = 2(a_n - b_n)$$
これより $\{a_n \pm b_n\}$ が等比数列であることがわかるので,
$$a_n + b_n = (a_1 + b_1)8^{n-1} = 8^n, \ a_n - b_n = (a_1 - b_1)2^{n-1} = 2^n$$
この2式より
$$a_n = \frac{8^n + 2^n}{2}, \ b_n = \frac{8^n - 2^n}{2} \qquad \square$$

このような係数交換型でない連立漸化式
$$a_{n+1} = pa_n + qb_n \cdots\cdots ①, \ b_{n+1} = ra_n + sb_n \cdots\cdots ②$$
は,とりあえず ①$+ x \times$② を計算してみます.
$$a_{n+1} + xb_{n+1} = (p + rx)a_n + (q + sx)b_n \qquad \cdots\cdots\cdots ③$$
この両辺の係数の比が等しければ等比型になるので,次の方程式を解いて x

の値を求めます.
$$1 : x = (p+rx) : (q+sx) \quad \therefore \quad x(p+rx) = q+sx$$
この値を実際③に代入すると等比型になります.

(ロ) (1)は「答えが2つあることがわかっているからみつけろ」という意味です. それは「〜をみたす t, k をすべて求めよ」という問題文ではないので, たまたまみつけたという解答を書いても問題ないし, 解が他にないことを示す必要もありません.

(ハ) 漸化式で定義された数列の性質の証明は, 帰納法を利用することが多いですが, (2)→(3)の流れから(3)は帰納法でないかもしれません. (2)を求めたことで(3)ができるということかもしれないので, 一般項の形をよく観察して議論します.

(ニ) 数列をある整数で割った余りは, 周期性 (一定も含めて) をもつことが多いようです. しかし特異なところもあります. 例えば $2^{n-1}+1$ を4で割ると $n \geq 3$ では1余り, $n=1$ のときは2余り, $n=2$ のときは3余ります. このあたりをついている問題が(3)です.

(ホ) (3)の証明の流れは $n=1, 2, 3, 4,$ のときは実際に求めて確認します. $n \geq 5$ のときは16では割り切れないことを証明します. そのときの目標は式の中に16の倍数とそうでないところを作ることです.

【解答】

(1) $a_{n+1} = 2a_n + b_n$ ……①, $b_{n+1} = 4a_n - b_n$ ……②
① $+ t \times$ ② より
$$a_{n+1} + t b_{n+1} = (2+4t)a_n + (1-t)b_n$$
これが $k(a_n + t b_n)$ に等しくなるためには, $1 : t = (2+4t) : (1-t)$ つまり
$$2t + 4t^2 = 1 - t \quad \therefore \quad 4t^2 + 3t - 1 = 0 \quad \therefore \quad t = -1, \frac{1}{4}$$
であればよく, このとき $(t, k) = \mathbf{(-1, -2)}, \left(\dfrac{1}{4}, 3\right)$

(2) (1)から
$$\begin{cases} a_{n+1} - b_{n+1} = (-2)(a_n - b_n) & \cdots\cdots ③ \\ a_{n+1} + \dfrac{1}{4}b_{n+1} = 3\left(a_n + \dfrac{1}{4}b_n\right) & \cdots\cdots ④ \end{cases}$$
③より $\{a_n - b_n\}$ は公比 -2 の等比数列, ④より $\left\{a_n + \dfrac{1}{4}b_n\right\}$ は公比3の等

比数列であることがわかるので

$$\begin{cases} a_n - b_n = (a_1 - b_1)(-2)^{n-1} = -3(-2)^{n-1} \\ a_n + \dfrac{1}{4}b_n = \left(a_1 + \dfrac{1}{4}b_1\right)3^{n-1} = 2 \cdot 3^{n-1} \end{cases}$$

2 式の連立方程式を解いて

$$a_n = \frac{8 \cdot 3^{n-1} - 3(-2)^{n-1}}{5}, \quad b_n = \frac{8 \cdot 3^{n-1} + 12(-2)^{n-1}}{5}$$

(3) a_1, b_1 は整数であり,a_k, b_k が整数であると仮定すると①,②から a_{k+1}, b_{k+1} も整数となる.よって,帰納法より「a_n, b_n は整数である $(n = 1, 2, 3, \cdots)$.」

具体的に a_1, a_2, a_3, a_4 を求めると

$$1, 6, 12, 48 = 16 \cdot 3$$

となる.

$n \geqq 5$ のとき,$n - 1 \geqq 4$ だから $(-2)^{n-1}$ は $16 = 2^4$ で割り切れるので,

$$5a_n = 8 \cdot 3^{n-1} - 3(-2)^{n-1} = 8 \cdot (奇数) + (16 の倍数)$$

となる.これより $5a_n$ は 8 で割り切れるが 16 では割り切れない.5 と 8 は互いに素だから,$n \geqq 5$ のとき a_n は 8 で割り切れるが 16 では割り切れない.

以上合わせて a_n が 16 で割り切れるのは $n = 4$ のときだけである. □

(フォローアップ)

1. (ハ)で漸化式で定義された数列の性質(例えば正であるとか奇数とか)の証明は帰納法を用いることが多いと述べました.その形にもちこむなら与えられた漸化式から b_n を消去し a_n だけの漸化式に変えるか,a_n, b_n を 16 で割った余りを同時に考えていく必要があります.前者の解法で考えて見ます.

別解 本解答の①より $b_n = a_{n+1} - 2a_n$,$b_{n+1} = a_{n+2} - 2a_{n+1}$ これを②に代入すると

$$a_{n+2} = a_{n+1} + 6a_n \qquad \cdots\cdots\cdots (*)$$

$a_1 = 1, b_1 = 4$ と①より $a_2 = 6$

これと $(*)$ より $a_3 = 12, a_4 = 48 = (16 の倍数)$

以降 16 で割った余りに注目すると

$$a_5 = a_4 + 6a_3 = (16 の倍数) + 6 \cdot 12 = (16 の倍数) + 72$$
$$= (16 の倍数) + 8$$
$$a_6 = a_5 + 6a_4 = (16 の倍数) + 8 + 6 \times (16 の倍数)$$
$$= (16 の倍数) + 8$$
$$a_7 = a_6 + 6a_5 = (16 の倍数) + 8 + 6 \times \{(16 の倍数) + 8\}$$
$$= (16 の倍数) + 56 = (16 の倍数) + 8$$

以降同様に a_k, a_{k+1} が 8 余るならば a_{k+2} も 8 余ることがいえる．したがって，帰納法により $n \geqq 5$ のとき a_n を 16 で割った余りが 8 であることがいえる．

以上合わせて，a_n が 16 で割り切れるのは $n = 4$ のときだけである．

□

このように「求めたい・考えたい数列」の漸化式に作り変えるというのは大切な作業です．さらに一般項が求まる漸化式でも，求めない方が証明しやすいことが多いです．次の例題は簡単に漸化式を解くことができて，それを利用しても証明できますが，求めない方が簡単でしょう．

例 $a_1 = \dfrac{1}{3}$, $a_{n+1} = \dfrac{1}{3}a_n + 1$ $(n = 1, 2, \cdots)$ によって定められる $\{a_n\}$ について，$3^n a_n$ は整数であるが $3^{n-1} a_n$ は整数でないことを証明せよ．

《解答》 $b_n = 3^n a_n$, $c_n = 3^{n-1} a_n$ $(n \geqq 1)$ とおく．与えられた漸化式の両辺をそれぞれ 3^{n+1}, 3^n 倍すると
$$b_{n+1} = b_n + 3^{n+1}, \quad c_{n+1} = c_n + 3^n \qquad \cdots\cdots\cdots (*)$$
$n \geqq 1$ のとき 3^{n+1}, 3^n はともに整数である．$b_1 = 1$, $c_1 = \dfrac{1}{3}$ だから b_1 は整数であるが c_1 は整数でない．さらに b_k は整数であるが c_k は整数でないと仮定すると $(*)$ より b_{k+1} は整数であるが c_{k+1} は整数でないことがいえる．したがって，帰納法より題意は証明された．

□

2. (二) にもありますが，数列をある整数で割った余りは周期性をもつことが多いようです．

例 (1) $a_{n+2} = a_{n+1} + a_n$, $a_1 = a_2 = 1$ のとき a_{60} を 4 で割った余りを求めよ．
(2) 7^{40} の一の位の数を求めよ．

《解答》 (1) 漸化式より
$$(a_{n+2} \text{を 4 で割った余り}) = (a_{n+1} + a_n \text{を 4 で割った余り})$$
である．これを利用して a_n を 4 で割った余りを順に書き出すと
$$\underline{1, 1,} 2, 3, 1, 0, \underline{1, 1,} 2, \cdots$$
となる．3 項間漸化式だから上の下線部に注目すると，a_n を 4 で割った余りは周期 6 である．よって，a_{60} と a_6 を 4 で割った余りは一致し，求める余りは **0**

(2)
$$7^1 = 7, \ 7^2 = 49$$
$$7^3 = 49 \times 7 = \boxed{\cdots}\,3$$
$$7^4 = 7^3 \times 7 = \boxed{\cdots}\,3 \times 7 = \boxed{\cdots\cdots}\,1$$
$$7^5 = 7^4 \times 7 = \boxed{\cdots\cdots}\,1 \times 7 = \boxed{\cdots\cdots}\,7$$

これから，一の位は
$$7, \ 9, \ 3, \ 1$$
をくりかえし，周期 4 であることがわかる．よって，7^4 と 7^{40} の一の位は一致するので求める値は **1** □

《注》 (1)の項を書きあげるとき，4 の倍数は無視して余りだけを代入します．
(2)の一の位とは，その自然数を 10 で割った余りです．ということは周期性があるのではと考えます．この周期性は，$c_n = (7^n \text{を 10 で割った余り})$ とおくと，
$$c_{n+1} = (7c_n \text{を 10 で割った余り})$$
であることと $c_5 = c_1 = 7$ とから示せます．また，
$$a - b = (p \text{の倍数}) \iff a, b \text{を } p \text{ で割った余りは一致}$$
を利用して，
$$7^{n+4} - 7^n = 7^n(7^4 - 1) = 2400 \cdot 7^n = (10 \text{の倍数})$$
より 7^n と 7^{n+4} の一の位は等しいとしても示せます．

―― 数列：漸化式，帰納法 ――

35 次の条件で定められた数列 $\{a_n\}$ を考える．
$$a_1 = 1, \quad a_{n+1} = \frac{3}{n}(a_1 + a_2 + \cdots + a_n) \quad (n = 1, 2, 3, \cdots)$$

(1) $a_1, a_2, a_3, a_4, a_5, a_6$ を求めて，一般項 a_n を n の式で表せ．
(2) (1)で求めた一般項が正しいことを数学的帰納法を用いて示せ．

〔福井大〕

アプローチ

(イ) 漸化式はすぐには解けるタイプではないので，誘導にしたがって，書き並べてみましょう．これから一般項の予想がつけばよいのですが，すこしみつけにくいかもしれません．

わかりにくときは階差をとってみる，という方法があります．これで必ずうまくいくというわけではありませんが，試みる価値はあります．階差がわかれば $\{a_n\}$ の階差数列を $\{b_n\}$ とすると $(b_n = a_{n+1} - a_n)$
$$a_n = a_1 + \sum_{k=1}^{n-1} b_k \quad (n \geq 2)$$
により一般項が計算できます．

(ロ) 推定したあとは，漸化式があるので帰納法で証明します．一般に「漸化式で定義された数列の一般項についての証明」は「帰納法」を用います．ただし，本問の漸化式では a_1 から a_n がすべてわかってはじめて a_{n+1} が計算できるので，

$$\begin{cases} [1] & P(1) \\ [2] & P(1), \ P(2), \ \cdots, \ P(k) \implies P(k+1) \end{cases}$$

のタイプの帰納法を用います．これは

$P(1)$ が成り立つ　　　　　　　　　　　　（［1］）
「$P(1) \implies P(2)$」が成り立つ　　　　　（［2］で $k = 1$）
したがって，$P(2)$ が成り立つ
「$P(1), \ P(2) \implies P(3)$」が成り立つ　（［2］で $k = 2$）
したがって，$P(3)$ が成り立つ

のようにして，次々と $P(n)$ の成立を示していくものです．

解答

$$a_{n+1} = \frac{3}{n}(a_1 + a_2 + \cdots + a_n) \quad \cdots\cdots\cdots ①$$

(1) $a_1 = 1$, $a_2 = \frac{3}{1} \cdot 1 = 3$, $a_3 = \frac{3}{2}(1+3) = 6$, $a_4 = \frac{3}{3}(1+3+6) = 10$,
$a_5 = \frac{3}{4}(1+3+6+10) = 15$, $a_6 = \frac{3}{5}(1+3+6+10+15) = 21$
これらから,

$$a_n = \frac{1}{2}n(n+1) \quad \cdots\cdots\cdots ②$$

と推定できる.

(2) ［1］ $a_1 = 1$ だから②は $n = 1$ のとき成り立つ.
［2］ ②が $n = 1, 2, \cdots, k$ について成り立つと仮定する. このとき①から

$$\begin{aligned}
a_{k+1} &= \frac{3}{k}(a_1 + a_2 + \cdots + a_k) \\
&= \frac{3}{k}\sum_{l=1}^{k} \frac{1}{2}l(l+1) = \frac{3}{2k}\sum_{l=1}^{k}(l^2 + l) \\
&= \frac{3}{2k}\left\{\frac{1}{6}k(k+1)(2k+1) + \frac{1}{2}k(k+1)\right\} \\
&= \frac{3}{2k} \cdot \frac{1}{6}k(k+1)(2k+4) = \frac{1}{2}(k+1)(k+2)
\end{aligned}$$

となり, ②は $n = k+1$ のときも成り立つ.
　以上から, 帰納法によりすべての自然数 n について②が成り立つ. □

フォローアップ

1. ②は類推しにくいですが, $\{a_n\}$ の階差数列 $\{b_n\}$ が

$$b_1 = 2, \ b_2 = 3, \ b_3 = 4, \ b_4 = 5, \ b_5 = 6$$

となることから, $b_n = n + 1$ と推定できて

$$a_n = a_1 + \sum_{k=1}^{n-1}(k+1) = 1 + 2 + 3 + \cdots + n = \frac{1}{2}n(n+1)$$

となります.

2. (2)の和の $\sum$ の計算は次のような方法もあります:

$$\frac{1}{2}n(n+1) = \frac{1}{6}n(n+1)(n+2) - \frac{1}{6}(n-1)n(n+1) \quad \cdots\cdots\cdots (*)$$

だから, $f(k) = \frac{1}{6}k(k+1)(k+2)$ とおくと,

$$\sum_{l=1}^{k}\frac{1}{2}l(l+1)=\sum_{l=1}^{k}\{f(l)-f(l-1)\}$$
$$=\{f(k)-f(k-1)\}+\{f(k-1)-f(k-2)\}+\cdots+\{f(1)-f(0)\}$$
$$=f(k)-f(0)=f(k)$$

この (*) は，ちょうど $\dfrac{1}{n(n+1)}=\dfrac{1}{n}-\dfrac{1}{n+1}$ の変形と同じようなもので，このように「一般項を隣りあう2項の差の形」に表すと和が計算できます．これと類似のものに次のような式があります：

$$n=\frac{1}{2}n(n+1)-\frac{1}{2}(n-1)n$$
$$\frac{1}{6}n(n+1)(n+2)$$
$$=\frac{1}{24}n(n+1)(n+2)(n+3)-\frac{1}{24}(n-1)n(n+1)(n+2)$$

これは和を計算する原理で，ちょうど関数の積分を計算するのに不定積分を求めるのと類似したことがらです (和が積分，階差が微分に対応しています)．

例 次の和を計算せよ．

(1) $\displaystyle\sum_{k=1}^{n}\frac{1}{k(k+1)(k+2)}$ (2) $\displaystyle\sum_{k=1}^{n}\frac{1}{\sqrt{k+1}+\sqrt{k}}$

(3) $\displaystyle\sum_{k=1}^{n}k\cdot k!$ (4) $\displaystyle\sum_{k=1}^{n}\frac{k}{2^k}$

《解答》 (1) (与式) $=\dfrac{1}{2}\displaystyle\sum_{k=1}^{n}\left\{\dfrac{1}{k(k+1)}-\dfrac{1}{(k+1)(k+2)}\right\}$

$$=\frac{1}{2}\left\{\frac{1}{1\cdot 2}-\frac{1}{(n+1)(n+2)}\right\}=\boldsymbol{\frac{n(n+3)}{4(n+1)(n+2)}}$$

(2) (与式) $=\displaystyle\sum_{k=1}^{n}(\sqrt{k+1}-\sqrt{k})=\boldsymbol{\sqrt{n+1}-1}$

(3) (与式) $=\displaystyle\sum_{k=1}^{n}\{(k+1)-1\}k!=\displaystyle\sum_{k=1}^{n}\{(k+1)!-k!\}=\boldsymbol{(n+1)!-1}$

(4) (与式) $= \sum_{k=1}^{n}\left(\dfrac{k+1}{2^{k-1}} - \dfrac{k+2}{2^k}\right) = 2 - \dfrac{n+2}{2^n}$ □

《注》 (4)は $S_n = \sum$(等差)(等比) の形ですから，普通は等比数列の公比 r として，$S_n - rS_n$ をつくって和を求めますが，ここではあえて隣り合う差の形にしてみました．この差の形を探すには $f(k) = \dfrac{ak+b}{2^{k-1}}$ とおいて $f(k) - f(k+1)$ を計算して，これが $\dfrac{k}{2^k}$ になるように定数 a, b を求めればよいのです．

3. ①は和 $\sum_{k=1}^{n} a_k$ を含む漸化式です．このような場合，$\sum$ を消去することで，普通の漸化式が得られることがよくあります．それには n を1つ増やすか，減らすかして得られた式と①との差をとればよいのです．まず，①の分母をはらって
$$na_{n+1} = 3(a_1 + \cdots + a_n) \qquad \cdots\cdots\cdots \text{③}$$
$n \geqq 2$ のとき，n を $n-1$ として，
$$(n-1)a_n = 3(a_1 + \cdots + a_{n-1}) \qquad \cdots\cdots\cdots \text{④}$$
③ − ④ から
$$na_{n+1} - (n-1)a_n = 3a_n \qquad \therefore \quad a_{n+1} = \dfrac{n+2}{n} a_n \qquad \cdots\cdots\cdots \text{⑤}$$
(1)により $a_2 = 3$ だから，⑤は $n=1$ のときも成り立ち
$$\begin{aligned}
a_n &= \dfrac{n+1}{n-1} a_{n-1} = \dfrac{n+1}{n-1} \cdot \dfrac{n}{n-2} a_{n-2} \\
&= \dfrac{n+1}{n-1} \cdot \dfrac{n}{n-2} \cdot \dfrac{n-1}{n-3} \cdots\cdots \dfrac{5}{3} \cdot \dfrac{4}{2} \cdot \dfrac{3}{1} a_1 \\
&= \dfrac{n+1}{n-1} \cdot \dfrac{n}{n-2} \cdot \dfrac{n-1}{n-3} \cdots\cdots \dfrac{5}{3} \cdot \dfrac{4}{2} \cdot \dfrac{3}{1} = \dfrac{(n+1)n}{2}
\end{aligned}$$
これは $n=1$ のときも成り立つ．

なお，ちょっと気がつきにくいですが，⑤は
$$\dfrac{a_{n+1}}{(n+1)(n+2)} = \dfrac{a_n}{n(n+1)} \ (n \geqq 1)$$
と変形でき，これから数列 $\left\{\dfrac{a_n}{n(n+1)}\right\}$ が定数列 (初項がずっと並んでいる数列) であることがわかり，
$$\dfrac{a_n}{n(n+1)} = \dfrac{a_1}{1 \cdot 2} = \dfrac{1}{2} \qquad \therefore \quad a_n = \dfrac{1}{2} n(n+1)$$
これがもっともうまいですが，本問の意図からはずれています．

係数に n を含む漸化式について練習しておきましょう．

例 次の漸化式で定義される数列の一般項を求めよ．
(1) $a_{n+1} = (n+1)a_n$, $a_1 = 1$
(2) $(n+2)a_{n+1} = na_n$, $a_1 = 1$
(3) $na_{n+1} = 2(n+1)a_n + n(n+1)$, $a_1 = 1$
(4) $a_{n+1} = (n+1)a_n - n$, $a_1 = 1$

上で説明したように，繰り返し漸化式を用いて n を 1 まで下げていったり，実験→推定→帰納法などでもできますが，ここでは練習のためできるだけ「n と $n+1$ のカタマリをつくる」方法で考えてみます．

《解答》(1) 両辺を $(n+1)!$ で割り
$$\frac{a_{n+1}}{(n+1)!} = \frac{a_n}{n!} \quad \therefore \quad \frac{a_n}{n!} = \frac{a_1}{1!} = 1 \quad \therefore \quad a_n = \boldsymbol{n!}$$

(2) 両辺に $n+1$ をかけて $(n+2)(n+1)a_{n+1} = (n+1)na_n$
$$\therefore \quad (n+1)na_n = 2 \cdot 1 \cdot a_1 = 2 \quad \therefore \quad a_n = \boldsymbol{\frac{2}{n(n+1)}}$$

(3) 両辺を $n(n+1)$ で割り
$$\frac{a_{n+1}}{n+1} = 2 \cdot \frac{a_n}{n} + 1 \quad \therefore \quad \frac{a_{n+1}}{n+1} + 1 = 2\left(\frac{a_n}{n} + 1\right)$$
$$\therefore \quad \frac{a_n}{n} + 1 = 2^{n-1}\left(\frac{a_1}{1} + 1\right) = 2^n \quad \therefore \quad a_n = \boldsymbol{n(2^n - 1)}$$

(4) 両辺を $(n+1)!$ で割り，
$$\frac{a_{n+1}}{(n+1)!} = \frac{a_n}{n!} - \frac{n}{(n+1)!} \quad \text{(階差型)}$$
$$\therefore \quad \frac{a_n}{n!} = \frac{a_1}{1!} + \sum_{k=1}^{n-1} \frac{-k}{(k+1)!} = 1 + \sum_{k=1}^{n-1} \frac{1-(k+1)}{(k+1)!}$$
$$= 1 + \sum_{k=1}^{n-1}\left\{\frac{1}{(k+1)!} - \frac{1}{k!}\right\} = \frac{1}{n!} \quad (n \geq 2)$$
$$\therefore \quad a_n = \boldsymbol{1}$$

これは $n = 1$ のときも正しい． □

《注》(4)は $\dfrac{a_{n_1}}{(n+1)!} - \dfrac{1}{(n+1)!} = \dfrac{a_n}{n!} - \dfrac{1}{n!}$ あるいは $a_{n+1} - 1 = (n+1)(a_n - 1)$ と変形するとはやい．

──── 漸化式：n 乗の和，整数部分 ────

36 2次方程式 $x^2 - x - 1 = 0$ の解を α, β $(\alpha > \beta)$ とし，$L_n = \alpha^n + \beta^n$ $(n = 0, 1, 2, \cdots)$ によって数列 $\{L_n\}$ を定める．次の問いに答えよ．

(1) L_0, L_1, L_2 を求めよ．

(2) $n = 0, 1, 2, \cdots$ に対して L_n はつねに自然数であることを数学的帰納法により証明せよ．

(3) $n = 2, 3, 4, \cdots$ に対して $L_n = \left[\alpha^n + \dfrac{1}{2}\right]$ が成り立つことを証明せよ．ただし，$[x]$ は x を越えない最大の整数を表すものとする．

〔鳴門教育大〕

アプローチ

(イ) (1)では，α, β は具体的に求められますが，L_n は α と β の対称式なので，n が小さい正の整数のときは $\alpha + \beta$, $\alpha\beta$ で具体的に表せます (☞ 24)．したがって解と係数の関係を用います．

(ロ) (2)は L_n が自然数であることを帰納法で示せということですから，例えば「L_k が自然数であることから，L_{k+1} が自然数である」を導くことが求められています．すると，L_k と L_{k+1} の関係がほしい，それは $\{L_n\}$ についての漸化式です．そこで L_{k+1} を L_k で表すことを考えてみましょう．もちろん漸化式の係数は証明すべきことからみて自然数であってほしい．すると

$$L_{k+1} = \alpha^{k+1} + \beta^{k+1} = (\alpha^k + \beta^k)(\alpha + \beta) - \alpha^k\beta - \alpha\beta^k$$
$$= (\alpha + \beta)L_k - \alpha\beta(\alpha^{k-1} + \beta^{k-1})$$

となり，L_k だけでなく L_{k-1} があらわれてしまうことがわかります．すなわち，2項間漸化式ではなく3項間漸化式を用いることになるのです．したがって，漸化式はいまの場合 L_{n+2} を L_{n+1} と L_n で表したものであり，帰納法は

$$\begin{cases} [1] & P(1), P(2) \\ [2] & P(k), P(k+1) \implies P(k+2) \quad (k \geq 1) \end{cases}$$

のタイプであることがわかります．

(ハ) 整数部分の定義を思いだしておきましょう．実数 x の整数部分とは
$$n \leqq x < n+1$$
をみたす整数 n のことで，これは x に対して1つにきまり，普通は $[x]$ で表します．したがって，
$$[x] = n \iff \begin{cases} n \text{ は整数} \\ n \leqq x < n+1 \end{cases}$$
です．(3)では，L_n が整数は(2)で示してあるので，
$$L_n \leqq \alpha^n + \frac{1}{2} < L_n + 1 \quad (n \geqq 2)$$
を示すことになり，$L_n - \alpha^n = \beta^n$ だから β がどれくらいの値であるかを調べること (評価) に帰着されます．

解答

(1) 解と係数の関係により $\alpha + \beta = 1$, $\alpha\beta = -1$ だから，
$$L_0 = \alpha^0 + \beta^0 = \mathbf{2}$$
$$L_1 = \alpha + \beta = \mathbf{1}$$
$$L_2 = (\alpha + \beta)^2 - 2\alpha\beta = \mathbf{3}$$

(2) 0以上のすべての整数 n について
$$\begin{aligned} L_{n+2} &= \alpha^{n+2} + \beta^{n+2} \\ &= (\alpha + \beta)(\alpha^{n+1} + \beta^{n+1}) - \alpha\beta(\alpha^n + \beta^n) \\ &= L_{n+1} + L_n \end{aligned} \quad \cdots\cdots\cdots \text{①}$$

が成り立つ．

(1)から L_0, L_1 は自然数であり，L_k と L_{k+1} が自然数ならば (k は 0 以上の整数) ①から $L_{k+2} = L_{k+1} + L_k$ も自然数である．したがって，帰納法によりすべての $n \geqq 0$ について L_n は自然数である． □

(3) β は小さい方の解だから，解の公式から $\beta = \dfrac{1 - \sqrt{5}}{2}$ であり，
$$|\beta| = \frac{\sqrt{5} - 1}{2} < 1 \qquad (\because \sqrt{5} < 3)$$
したがって，$n \geqq 2$ では
$$|\beta^n| = |\beta|^n \leqq |\beta|^2 = \frac{3 - \sqrt{5}}{2} < \frac{1}{2} \qquad (\because 2 < \sqrt{5})$$
$$\therefore \quad -\frac{1}{2} < \beta^n < \frac{1}{2}$$

となり，
$$\alpha^n - \frac{1}{2} < \alpha^n + \beta^n = L_n < \alpha^n + \frac{1}{2}$$
$$\therefore \quad L_n < \alpha^n + \frac{1}{2} < L_n + 1 \quad \therefore \quad \left[\alpha^n + \frac{1}{2}\right] = L_n$$

□

(フォローアップ)

1. 3 項間漸化式 $a_{n+2} = (\alpha + \beta)a_{n+1} - \alpha\beta a_n$ ………(∗)
できまる数列の一般項は定数 A, B を用いて
$$a_n = A\alpha^n + B\beta^n \qquad \cdots\cdots(\star)$$
とかけることがわかります (☞ 33 (フォローアップ) 1.)．逆に，(⋆) の $\{a_n\}$ は (∗) をみたすことが代入すればわかります．このように n 乗の和は漸化式をみたし，漸化式は一般項を求めるだけでなく，本問のように作ることも大切です．実際，本問(2)は
$$\left(\frac{1+\sqrt{5}}{2}\right)^n + \left(\frac{1-\sqrt{5}}{2}\right)^n$$
がすべての 0 以上の n について自然数であることを示せということで，この無理数をつかった表現からは整数であることはすぐにはわかりません．

また上の解答と同じことですが，(⋆) のみたす漸化式を作るところは次のようにもいえます．$\alpha + \beta = p$, $\alpha\beta = q$ とおくと，α, β は 2 次方程式
$$x^2 - px + q = 0$$
の 2 解だから，
$$\alpha^2 - p\alpha + q = 0 \cdots\cdots ②, \quad \beta^2 - p\beta + q = 0 \cdots\cdots ③$$
をみたす．② × $A\alpha^n$ + ③ × $B\beta^n$ から
$$(A\alpha^{n+2} + B\beta^{n+2}) - p(A\alpha^{n+1} + B\beta^{n+1}) + q(A\alpha^n + B\beta^n) = 0$$
となり，$a_{n+2} = pa_{n+1} - qa_n$ が成り立つ．

2. 実数 x に対して，その小数部分は $x - [x]$ で定義され，普通は $\langle x \rangle$ とかかれます．すなわち
$$x = [x] + \langle x \rangle, \quad [x] \text{ は整数}, \quad 0 \leq \langle x \rangle < 1$$
です (☞ 8)．

本問とよく似たタイプの問題をやってみましょう：

> **例** すべての正の整数 n について
> $$(2+\sqrt{3})^n = a_n + b_n\sqrt{3}$$
> により，整数 a_n, b_n を定める．このとき
> $$\left[(2+\sqrt{3})^n\right] = 2a_n - 1$$
> であることを示せ．

結論の $[\,\cdot\,]$ はもちろん整数部分です．ちょっととりつくしまがないような気がしますが，ヒントは $2+\sqrt{3}$ の相棒 $2-\sqrt{3}$ をもちだすことです．

《解答》
$$(2+\sqrt{3})^n = a_n + b_n\sqrt{3} \qquad \cdots\cdots\cdots \text{ⓐ}$$
に対して
$$(2-\sqrt{3})^n = a_n - b_n\sqrt{3} \qquad \cdots\cdots\cdots \text{ⓑ}$$

が成り立つ．実際 $(2+\sqrt{3})^n$ の展開の一般項は ${}_n\mathrm{C}_k 2^{n-k}\sqrt{3}^k$ $(0 \leqq k \leqq n)$ であるが，ここで $\sqrt{3}$ は k が奇数の項だけからあらわれるので，

$$a_n = \sum_{k \text{ は偶数}} {}_n\mathrm{C}_k 2^{n-k}\sqrt{3}^k, \quad b_n\sqrt{3} = \sum_{k \text{ は奇数}} {}_n\mathrm{C}_k 2^{n-k}\sqrt{3}^k$$

したがって，
$$a_n - b_n\sqrt{3} = \sum_{k \text{ は偶数}} {}_n\mathrm{C}_k 2^{n-k}\sqrt{3}^k - \sum_{k \text{ は奇数}} {}_n\mathrm{C}_k 2^{n-k}\sqrt{3}^k$$
$$= \sum_{k=0}^{n} {}_n\mathrm{C}_k 2^{n-k}(-\sqrt{3})^k = (2-\sqrt{3})^n$$

となるからである．ⓐ＋ⓑ から
$$2a_n = (2+\sqrt{3})^n + (2-\sqrt{3})^n \quad \therefore \quad (2+\sqrt{3})^n = 2a_n - (2-\sqrt{3})^n$$
となるが，ここで $0 < 2-\sqrt{3} < 1$ だから $0 < (2-\sqrt{3})^n < 1$ となり
$$2a_n - 1 < (2+\sqrt{3})^n < 2a_n$$

これと a_n は整数であることから，$(2-\sqrt{3})^n$ の整数部分は $2a_n - 1$ である．

□

《注》 ⓑは次のようにして導く方法もあります．まずⓐから
$$a_{n+1} + b_{n+1}\sqrt{3} = (2+\sqrt{3})^{n+1} = (2+\sqrt{3})(2+\sqrt{3})^n$$
$$= (2+\sqrt{3})(a_n + b_n\sqrt{3}) = 2a_n + 3b_n + (a_n + 2b_n)\sqrt{3}$$

これと a_n, b_n は有理数(整数)で $\sqrt{3}$ が無理数であることから (☞ 6 (ロ))
$$a_{n+1} = 2a_n + 3b_n, \quad b_{n+1} = a_n + 2b_n \qquad \cdots\cdots\cdots ⓒ$$
したがって，
$$a_{n+1} - b_{n+1}\sqrt{3} = (2a_n + 3b_n) - \sqrt{3}(a_n + 2b_n)$$
$$= (2 - \sqrt{3})(a_n - b_n\sqrt{3})$$
となり，$\{a_n - b_n\sqrt{3}\}$ は公比 $2-\sqrt{3}$ の等比数列である．また，ⓐで $n=1$ のとき
$$2 + \sqrt{3} = a_1 + b_1\sqrt{3} \quad \therefore \quad a_1 = 2, \ b_1 = 1$$
だから，$a_n - b_n\sqrt{3} = (2-\sqrt{3})(2-\sqrt{3})^{n-1} = (2-\sqrt{3})^n$

□

 他にも，ⓒから帰納法でⓑを示すなどの方法があります．
 さて，ⓐとⓑを辺々かけると
$$1 = a_n{}^2 - 3b_n{}^2$$
となるので，$(x, y) = (a_n, b_n)$ は方程式
$$x^2 - 3y^2 = 1$$
の整数解であることもわかります．したがって整数解は無数にありますが，この整数解 (a_n, b_n) を表すのに無理数 $\sqrt{3}$ が必要になるのです．上のような方程式はペル方程式と呼ばれていて，入試でも誘導つきでときどき出題されてきました．

―― 3次関数の最大最小：2曲線が接する条件 ――

37 3次関数 $f(x)$ および2次関数 $g(x)$ を
$$f(x) = x^3, \ g(x) = ax^2 + bx + c$$
とし，$y = f(x)$ と $y = g(x)$ のグラフが点 $\left(\dfrac{1}{2}, \dfrac{1}{8}\right)$ で共通の接線をもつとする．このとき以下の問いに答えよ．

(1) b，c を a を用いて表せ．

(2) $f(x) - g(x)$ の $0 \leqq x \leqq 1$ における最小値を a を用いて表せ．

〔千葉大〕

アプローチ

(イ) 「2つの曲線がある点で接している」ことは「2つの曲線がある点を共有し，その点で同一の直線に接している」ことにより定義され，また「ある点で2つの曲線が共通の接線をもつ」とも表現されます．条件に接点が与えられていない場合は，まず接点の x 座標を設定します．そしてその点での y 座標と微分係数（=「接線の傾き」）が等しいという連立方程式を立てます．つまり $y = f(x)$ と $y = g(x)$ が $x = t$ の点で接する条件は，
$$f(t) = g(t), \ f'(t) = g'(t)$$
です．

> **例** a は実数とする．2つの曲線
> $$y = x^3 + 2ax^2 - 3a^2 x - 4, \ y = ax^2 - 2a^2 x - 3a$$
> は，ある共有点で両方の曲線に共通な接線をもつ．このとき，a の値を求めよ． 〔千葉大〕

《解答》 $f(x) = x^3 + 2ax^2 - 3a^2 x - 4, \ g(x) = ax^2 - 2a^2 x - 3a$ とし，共有点の x 座標を t とすると
$$f(t) = g(t), \ f'(t) = g'(t)$$
これを整理すると
$$t^3 + at^2 - a^2 t - 4 + 3a = 0 \cdots\cdots ①, \ 3t^2 + 2at - a^2 = 0 \cdots\cdots ②$$

となる．②より $(t+a)(3t-a) = 0 \iff t = -a, \dfrac{a}{3}$

$t = -a$ を①に代入すると
$$a^3 + 3a - 4 = 0 \iff (a-1)(a^2+a+4) = 0$$

a は実数より $a = 1$

$t = \dfrac{a}{3}$ を①に代入すると $5a^3 - 81a + 108 = 0$

$$(a-3)(5a^2 + 15a - 36) = 0 \quad \therefore \quad a = 3, \dfrac{-15 \pm 3\sqrt{105}}{10}$$

よって， $a = 1, 3, \dfrac{-15 \pm 3\sqrt{105}}{10}$ □

(ロ) $F(x)$ の増減は $F'(x)$ の符号から考えます．本問のように $F(x)$ に文字定数が含まれる場合は，$F'(x)$ の段階でしっかり場合分けを行います．まず第一段階は，$F'(x) = 0$ になる x の個数で場合を分け，その値が 2 つのときはそれらの大小で場合分けをおこないます．第二段階は，定義域と $F'(x) = 0$ の解との位置関係で場合分けをおこないます．一度に考えるのではなく，作業を分割して考えたほうが安全です．(2)では $F(x) = f(x) - g(x)$ として，$F'(x) = 0$ の解は $x = \dfrac{1}{2}, \alpha = \dfrac{2}{3}a - \dfrac{1}{2}$ です．

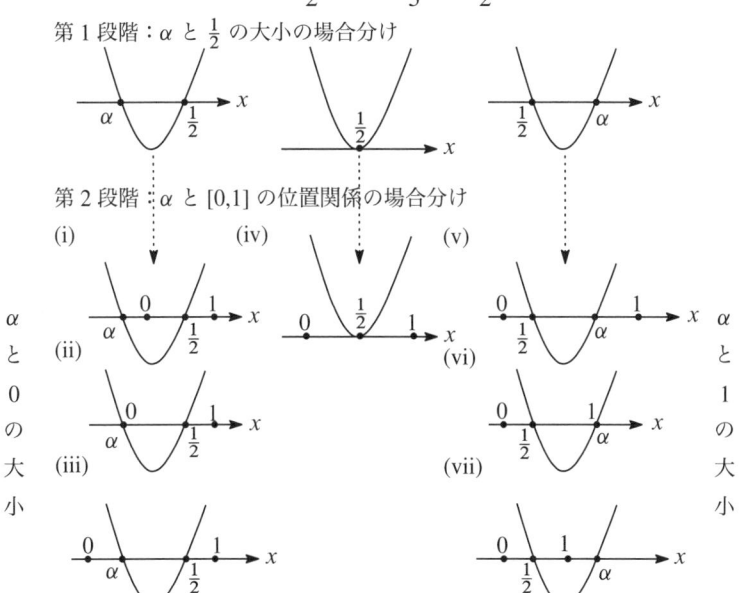

第 1 段階： α と $\dfrac{1}{2}$ の大小の場合分け

第 2 段階： α と $[0,1]$ の位置関係の場合分け

α と 0 の大小： (i), (ii), (iii)

(iv), (v), (vi), (vii)： α と 1 の大小

これより $[0, 1]$ の導関数の符号と増減は次のようになります．

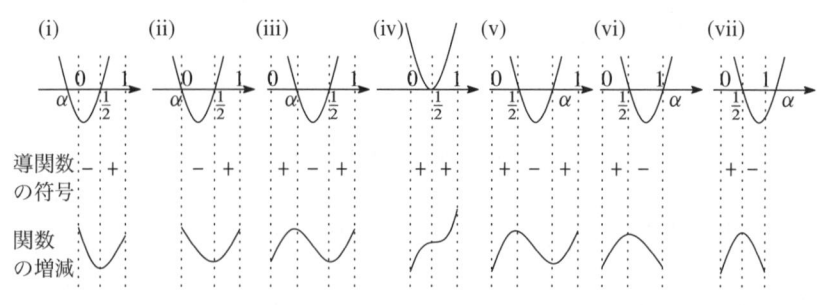

	(i)	(ii)	(iii)	(iv)	(v)	(vi)	(vii)
導関数の符号	− +	− +	+ − +	+ +	+ − +	+ −	+ −
関数の増減							

したがって，$F(x)$ が最小となるのは

(i)(ii)は $x = \dfrac{1}{2}$ のとき．

(iii)は $x = 0, \dfrac{1}{2}$ のいずれかのとき．

(iv)は $x = 0$ のとき．

(v)は $x = 0, \alpha$ のいずれかのとき．

(vi)(vii)は $x = 0, 1$ のいずれかのとき．

ということがわかります．このうち最小となる候補が2つあるところは，両者の値を比較してもう一度場合分けが生じる可能性があります．この作業を丁寧に実行すれば答えにたどり着けるでしょう．

しかし少し場合分けが煩雑になりそうなので，違う観点で場合分けを行います．最小となるのは基本的にグラフの端点か極値です．グラフの形などで場合分けを行うのではなく，最小値となる場所で場合分けを行います．最小となる候補がいくつかある場合は，それらをすべて求めその中でもっとも小さいものを求めます．

本問なら(v)と(v)以外で分ければよいでしょう．それは，(v)は $x = 0$ と $x = \alpha$ のときを比べ，それ以外は $x = 0, \dfrac{1}{2}, 1$ のときを比べればよいからです．この3つの値が不要な区間もあると考える人がいるかもしれません．確かにどれかの値は不要になるかもしれませんが，この値はつねに定義域に含まれる値なので，無駄になっても構わないので比較する対象に入れてしまえばいいのです．そうすれば(v)以外をざっくりひとまとめにできます．

解答

(1) $f'(x) = 3x^2$, $g'(x) = 2ax + b$

$y = f(x)$, $y = g(x)$ が点 $\left(\dfrac{1}{2}, \dfrac{1}{8}\right)$ で接する条件を求めればよく，それは

$$f\left(\dfrac{1}{2}\right) = g\left(\dfrac{1}{2}\right) = \dfrac{1}{8}, \ f'\left(\dfrac{1}{2}\right) = g'\left(\dfrac{1}{2}\right)$$

$$\iff \dfrac{1}{4}a + \dfrac{1}{2}b + c = \dfrac{1}{8}, \ \dfrac{3}{4} = a + b$$

$$\iff \bm{b = \dfrac{3}{4} - a, \ c = \dfrac{1}{4}a - \dfrac{1}{4}}$$

(2) $F(x) = f(x) - g(x)$ とおく．これに(1)の結果を代入すると

$$F(x) = x^3 - ax^2 + \left(a - \dfrac{3}{4}\right)x + \left(\dfrac{1}{4} - \dfrac{1}{4}a\right)$$

これより

$$\begin{aligned}
F'(x) &= 3x^2 - 2ax + \left(a - \dfrac{3}{4}\right) \\
&= 3\left(x^2 - \dfrac{1}{4}\right) - 2a\left(x - \dfrac{1}{2}\right) \qquad \cdots\cdots (*) \\
&= \left(x - \dfrac{1}{2}\right)\left\{3\left(x + \dfrac{1}{2}\right) - 2a\right\} = 3\left(x - \dfrac{1}{2}\right)\left\{x - \left(\dfrac{2}{3}a - \dfrac{1}{2}\right)\right\}
\end{aligned}$$

$\alpha = \dfrac{2}{3}a - \dfrac{1}{2}$ とし，$0 \leqq x \leqq 1$ における $F(x)$ の最小値を m とおく．

(i) $\dfrac{1}{2} < \alpha < 1 \iff \dfrac{3}{2} < a < \dfrac{9}{4}$ のとき

x	0		$\dfrac{1}{2}$		α		1
$F'(x)$		$+$	0	$-$	0	$+$	
$F(x)$		↗		↘		↗	

これより，

$$m = \min\{F(0), F(\alpha)\}$$

(ii) (i)以外，つまり $a \leqq \dfrac{3}{2}$, $\dfrac{9}{4} \leqq a$ のとき，α が $x \leqq 0$, $1 \leqq x$ に含まれるか，$F(\alpha)$ が極小値にならない．ということは，

$$m = \min\left\{F(0), F\left(\dfrac{1}{2}\right), F(1)\right\}$$

といえる．

そこで，

$$F(0) = -\dfrac{1}{4}a + \dfrac{1}{4} \quad (a : \text{任意})$$

$$F\left(\dfrac{1}{2}\right) = 0 \quad \left(a \leqq \dfrac{3}{2}, \ \dfrac{9}{4} \leqq a\right)$$

$$F(1) = -\frac{1}{4}a + \frac{1}{2} \quad \left(a \leq \frac{3}{2},\ \frac{9}{4} \leq a\right)$$
$$F(\alpha) = -\frac{4}{27}\left(a - \frac{3}{2}\right)^3 \quad \left(\frac{3}{2} < a < \frac{9}{4}\right)$$

が最小値になる関数の候補である．これをグラフにかくと次の図1の通り．

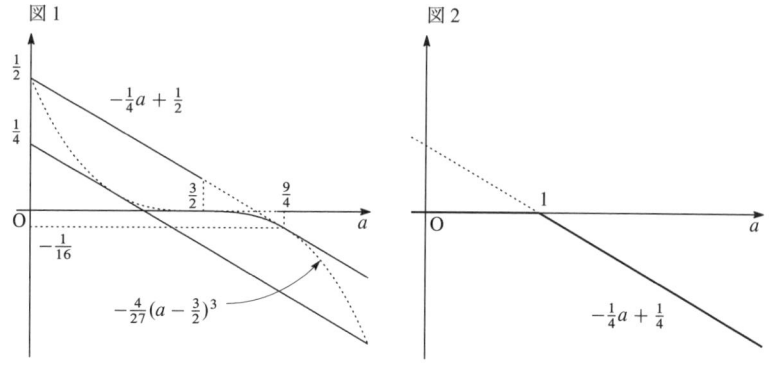

図1　　　　　　　　　　　　　図2

これらの4つのグラフのなかで，一番下にあるもの(図2)が最小値である．
よって

$$m = \begin{cases} 0 & (a < 1\ \text{のとき}) \\ -\dfrac{1}{4}a + \dfrac{1}{4} & (a \geq 1\ \text{のとき}) \end{cases}$$

(フォローアップ)

1. 因数分解の基本は次数の低い文字で整理です．(*) の式変形はこの基本に忠実に従いました．

なお，$F(\alpha)$ の計算ですが，(1)より $f(x) - g(x)$ は $x - \dfrac{1}{2}$ を因数にもつことが分かっています．実際に因数分解すると $F(x) = \left(x - \dfrac{1}{2}\right)^2 (x - a + 1)$ となり，ここに $x = \alpha$ を代入すると少し計算が楽になります．

2. 本問で習得してもらいたいことの1つは，$f(x)$ に文字定数が含まれるときの場合分けの仕方です．本問とは少し違ったものを練習しましょう．

> **例**　a は定数とする．関数 $f(x) = x^3 + 3x^2 - 6ax + 1$ の $-1 \leq x \leq 1$ における最小値を求めよ．　　〔信州大〕

《解答》
$$f'(x) = 3(x^2 + 2x - 2a) = 3\{(x+1)^2 - 1 - 2a\}$$

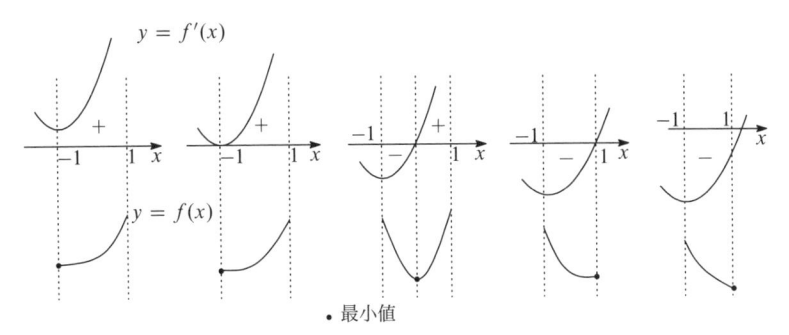

(i) $f'(-1) \geq 0 \iff a \leq -\dfrac{1}{2}$ のとき

増減表より求める最小値は
$$f(-1) = 6a + 3$$

x	-1		1
$f'(x)$		$+$	
$f(x)$		$\nearrow$	

(ii) $f'(-1) < 0 < f'(1) \iff -\dfrac{1}{2} < a < \dfrac{3}{2}$ のとき

x	-1		α		1
$f'(x)$		$-$	0	$+$	
$f(x)$		$\searrow$		$\nearrow$	

ただし $\alpha = -1 + \sqrt{2a+1}$

増減表より求める最小値は
$$f(\alpha) = 6a + 3 - 2\sqrt{(2a+1)^3}$$

(iii) $f'(1) \leq 0 \iff a \geq \dfrac{3}{2}$ のとき

x	-1		1
$f'(x)$		$-$	
$f(x)$		$\searrow$	

増減表より求める最小値は
$$f(1) = -6a + 5 \qquad \square$$

$f(\alpha)$ の計算は $x = -1 + \sqrt{2a+1}$ のとき $x^2 + 2x - 2a = 0$ であることを用いて，次数下げによりおこなっています：$f(x)$ を $x^2 + 2x - 2a$ で割ったときの商が $x+1$，余りが $(-4a-2)x + 1 + 2a$ であることから
$$f(x) = (x^2 + 2x - 2a)(x+1) + (-4a-2)x + 1 + 2a$$

が成り立つ．これに $x = \alpha$ を代入すると
$$f(\alpha) = (-4a-2)(-1+\sqrt{2a+1}) + 1 + 2a$$
となる．

3. 本解答のように最小値をとる候補を 1 つに絞らず，それぞれの候補に戦わせてきめるという解法も身につけましょう．戦わせるとき一度にグラフにかくと解決します．

例 実数 a に対し，関数 $f(x) = x^3 - 3x$ の $a \leqq x \leqq a+1$ における最小値を $m(a)$ とおく．横に a 軸，縦に b 軸をとり，平面上に曲線 $b = m(a)$ の概形をかけ． 〔中央大の一部〕

《解答》 $f'(x) = 3(x-1)(x+1)$
だからグラフの概形は右の通り．これより

・$x = 1$ が定義域に含まれるとき，つまり $a \leqq 1 \leqq a+1$ のとき
$0 \leqq a \leqq 1$ で，
$$m(a) = -2$$

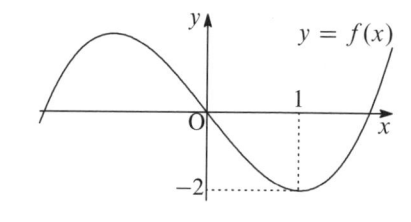

・それ以外のとき，つまり $a < 0,\ 1 < a$ のとき
$$m(a) = \min\{f(a),\ f(a+1)\}$$

$b = f(a+1)$ のグラフは $b = f(a)$ のグラフを a 軸方向に -1 だけ平行移動したもので，これらの交点の a 座標は
$$a^3 - 3a = (a+1)^3 - 3(a+1)$$
$$\therefore\quad 3a^2 + 3a - 2 = 0$$
から求める．よって求めるグラフの概形は右の通り．　□

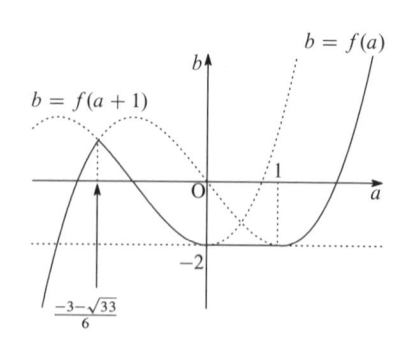

213 – 38

―― 3 次関数のグラフの接線 ――

38 (a, b) は xy 平面上の点とする.点 (a, b) から曲線 $y = x^3 - x$ に接線がちょうど 2 本だけひけ,この 2 本の接線が直交するものとする.このときの (a, b) を求めよ.

〔東北大〕

アプローチ

(イ) 曲線 $y = f(x)$ 上の点 $(t, f(t))$ での接線の方程式は
$$y = f'(t)(x - t) + f(t)$$
ですから,接線は接点によってきまります.したがって,点 (a, b) を通る接線が 2 本あるとは,そのような接線の接点 (x 座標) が 2 つある,ということで,
$$b = f'(t)(a - t) + f(t)$$
をみたす実数 t が 2 個あるということになります.これは本問では t の 3 次方程式になるので,3 次方程式の解の個数の問題に帰着されます.

(ロ) 3 次方程式 $P(x) = 0$ について,異なる実数解の個数 N は $y = P(x)$ のグラフと x 軸との共有点の個数だから,次のようになります.

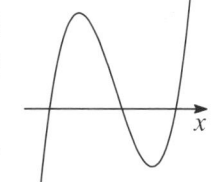

(i) $N = 3$:$y = P(x)$ が異符号の極値をもつときだから,「2 次方程式 $P'(x) = 0$ が異なる 2 実解をもち,その 2 解を α, β とおくと $P(\alpha)P(\beta) < 0$」

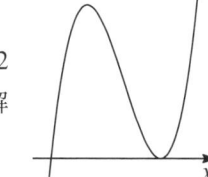

(ii) $N = 2$:$y = P(x)$ が極値 0 をもつときだから,「2 次方程式 $P'(x) = 0$ が異なる 2 実解をもち,その 2 解を α, β とおくと $P(\alpha)P(\beta) = 0$」

(iii) $N = 1$:$y = P(x)$ が同符号の極値をもつか,極値をもたないときであり,「2 次方程式 $P'(x) = 0$ が異なる 2 実解をもち,その 2 解を α, β とおくと $P(\alpha)P(\beta) > 0$」または「2 次方程式 $P'(x) = 0$ の判別式が 0 以下である」

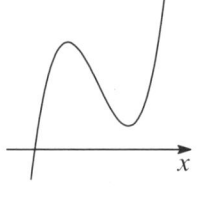

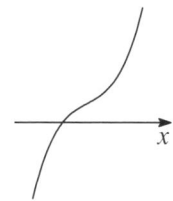

ただし，3次方程式の実数解はつねにこのように考えるわけではなく，3次式が1次と2次に因数分解されるときは2次方程式の問題になります．また，文字定数を分離してグラフの共有点に帰着させることもよくあります．

解答

$f(x) = x^3 - x$ とおくと $f'(x) = 3x^2 - 1$

接点を点 $(t, f(t))$ とおくと，接線の方程式は

$$y = (3t^2 - 1)(x - t) + t^3 - t \quad \therefore \quad y = (3t^2 - 1)x - 2t^3$$

であり，これが点 (a, b) を通るので

$$b = (3t^2 - 1)a - 2t^3 \quad \therefore \quad 2t^3 - 3at^2 + a + b = 0$$

$g(t) = 2t^3 - 3at^2 + a + b$ とおくと，

$$g'(t) = 6t^2 - 6at = 6t(t - a)$$

であり，$g(t) = 0$ をみたす実数 t が2個だけあることから，$g(t)$ は極値 0 をとる．その条件は

$$a \neq 0 \text{ かつ }『g(0) = 0 \text{ または } g(a) = 0』$$

(i) $g(0) = 0$ のとき，$a + b = 0$ だから

$$g(t) = 2t^3 - 3at^2 = t^2(2t - 3a)$$

したがって，接点の x 座標は $t = 0, \dfrac{3}{2}a$ であり，接線が直交することから

$$f'(0)f'\left(\dfrac{3}{2}a\right) = -1 \quad \therefore \quad -\left(\dfrac{27}{4}a^2 - 1\right) = -1$$

$$\therefore \quad a = \pm\dfrac{2\sqrt{2}}{3\sqrt{3}}, \quad b = -a = \mp\dfrac{2\sqrt{2}}{3\sqrt{3}}$$

(ii) $g(a) = 0$ のとき，$b = a^3 - a$ だから

$$g(t) = 2t^3 - 3at^2 + a^3 = (t - a)^2(2t + a)$$

したがって，接点の x 座標は $t = a, -\dfrac{a}{2}$ であり，接線が直交することから

$$f'(a)f'\left(-\dfrac{a}{2}\right) = -1 \quad \therefore \quad (3a^2 - 1)\left(\dfrac{3}{4}a^2 - 1\right) = -1$$

$$\therefore \quad 9a^4 - 15a^2 + 8 = 0$$

これを a^2 の方程式とみたとき，判別式は

$$15^2 - 4 \cdot 9 \cdot 8 = 9(25 - 32) < 0$$

となり，実数 a は存在しない．

以上から，$(a, b) = \left(\pm\dfrac{2\sqrt{6}}{9}, \mp\dfrac{2\sqrt{6}}{9}\right)$ (複号同順)

__フォローアップ__

1. 定点を通る「接線の本数」をそのような接線の「接点の個数」に帰着させましたが，これは3次関数のグラフのときは正しいですが，4次関数になると注意が必要です．実際，ある点を通る接線は1本であるのに，そのとき接点が2個あることが起こりえるからです．このような接線を求めてみましょう．

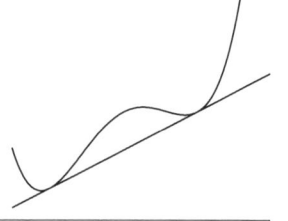

> 例　4次関数 $y = x^4 - 2x^3 + x^2 + x$ のグラフに異なる2点で接する接線の方程式を求めよ．

微分を用いてもできますが，接線を重解でとらえる方が簡単です．すなわち，多項式 $f(x)$, $g(x)$ について，

$y = f(x)$ と $y = g(x)$ のグラフが $x = \alpha$ の点で接する
$\iff$ 方程式 $f(x) - g(x) = 0$ が重解 α をもつ
$\iff$ $f(x) - g(x)$ が $(x-\alpha)^2$ で割り切れる

を利用します．

《解答》　$f(x) = x^4 - 2x^3 + x^2 + x$ とおき，求める接線を $y = mx + n$, これらの接点の x 座標を α, β ($\alpha < \beta$) とすると，$f(x) - (mx+n)$ が $(x-\alpha)^2(x-\beta)^2$ で割り切れることから

$$f(x) - (mx+n) = (x-\alpha)^2(x-\beta)^2$$

$\therefore\ x^4 - 2x^3 + x^2 + (1-m)x - n$
$= x^4 - 2(\alpha+\beta)x^3 + \{(\alpha+\beta)^2 + 2\alpha\beta\}x^2 - 2\alpha\beta(\alpha+\beta)x + (\alpha\beta)^2$

係数を比較して

$$\alpha + \beta = 1, \quad 1^2 + 2\alpha\beta = 1 \quad \therefore\ \alpha\beta = 0$$
$$\therefore\ (\alpha, \beta) = (0, 1), \quad m = 1, \quad n = 0$$

したがって，求める接線は $\boldsymbol{y = x}$ である．　□

2. 上の例で $y = f(x)$ と接線で囲まれた部分の面積は

$$\int_0^1 \{f(x)-x\}\,dx = \int_0^1 (x^4 - 2x^3 + x^2)\,dx$$
$$= \left[\frac{1}{5}x^5 - \frac{1}{2}x^4 + \frac{1}{3}x^3\right]_0^1 = \frac{1}{5} - \frac{1}{2} + \frac{1}{3} = \frac{1}{30}$$

となります．ここでの計算は次のように一般化できます．
$$\int_\alpha^\beta (x-\alpha)^2 (x-\beta)^2\,dx = \frac{1}{30}(\beta-\alpha)^5$$

これは 41 (二) と同様で，
$$(x-\alpha)^2(x-\beta)^2 = (x-\alpha)^2 \{(x-\alpha) - (\beta-\alpha)\}^2$$
$$= (x-\alpha)^4 - 2(\beta-\alpha)(x-\alpha)^3 + (\beta-\alpha)^2 (x-\alpha)^2$$

と変形して，
$$\int (x-\alpha)^n\,dx = \frac{1}{n+1}(x-\alpha)^{n+1} + C$$

を用いるとわかります．

なお，同様にして
$$\int_\alpha^\beta (x-\alpha)^2 (x-\beta)\,dx = -\frac{1}{12}(\beta-\alpha)^4$$

が得られます．これは
$$(x-\alpha)^2 (x-\beta) = (x-\alpha)^2\{(x-\alpha) - (\beta-\alpha)\}$$
$$= (x-\alpha)^3 - (\beta-\alpha)(x-\alpha)^2$$

からわかります．この計算法は「3 次関数のグラフと接線とで囲まれた部分の面積」などの計算にあらわれます．

例 2 つの曲線 $y = x^3 - 2x^2 + x + 2$ と $y = x^2 + x - 2$ とによって囲まれる図形の面積を求めよ．

《解答》 $f(x) = x^3 - 2x^2 + x + 2$，$g(x) = x^2 + x - 2$ とおくと，
$$f(x) - g(x) = x^3 - 3x^2 + 4 = (x+1)(x-2)^2$$

だから，$-1 < x < 2$ で $f(x) > g(x)$ であり，求める面積は
$$\int_{-1}^2 \{f(x) - g(x)\}\,dx = -\int_2^{-1}(x-2)^2(x+1)\,dx = \frac{1}{12}\{2-(-1)\}^4 = \frac{27}{4}$$

《注》 2 曲線の囲む部分の面積では，「差の関数」が主役です．

―― 放物線と円：3 次方程式の実数解，通過範囲 ――

39 xy 平面上に点 $(a, 2)$ を中心とし，原点 O を通る円 C がある．C が放物線 $y = x^2$ と異なる 4 点で交わるとき，次の問いに答えよ．

(1) a の満たす条件を求めよ．

(2) a が (1) で求めた条件を満たしながら変化するとき，C の動く範囲を図示せよ．

〔横浜国立大〕

アプローチ

(イ) 円と放物線が共有点を 4 個もつ条件を求める問題です．まず円と放物線の図を描いてみましょう．どちらも原点を通るので，はじめから共有点は 1 つはあります．これ以外にあと 3 個ある条件を求めよということです．円と放物線の方程式を連立すると，y が消去しやすいので，y を消去すると x の方程式が得られ，その実数解の存在条件に帰着されます．ここで，原点に対応する解 $x = 0$ はあらかじめわかっていることに注意しましょう．

(ロ) 3 次方程式 $f(x) = 0$ が異なる 3 実数解をもつのは，$y = f(x)$ のグラフが x 軸と 3 点で交わるときであり，それは「$f(x)$ が異符号の極値をもつ」といい換えられます（☞ 38 (ロ)）．また，文字定数の分離も忘れないように．

(ハ) 実数 t がある範囲 I を動くとき，曲線 $C_t : F(x, y, t) = 0$ が通過する領域 D を求めることを考えます．図形が簡単で C_t の動きが単純なら図から考えることができます．しかし，そうでないときには，式で考えるしかなく，一般には次のような考え方を用います．

xy 平面の領域 D の定義式とは，点 (x, y) が D に属するための条件を x, y の式で表したものですから，これをいい換えます．

$$(X, Y) \in D$$
$$\iff 点 (X, Y) を通る C_t \ (t \in I) がある$$
$$\iff F(X, Y, t) = 0 をみたす t \in I がある$$

これから，結局

「$F(x, y, t) = 0$ をみたす $t \in I$ が存在する」

ような点 (x, y) の集合が D となるので，x, y を定数とみて，

「t の方程式 $F(x, y, t) = 0$ が I に少なくとも 1 つ解をもつ」ための条件，すなわち方程式の解の存在条件を求めることに帰着されます．

解答

(1)
$$y = x^2 \quad \cdots\cdots\cdots ①$$

C の半径を r とおくと，r は点 $(a, 2)$ と O との距離だから
$$r^2 = a^2 + 4$$

したがって，C の方程式は
$$(x - a)^2 + (y - 2)^2 = a^2 + 4$$
$$\therefore \quad x^2 + y^2 - 2ax - 4y = 0 \quad \cdots\cdots\cdots ②$$

であり，①と②の共有点の x 座標は，これらから y を消去した方程式
$$x^2 + x^4 - 2ax - 4x^2 = 0 \quad \therefore \quad x(x^3 - 3x - 2a) = 0$$

の実数解である．$x = 0$ は解だから，$f(x) = x^3 - 3x$ とおくと，

「方程式 $f(x) = 2a$ が 0 以外の異なる 3 実数解をもつ」

つまり

「$y = f(x)$ と $y = 2a$ のグラフが $x \neq 0$ に 3 個の共有点をもつ」

ための条件が求めるものである．
$$f'(x) = 3x^2 - 3 = 3(x + 1)(x - 1)$$

だから，$f(x)$ は極大値 $f(-1) = 2$，極小値 $f(1) = -2$ をとり $f(0) = 0$ だから，その条件は
$$-2 < 2a < 0, \quad 0 < 2a < 2$$

となり，求める範囲は
$$\boldsymbol{-1 < a < 0, \quad 0 < a < 1} \quad \cdots\cdots\cdots ③$$

(2)　「②をみたす a が③の範囲に存在する」

ような点 (x, y) の集合が求めるものである．②は
$$(-2x)a + x^2 + y^2 - 4y = 0 \quad \cdots\cdots\cdots ④$$

とかけるので，

・$x = 0$ のとき $y^2 - 4y = 0$ から $y = 0, 4$ でこのとき a は任意で条件をみたす．

・$x \neq 0$ のとき，$a = \dfrac{x^2 + y^2 - 4y}{2x}$．これを③に代入して

$$-1 < \frac{x^2+y^2-4y}{2x} < 0 \quad \text{または} \quad 0 < \frac{x^2+y^2-4y}{2x} < 1$$

これから，$x>0$ のとき

$$-2x < x^2+y^2-4y < 0 \quad \text{または} \quad 0 < x^2+y^2-4y < 2x$$

または，$x<0$ のとき

$$-2x > x^2+y^2-4y > 0 \quad \text{または} \quad 0 > x^2+y^2-4y > 2x$$

以上から，求める範囲は次の図の斜線部．ただし，境界は2点 $(0, 0)$, $(0, 4)$ だけを含み，これら以外の点は含まない．

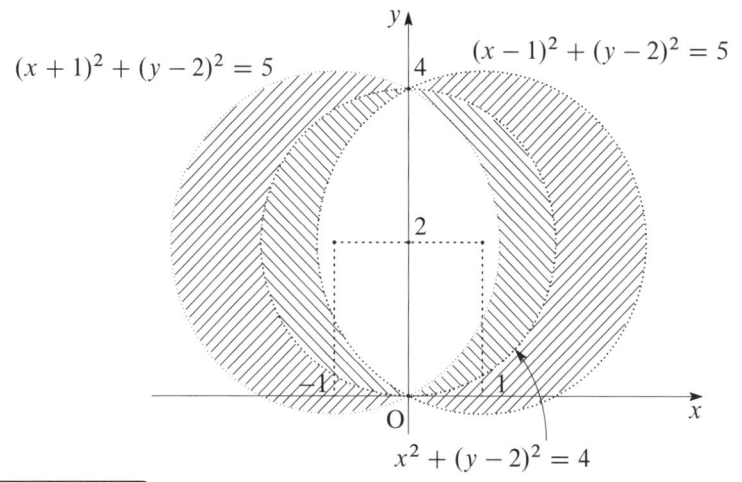

(フォローアップ)

1. 直線の通過領域の典型的な問題をやっておきましょう．

> **例** t が $0 < t < 1$ を動くとき，直線 $y = tx - t^2$ の通過領域を求め，図示せよ．

《解答》 「$y = tx - t^2$, $0 \leqq t \leqq 1$ をみたす t が存在する」ような点 (x, y) の集合が求めるものである．$f(t) = t^2 - xt + y$ とおくと，2次方程式 $f(t) = 0$ が $0 < t < 1$ に少なくとも1つ解をもつ条件を求めればよく，それは **17**(フォローアップ) 1.の例題と同じで，a 軸を x 軸，b 軸を y 軸として答えも同じ (次ページの図)． □

このように通過領域の問題の多くは2次方程式の解の配置に帰着されます．なお，これについては次のような方法もあります．

別解　点 (x, y) が通過領域に属するのは $y = -t^2 + tx$ をみたす t が $0 < t < 1$ にあることで，それは

$$g(t) = -t^2 + xt = -\left(t - \frac{x}{2}\right)^2 + \frac{x^2}{4}$$

とおくと，y が関数 $g(t)$ の $0 < t < 1$ での値域に属することと同値だから，結局 $y = g(t)\,(0 < t < 1)$ の値域を求めればよい

(i) $0 < \dfrac{x}{2} < 1$ すなわち $0 < x < 2$ のとき，
　　$\min\{g(0),\ g(1)\} < y \leqq g\!\left(\dfrac{x}{2}\right)$

∴ $\min\{0,\ x-1\} < y \leqq \dfrac{x^2}{4}$

(ii) $x \leqq 0,\ 2 \leqq x$ のとき，
$\min\{g(0),\ g(1)\} < y < \max\{g(0),\ g(1)\}$

∴ $\min\{0,\ x-1\} < y < \max\{0,\ x-1\}$

以上から，求める範囲は右図の斜線部 (境界は $y = \dfrac{1}{4}x^2,\ 0 < x < 2$ の部分だけを含む)．　□

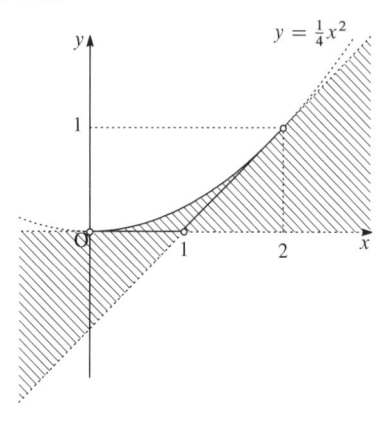

上の別解の考え方をまとめておきましょう．

「$C_t : F(x, y, t) = 0$ が $y = f(x, t)$ とかけるとき，$t \in I$ のときの C_t の通過範囲は t の関数 $y = f(x, t)\,(t \in I)$ の値域を求めることで得られる」

要点は $y = f(x, t)$ と y について解いたときに，扱いやすい t の式になっていることと，x を固定していることです．

2．(2)の a の存在のところは，次の1次方程式の解の存在条件を用いることもできます．

　　$f(x) = ax + b\,(a,\ b$ は実数の定数$)$ について，
　　　　「方程式 $f(x) = 0$ が区間 $p < x < q$ に解をもつ」
$(p,\ q$ は $p < q$ をみたす実数の定数$)$ ための条件は
　　　　$f(p)f(q) < 0$ または $f(p) = f(q) = 0$
である．これは $y = f(x)$ のグラフが直線であることからわかります．

―― 絶対値関数の定積分 ――

40 関数 $f(x) = \displaystyle\int_0^1 |2t^2 - 3xt + x^2|\, dt$ について

(1) $f(1)$ の値を求めよ．

(2) $1 \leqq x \leqq 2$ のとき，関数 $f(x)$ を求めよ．

(3) $\displaystyle\int_{-1}^3 f(x)\, dx$ を求めよ．

〔群馬大〕

アプローチ

(イ) 一般には $\displaystyle\int |f(x)|\, dx$ は求められません．もちろんつねに $f(x) \geqq 0$ であるならば，絶対値ははずれ不定積分が計算できます．したがって，絶対値のついた関数の定積分については，はじめに絶対値をはずす必要があります．それには，まず，絶対値の中身の関数の符号が変化するところと積分範囲の関係を調べます．つぎに

(i) 積分範囲で中身が定符号ならば，絶対値をはずす

(ii) 積分範囲で中身の符号が変化するならば，符号の変り目で積分範囲を分割して，絶対値をはずす

により，積分を計算します．ほとんどの問題で場合分けがでてくるので，まず場合分けをする判断の基準を正しくつかんでください．

本問の $f(x)$ の右辺は t による積分で，各 x に対して積分した結果の値により $f(x)$ が定義されています．t で積分するときは x は定数で，積分した結果 t はなくなります．したがって場合分けは x の値によっておこないます．t でやるのではありません．

また，$\displaystyle\int_a^b |g(t)|\, dt\ (a < b)$ の値は，$t = a$ と $t = b$ の間で $y = g(t)$ (あるいは $y = |g(t)|$) のグラフと t 軸との間にある部分の面積を表すので，$g(t)$ のグラフを描いて面積とみなすとわかりやすいでしょう．

(ロ) (3)では，3 つの関数のグラフをつないでできる関数があらわれます．

$$\int_a^c f(x)\, dx = \int_a^b f(x)\, dx + \int_b^c f(x)\, dx$$

を利用し，積分区間をつなぎめで分割して計算します．

解答
(1)
$$f(1) = \int_0^1 |2t^2 - 3t + 1| \, dt$$
$$= \int_0^1 |(2t-1)(t-1)| \, dt$$

であり，これは図の斜線部 (ただし $g(t) = 2t^2 - 3t + 1$) の面積を表し，

$$f(1) = \int_0^{\frac{1}{2}} (2t^2 - 3t + 1) \, dt + (-2)\int_{\frac{1}{2}}^1 \left(t - \frac{1}{2}\right)(t-1) \, dt$$
$$= \left[\frac{2}{3}t^3 - \frac{3}{2}t^2 + t\right]_0^{\frac{1}{2}} + \frac{2}{6}\left(1 - \frac{1}{2}\right)^3$$
$$= \frac{2}{3} \cdot \frac{1}{8} - \frac{3}{2} \cdot \frac{1}{4} + \frac{1}{2} + \frac{1}{24} = \frac{1}{4}$$

(2) $g(t) = 2t^2 - 3xt + x^2 = (2t-x)(t-x)$
とおく．$f(x) = \int_0^1 |g(t)| \, dt$ となり，$g(t)$ は $t = \frac{x}{2}, x$ で符号が変化する．$1 \leq x \leq 2$ のとき，$0 < \frac{x}{2} \leq 1 \leq x$ だから $f(x)$ は図の斜線部の面積を表す．$g(t)$ の不定積分の 1 つを

$$G(t) = \frac{2}{3}t^3 - \frac{3}{2}xt^2 + x^2 t$$

とおくと，

$$G(0) = 0, \quad G(1) = x^2 - \frac{3}{2}x + \frac{2}{3}$$
$$G(x) = \left(\frac{2}{3} - \frac{3}{2} + 1\right)x^3 = \frac{1}{6}x^3$$
$$G\left(\frac{x}{2}\right) = \frac{2}{3} \cdot \frac{x^3}{8} - \frac{3}{2}x \cdot \frac{x^2}{4} + x^2 \cdot \frac{x}{2} = \frac{5}{24}x^3$$

したがって，

$$f(x) = \int_0^{\frac{x}{2}} g(t) \, dt + \int_{\frac{x}{2}}^1 \{-g(t)\} \, dt$$
$$= \left[G(t)\right]_0^{\frac{x}{2}} + \left[G(t)\right]_1^{\frac{x}{2}} = 2G\left(\frac{x}{2}\right) - G(0) - G(1)$$
$$= \frac{5}{12}x^3 - x^2 + \frac{3}{2}x - \frac{2}{3} \quad (= f_3(x) \text{とおく})$$

(3) $I = \displaystyle\int_{-1}^{3} f(x)\,dx$ とおく.

(i) $x \leq 0$ または $2 \leq x$ のとき, $0 \leq t \leq 1$ では $g(t) \geq 0$ だから
$$f(x) = \int_0^1 g(t)\,dt = G(1) - G(0) = x^2 - \frac{3}{2}x + \frac{2}{3} \ \left(= f_1(x) とおく\right)$$

(ii) $0 \leq x \leq 1$ のとき, $0 \leq \dfrac{x}{2} \leq x \leq 1$ だから, $f(x)$ は図の斜線部の面積となり, 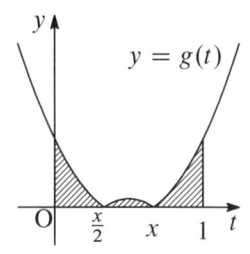
$$f(x) = \int_0^{\frac{x}{2}} g(t)\,dt - \int_{\frac{x}{2}}^{x} g(t)\,dt + \int_x^1 g(t)\,dt$$
$$= \Big[G(t)\Big]_0^{\frac{x}{2}} + \Big[G(t)\Big]_x^{\frac{x}{2}} + \Big[G(t)\Big]_x^1$$
$$= 2G\left(\frac{x}{2}\right) - 2G(x) + G(1) - G(0)$$
$$= \frac{1}{12}x^3 + x^2 - \frac{3}{2}x + \frac{2}{3} \ \left(= f_2(x) とおく\right)$$

(iii) $1 \leq x \leq 2$ のとき, (2)から $f(x) = f_3(x)$

以上から,
$$I = \int_{-1}^{0} f_1(x)\,dx + \int_0^1 f_2(x)\,dx + \int_1^2 f_3(x)\,dx + \int_2^3 f_1(x)\,dx$$
$$= \left[\frac{1}{3}x^3 - \frac{3}{4}x^2 + \frac{2}{3}x\right]_{-1}^{0} + \left[\frac{1}{48}x^4 + \frac{1}{3}x^3 - \frac{3}{4}x^2 + \frac{2}{3}x\right]_0^1$$
$$+ \left[\frac{5}{48}x^4 - \frac{1}{3}x^3 + \frac{3}{4}x^2 - \frac{2}{3}x\right]_1^2 + \left[\frac{1}{3}x^3 - \frac{3}{4}x^2 + \frac{2}{3}x\right]_2^3$$
$$= \frac{7}{4} + \frac{13}{48} + \frac{13}{16} + \frac{13}{4} = \boldsymbol{\frac{73}{12}}$$

フォローアップ

1. 上の計算では次のことを何度も用いています.

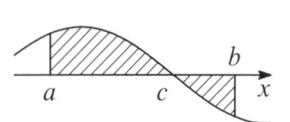

$y = f(x)$ のグラフが右図のようになっているとき, 斜線部の面積 S は
$$S = \int_a^b |f(x)|\,dx$$
ですが, この計算についてです. $f(x)$ の不定積分(原始関数)の1つを $F(x)$ とします:$F'(x) = f(x)$. このとき

$$S = \int_a^c f(x)\,dx + \int_c^b \{-f(x)\}\,dx = \int_a^c f(x)\,dx + \int_b^c f(x)\,dx$$
$$= \Big[F(x)\Big]_a^c + \Big[F(x)\Big]_b^c = 2F(c) - F(a) - F(b)$$

そこで $F(a)$, $F(b)$, $F(c)$ を準備しておきましょう．困難な作業を分割することで，計算ミスを減らすことができます．

　定積分の計算は分数の多くの項を足したり引いたりで，単純ですが面倒になることが多く，計算間違いをしてしまうものです．このような問題は計算問題ですから，計算をあわさないとあまり得点がもらえないことが多いので，計算を軽減する工夫が必要になってきます．38 (フォローアップ) 2. の技術もこのためのものです．本問でも上のことを使い，すこしでも計算を軽減することが大切です．また，具体的な数字計算はできるだけ後回しにするように解答を書くと，たとえ計算を間違ったとしても部分点がもらえることが少なくありません．いずれにせよ，間違いと正しいことが渾然一体となって，理論的に間違っているのか，単に計算が間違っているのか，が判然としないような答案を書かないようにすることが大切です．すると見直しもしやすくなり，結局は自分のためになります．これらは決して単なる受験技術ではありません．そうではなく，数学の文章 (écriture mathématique) とはこのように書かれるものなのです．

2. 同様の場合分けをもうすこし練習しておきましょう．

> 例　$f(x) = \displaystyle\int_x^{x+2} |t - x^2|\,dt$ を求めよ．

　折れ線関数の積分です．$t - x^2$ の符号の変わり目は $t = x^2$ で，積分区間が $x \leq t \leq x+2$ だから，この区間に x^2 が入るかどうかで場合を分けます．右図のように関数 x, $x+2$, x^2 のグラフを描いておくと大小の判定がわかりやすくなります．

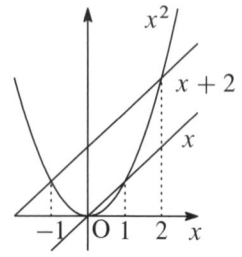

《解答》　t の関数 $t - x^2$ の不定積分の 1 つを $F(t) = \dfrac{t^2}{2} - x^2 t$ とおく．

$$F(x) = \frac{x^2}{2} - x^3, \quad F(x^2) = \frac{x^4}{2} - x^4 = -\frac{1}{2}x^4$$
$$F(x+2) = \frac{1}{2}(x+2)^2 - x^2(x+2)$$
$$= -x^3 - \frac{3}{2}x^2 + 2x + 2$$

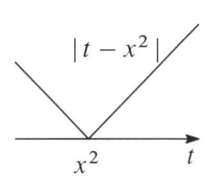

(i) $x \geqq 2$ のとき, $x < x+2 \leqq x^2$ だから
$$f(x) = \int_x^{x+2} (x^2 - t)\,dt = \Big[F(t)\Big]_{x+2}^{x}$$
$$= F(x) - F(x+2) = 2x^2 - 2x - 2$$

(ii) $1 \leqq x \leqq 2$ のとき, $x \leqq x^2 \leqq x+2$ だから
$$f(x) = \int_x^{x^2} (x^2 - t)\,dt + \int_{x^2}^{x+2} (t - x^2)\,dt = \Big[F(t)\Big]_{x^2}^{x} + \Big[F(t)\Big]_{x^2}^{x+2}$$
$$= F(x) + F(x+2) - 2F(x^2) = x^4 - 2x^3 - x^2 + 2x + 2$$

(iii) $0 \leqq x \leqq 1$ のとき, $x^2 \leqq x < x+2$ だから
$$f(x) = \int_x^{x+2} (t - x^2)\,dt = \Big[F(t)\Big]_x^{x+2} = -2x^2 + 2x + 2$$

(iv) $-1 \leqq x \leqq 0$ のとき, $x \leqq x^2 \leqq x+2$ だから(ii)と同じ.

(v) $x \leqq -1$ のとき, $x < x+2 \leqq x^2$ だから(i)と同じ.

以上をまとめて
$$f(x) = \begin{cases} 2x^2 - 2x - 2 & (x \leqq -1,\ 2 \leqq x) \\ x^4 - 2x^3 - x^2 + 2x + 2 & (-1 \leqq x \leqq 0,\ 1 \leqq x \leqq 2) \\ -2x^2 + 2x + 2 & (0 \leqq x \leqq 1) \end{cases}$$

―― 放物線と円：2次関数の最小値，領域の面積 ――

41 放物線 $y = x^2$ を C_1 とする．また，y 軸上の点 $(0, a)$ $(a > 0)$ を中心とする円を C_2 とし，その半径を r とする．

(1) 円 C_2 の半径 r を 0 から大きくしていくとき，放物線 C_1 とはじめて共有点をもつときの共有点の座標を求めよ．

(2) (1)で求めた共有点における C_2 の接線が $\left(0, -\dfrac{3}{4}\right)$ を通るとする．このとき，C_2 の方程式を求めよ．

(3) (2)で求めた円 C_2 と放物線 C_1 で囲まれた図形 (右図の斜線部) の面積を求めよ．

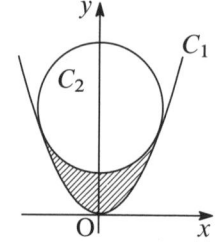

〔徳島大〕

アプローチ

(イ) (1)は「点 $(0, a)$ から放物線までの距離が最小となる点を求めよ」という問題です．だから放物線上の点を設定し 2 点間の距離を求め，最後は複 2 次関数の最小値を求めることになります．

(ロ) (1)の C_2 の方程式には未知数 a が含まれており，接点の座標も少し煩雑な式で表されています．(2)の条件を問題文通りに立式すると大変なので，(1)の状況をしっかり把握して少し発想を変えてみます．(1)では C_1, C_2 は接しているので共有点とは接点のことであり，その点での C_2 の接線は C_1 の接線と一致します．そこで問題文を次のように解釈します．

「C_1 の接線の中で $\left(0, -\dfrac{3}{4}\right)$ を通るものを求めよ．その接点が(1)で求めた共有点と一致するような a の値を求めよ」

このように解釈すると「曲線外の点から引く接線は，まず接点を設定して接線を立式し通る点を代入する」という定石に従えばよいでしょう．

(ハ) 扇形の面積はその中心角がわからないと求められません．図の中から $1 : 2 : \sqrt{3}$ や $1 : 1 : \sqrt{2}$ の三角形を探したり，直線の傾きなどに注目して中心角を求めようとします．

(ニ) 放物線と直線とで囲まれた面積は

$$\int_\alpha^\beta (x-\alpha)(x-\beta)dx = -\frac{1}{6}(\beta-\alpha)^3$$

を用います．証明は左辺を

$$\int_\alpha^\beta (x-\alpha)\{(x-\alpha)-(\beta-\alpha)\}dx = \int_\alpha^\beta \{(x-\alpha)^2 - (\beta-\alpha)(x-\alpha)\}dx$$

$$= \left[\frac{1}{3}(x-\alpha)^3 - \frac{1}{2}(\beta-\alpha)(x-\alpha)^2\right]_\alpha^\beta = \frac{1}{3}(\beta-\alpha)^3 - \frac{1}{2}(\beta-\alpha)^3$$

とすれば簡単にできます（☞ 38 フォローアップ 2.）．

(ホ) $y=f(x)$ と $y=g(x)$ の交点の x 座標を求めるときは，方程式 $f(x)=g(x)$ すなわち $f(x)-g(x)=0$ を解きます．ということは逆に $f(x)-g(x)$ は両者の交点がわかるように因数分解できることがわかります．この考え方を利用して次の斜線部の領域の面積を求めてみます．

2式より y を消去すると

$$ax^2+bx+c = px+q$$
$$\therefore \quad ax^2+bx+c-(px+q) = 0$$

両者が $x=\alpha, \beta$ で交わることを考えると上式の左辺は $a(x-\alpha)(x-\beta)$ と因数分解できる．よって，求める面積は

$$\int_\alpha^\beta \{(px+q)-(ax^2+bx+c)\}dx$$
$$= \int_\alpha^\beta (-a)(x-\alpha)(x-\beta)dx = \frac{a}{6}(\beta-\alpha)^3 \qquad \square$$

解答

(1) C_1 上の点 (t, t^2) と点 $(0, a)$ との距離を d とすると

$$d^2 = t^2 + (t^2-a)^2 = t^4 - (2a-1)t^2 + a^2$$
$$= \left(t^2 - \frac{2a-1}{2}\right)^2 + a - \frac{1}{4}$$

$t^2 \geqq 0$ において上式が最小となるときの点 (t, t^2) を求めればよい．

(i) $\dfrac{2a-1}{2} \geqq 0$ つまり $a \geqq \dfrac{1}{2}$ のとき，$t^2 = \dfrac{2a-1}{2}$ のとき d は最小値 $\sqrt{a-\dfrac{1}{4}}\ (=r)$ をとる．よって，C_1, C_2 がはじめて共有点をもつとき，その点は

$$\left(\pm\sqrt{\frac{2a-1}{2}},\ \frac{2a-1}{2}\right)$$

(ii) $\dfrac{2a-1}{2} < 0$ つまり $0 < a < \dfrac{1}{2}$ のとき, $t = 0$ のとき d は最小値 $a\,(=r)$ をとる. よって, C_1, C_2 がはじめて共有点をもつとき, その点は

$$(0,\ 0)$$

(2) C_1, C_2 の共有点において両者は接している. つまりこの点における C_1, C_2 の接線は一致する. そこで $y = x^2$ の点 $(p,\ p^2)$ における接線の方程式は $y' = 2x$ より

$$y = 2p(x - p) + p^2 \iff y = 2px - p^2 \quad \cdots\cdots\cdots ①$$

これが $\left(0,\ -\dfrac{3}{4}\right)$ を通るとき

$$-\frac{3}{4} = -p^2 \iff p = \pm\frac{\sqrt{3}}{2}$$

これが(1)(i)の t の値と一致するので

$$\frac{2a-1}{2} = \frac{3}{4} \iff a = \frac{5}{4}$$

また, (1)(i)の d の最小値が C_2 の半径 r だから, このとき

$$r = \sqrt{a - \frac{1}{4}} = \sqrt{\frac{5}{4} - \frac{1}{4}} = 1$$

よって, 求める C_2 の方程式は

$$x^2 + \left(y - \frac{5}{4}\right)^2 = 1$$

(3) 右図のように A〜M を定めると

$$AB = 1,\quad BM = CM = \frac{\sqrt{3}}{2}$$

$$\angle AMB = \angle AMC = 90°$$

より △ABM, △ACM は $30°, 60°, 90°$ の三角形になる. よって $\angle BAC = 120°$ となるので求める面積は

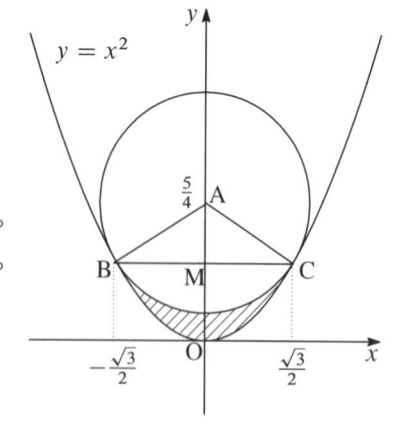

$$= \int_{-\frac{\sqrt{3}}{2}}^{\frac{\sqrt{3}}{2}} \left(\frac{3}{4} - x^2\right) dx - \left(\text{扇形 ABC} - \triangle\text{ABC}\right)$$

$$= \frac{1}{6}\left(\frac{\sqrt{3}}{2} + \frac{\sqrt{3}}{2}\right)^3 - \left(\frac{1}{2} \cdot 1^2 \cdot \frac{2\pi}{3} - \frac{1}{2} \cdot 1^2 \cdot \sin\frac{2\pi}{3}\right)$$

$$= \frac{3}{4}\sqrt{3} - \frac{\pi}{3}$$

(フォローアップ)

1. 意識していない人が多いと思いますが，放物線と円が接する条件というのは非常に難しいのです．単純に円の方程式と放物線の方程式から x を消去して y の2次方程式を作って重解をもつ条件を求めればよいとも限りません．次の例を見てください．

例

(1) $y = x^2,\ x^2 + \left(y - \dfrac{5}{2}\right)^2 = \left(\dfrac{3}{2}\right)^2$

(2) $y = x^2,\ x^2 + (y-1)^2 = 1$

(3) $y = x^2,\ x^2 + \left(y - \dfrac{1}{4}\right)^2 = \left(\dfrac{1}{4}\right)^2$

(4) $y = x^2,\ x^2 + (y+1)^2 = 1$

(5) $y = x^2,\ x^2 + \left(y - \dfrac{3}{8}\right)^2 = \dfrac{1}{8}$

2式より x を消去して整理するとそれぞれ

(1) $y^2 - 4y + 4 = 0 \iff (y-2)^2 = 0 \iff y = 2$

(2) $y^2 - y = 0 \iff y(y-1) = 0 \iff y = 0,\ 1$

(3) $y^2 + \dfrac{1}{2}y = 0 \iff y\left(y + \dfrac{1}{2}\right) = 0 \iff y = 0,\ -\dfrac{1}{2}$

(4) $y^2 + 3y = 0 \iff y(y+3) = 0 \iff y = 0,\ -3$

(5) $y^2 + \dfrac{1}{4}y + \dfrac{1}{64} = 0 \iff \left(y + \dfrac{1}{8}\right)^2 = 0 \iff y = -\dfrac{1}{8}$

となります．両者の位置関係は下の通りです．ここで注意したいのは(1)〜(4)はすべて接していて(5)は重解をもっているが接していません．$y=0$ の解をもつときは必ず両者は接しています．だからといって(2)(3)(4)のどのような位置関係になっているかわかりません．とにかく単純でないことはわかりますね．安全策として，つねに計算結果とグラフを併用してどのような位置関係であるかをつかんでいきましょう．

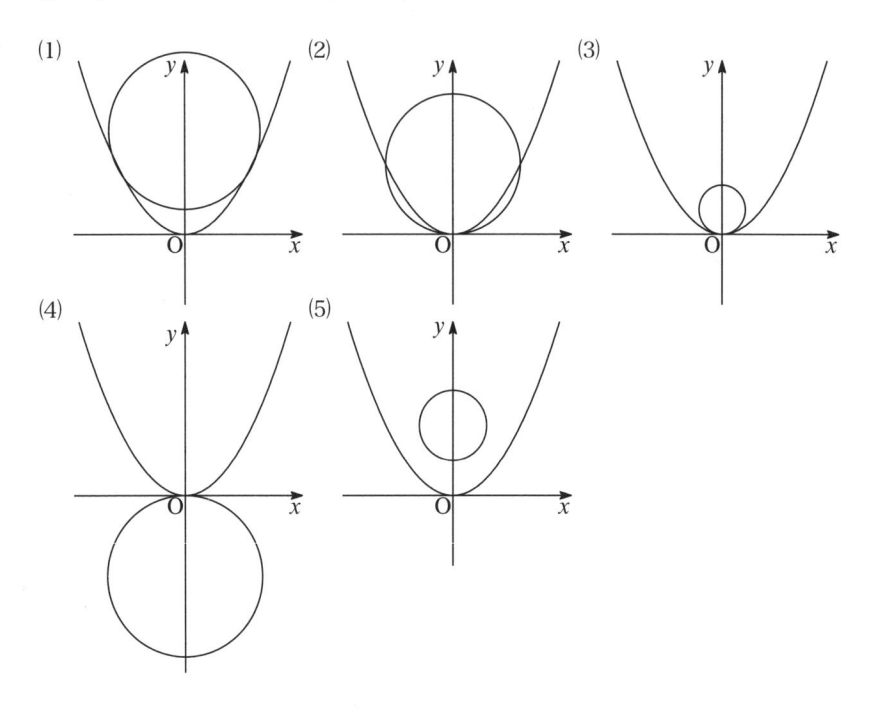

(1) (2) (3)

(4) (5)

このように2式より x^2 を消去して y の2次方程式で考える方法を示します．

別解 C_1, C_2 が次の図のように接しているときの接点の座標とそのときの r を求める．

(i)

(ii)

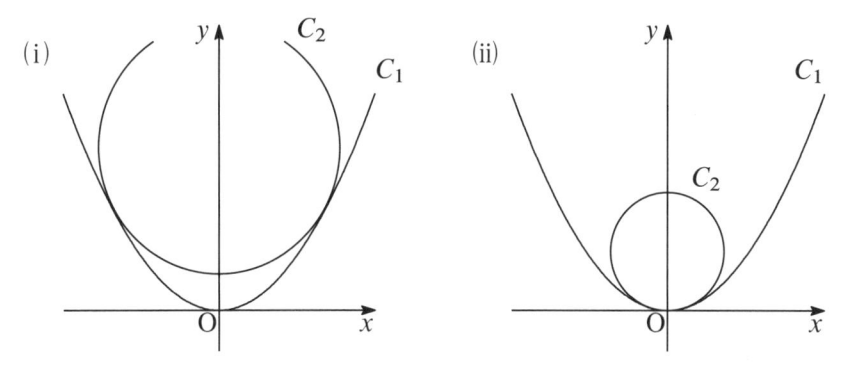

(i)のとき，$C_2 : x^2 + (y-a)^2 = r^2$ と $C_1 : y = x^2$ より x^2 を消去すると
$$y^2 - (2a-1)y + a^2 - r^2 = 0 \qquad \cdots\cdots\cdots ①$$
これが正の重解をもつことより（⇐ 例の(1)の状態）
$$(判別式) : D = 0 \iff r^2 = a - \frac{1}{4} \qquad \cdots\cdots\cdots ②$$
このとき
$$① \iff y = \frac{2a-1}{2} \qquad \cdots\cdots\cdots ①'$$
だから $2a - 1 > 0 \iff a > \dfrac{1}{2}$ となる．このもとで接点は $①'$ と $y = x^2$ より
$$\left(\pm\sqrt{\frac{2a-1}{2}},\ \frac{2a-1}{2} \right) \left(a > \frac{1}{2} \right)$$
このとき半径は②から $\sqrt{a - \dfrac{1}{4}}$

(ii)のとき，半径は $r = a$ である．$C_2 : x^2 + (y-a)^2 = a^2$ と $C_1 : y = x^2$ から x^2 を消去すると
$$y^2 - (2a-1)y = 0 \iff y = 0,\ 2a - 1$$
この方程式の 0 以上の実数解は 0 のみとなる条件を求めて（⇐ 例の(3)の状態）
$$2a - 1 \leqq 0 \iff a \leqq \frac{1}{2}$$
よって，接点は図より
$$(0,\ 0) \left(0 < a \leqq \frac{1}{2} \right)$$

2. **解答** (1)でおこなった場合分けによって次のようなものがわかります.

> **例** 曲線 $y = x^2$ を y 軸のまわりに回転させてできる容器に半径 r の球を落とし込む.このとき容器の底まで球が落ちるような r の最大値を求めよ.

結果は $r = \dfrac{1}{2}$ です.これより大きい r なら底に到達する前に引っかかってしまいます.これは放物線 $y = x^2$ の原点付近を円で近似すると半径 $\dfrac{1}{2}$ になるという意味です.

3. 放物線がからむ領域の面積についてもう少し練習しましょう.

> **例** 次の斜線部の面積を求めよ.
> (1) $y = ax^2 + \cdots$, $y = bx^2 + \cdots$, $x = \alpha$, $x = \beta$
> (2) $y = ax^2 + \cdots$, $x = \alpha$, $x = \beta$, $x = \beta$ における接線 $y = px + q$
> (3) $y = x + 1$, $y = x^2$

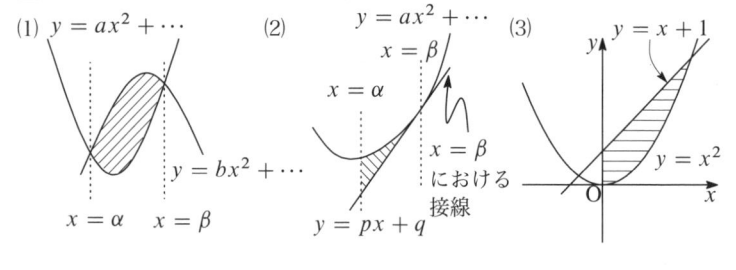

《解答》(1)
$$\int_\alpha^\beta \{(bx^2 + \cdots) - (ax^2 + \cdots)\} dx$$
$$= \int_\alpha^\beta -(a-b)(x-\alpha)(x-\beta) dx = \frac{a-b}{6}(\beta-\alpha)^3$$

(2) [接線の場合は,接点の x 座標が t なら $(x-t)^2$ ができます]
$$\int_\alpha^\beta \{(ax^2 + \cdots) - (px + q)\} dx = \int_\alpha^\beta a(x-\beta)^2 dx$$
$$= \left[\frac{a}{3}(x-\beta)^3\right]_\alpha^\beta = -\frac{a}{3}(\alpha-\beta)^3 = \frac{a}{3}(\beta-\alpha)^3$$

(3) 2式から y を消去すると
$$x^2 = x + 1 \iff x = \frac{1 \pm \sqrt{5}}{2}$$

よって，

$$\int_0^{\frac{1+\sqrt{5}}{2}}(x+1-x^2)dx = \int_0^{\frac{1+\sqrt{5}}{2}}\left\{-\left(x-\frac{1}{2}\right)^2+\frac{5}{4}\right\}dx$$

$$=\left[-\frac{1}{3}\left(x-\frac{1}{2}\right)^3+\frac{5}{4}x\right]_0^{\frac{1+\sqrt{5}}{2}}$$

$$=-\frac{1}{3}\left(\frac{\sqrt{5}}{2}\right)^3+\frac{1}{3}\left(-\frac{1}{2}\right)^3+\frac{5}{4}\cdot\frac{1+\sqrt{5}}{2}=\frac{7}{12}+\frac{5}{12}\sqrt{5} \quad □$$

(3)では平方完成してから計算することにより，軸 $x=\frac{1}{2}$ からの距離 $\frac{\sqrt{5}}{2}$ の3乗と残りは簡単な1次の計算ですみました．

4. 点 $(a, f(a))$ において $y=f(x)$ に接する円の中心は，この点における法線上にあります．法線とは接線に直交し接点を通る直線のことです．その方程式は $f'(a) \neq 0$ のとき，$y-f(a) = -\dfrac{1}{f'(a)}(x-a)$
一般には，$(x-a)+f'(a)\{y-f(a)\}=0$

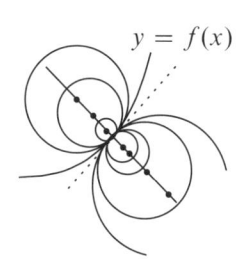

円と放物線が接する条件をこの内容で表現することもあります．

例 円 C は点 $\mathrm{P}\left(a, \dfrac{1}{2}\right)$ $(a>0)$ を中心とし，x 軸に接しているものとする．円 C が曲線 $y=x^2$ と1点のみを共有する（すなわち，接する）ような a を求めよ．さらに，この a に対して，円 C の外部で，x 軸と曲線 $y=x^2$ と円 C の円周とで囲まれた部分の面積を求めよ．
〔京都府立医科大〕

《解答》 円 C と放物線 $y=x^2$ との接点を $\mathrm{T}(t, t^2)$ とおく．この点における放物線の法線の方程式は，図より $t>0$ としてよいので

$$y=-\frac{1}{2t}(x-t)+t^2$$

$$\therefore \quad y=-\frac{1}{2t}x+t^2+\frac{1}{2} \quad \cdots\cdots\cdots \text{ⓐ}$$

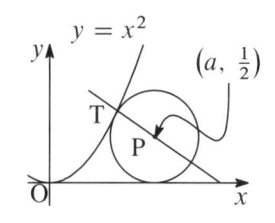

となる．この直線上に中心 P があるので

$$\frac{1}{2} = -\frac{1}{2t}a + t^2 + \frac{1}{2} \qquad \therefore \quad a = 2t^3 \qquad \cdots\cdots\cdots ⓑ$$

また，円は x 軸と接することより，半径は P の y 座標に等しく $\frac{1}{2}$ である．よって

$$PT = \frac{1}{2}$$
$$\iff (t-a)^2 + \left(t^2 - \frac{1}{2}\right)^2 = \left(\frac{1}{2}\right)^2$$
$$\iff t^4 - 2at + a^2 = 0 \iff t^4 - 4t^4 + 4t^6 = 0 \qquad (ⓑを代入)$$
$$\therefore \quad t = \frac{\sqrt{3}}{2}$$

よってⓑより

$$a = \frac{3\sqrt{3}}{4}$$

このとき PT の傾きはⓐより $-\dfrac{1}{\sqrt{3}}$ である．ということは P から x 軸に垂線を下ろした足を H とすると，

$$\angle TPH = 30° + 90° = 120° = \frac{2\pi}{3}$$

したがって，求める面積は

$$= \int_0^{\frac{\sqrt{3}}{2}} x^2 dx + \frac{1}{2}\left(\frac{3}{4} + \frac{1}{2}\right)\left(\frac{3\sqrt{3}}{4} - \frac{\sqrt{3}}{2}\right) - \frac{1}{2}\left(\frac{1}{2}\right)^2 \cdot \frac{2\pi}{3}$$
$$= \frac{9\sqrt{3}}{32} - \frac{\pi}{12} \qquad\qquad\qquad\qquad\qquad □$$

―― 不等式の証明：背理法 ――

42 すべての項が正である数列 $\{a_n\}$ に対して，
$$S_n = a_1 + a_2 + \cdots + a_n, \quad T_n = \frac{1}{a_1} + \frac{1}{a_2} + \cdots + \frac{1}{a_n}$$
とおく．このとき
(1) すべての n に対して，$S_n T_n \geqq n^2$ が成り立つことを証明せよ．
(2) S_n, T_n のうち少なくとも一方は n 以上であることを示せ．

〔愛知医科大〕

アプローチ

(イ) 不等式 $A \geqq B$ の証明方法は基本的に，

Ⅰ　$A - B \geqq 0$ を示す

Ⅱ　$A \geqq C$ かつ $C \geqq B$ を示す

となります．Ⅰの場合には $A - B$ を

(ⅰ) 平方完成，因数分解などの式変形を行う

(ⅱ) 相加相乗平均の関係などの有名不等式などを利用する

(ⅲ) 式に含まれるいずれかの文字の関数と考え最小値を求め，それが 0 以上であることを示す

また与えられた形のままでは証明しにくいときは，例えば「分母を払う」「両辺を 2 乗する」などを行い扱いやすい式に変形します．もちろん符号などを確認して同値変形になっているか注意しましょう．

(ロ) 相加平均と相乗平均の関係：
$$a > 0, \, b > 0 \text{ のとき } \frac{a+b}{2} \geqq \sqrt{ab}$$
は，正の変数の関数に関して

・「積 (右辺) が一定で和 (左辺) の最小値を求めたい」

・「和 (左辺) が一定で積 (右辺) の最大値を求めたい」

ときに利用できることがあります．

(ハ) 本問で強引にカッコを展開していくなら，感覚をつかむために具体的にな状況から実験してみましょう．

> **例** 正の実数 a, b, c に対して次の不等式が成り立つことを証明せよ．
> $$\frac{1}{a} + \frac{1}{b} + \frac{1}{c} \geqq \frac{9}{a+b+c}$$
> 〔九州大の一部〕

《解答》 両辺に $a+b+c\ (>0)$ をかけると左辺は

$$(a+b+c)\left(\frac{1}{a}+\frac{1}{b}+\frac{1}{c}\right)$$
$$= 1 + \frac{b}{a} + \frac{c}{a} + \frac{a}{b} + 1 + \frac{c}{b} + \frac{a}{c} + \frac{b}{c} + 1$$
$$= 3 + \left(\frac{a}{b}+\frac{b}{a}\right) + \left(\frac{b}{c}+\frac{c}{b}\right) + \left(\frac{c}{a}+\frac{a}{c}\right)$$
$$\geqq 3 + 2\sqrt{\frac{a}{b}\cdot\frac{b}{a}} + 2\sqrt{\frac{b}{c}\cdot\frac{c}{b}} + 2\sqrt{\frac{c}{a}\cdot\frac{a}{c}} \quad \text{(相加相乗平均の関係)}$$
$$= 9$$

となるので，与えられた不等式は証明された． □

なお，3個の場合の相加平均と相乗平均の関係を用いて
$$a+b+c \geqq 3\sqrt[3]{abc},\ \frac{1}{a}+\frac{1}{b}+\frac{1}{c} \geqq 3\sqrt[3]{\frac{1}{abc}}$$
の辺々をかけあわせても示せます．

この例と同様にして，n 個の状況でもうまくペアを見つけて相加相乗平均の関係を用いれば証明できそうです．そのペアは $\dfrac{a_k}{a_j} + \dfrac{a_j}{a_k}$ (積が一定で和の最小値を求める状況) です．この k, j の組合せが何通りできるかが，相加相乗平均の関係を何回用いるかにつながります．この方針で解答できます．

(二) 独立多変数関数の最大最小は一度にすべての変数を動かさず一つずつ動かすのが基本です．

> **例** $a>2, b>2, c>2$ のとき
> $$abc > a+b+c+2$$
> を示せ．

《解答》 (左辺) $-$ (右辺) を $f(a)$ とおく．

$$f(a) = (bc-1)a - b - c - 2$$

は a の 1 次関数で，$b > 2$, $c > 2$ より a の係数 $bc - 1 > 0$ だから

$$f(a) > f(2) = 2bc - b - c - 4 \quad (a > 2)$$

この右辺を $g(b)$ とおく．

$$g(b) = (2c-1)b - c - 4$$

は b の 1 次関数で，$c > 2$ より b の係数 $2c - 1 > 0$ だから

$$g(b) > g(2) = 3c - 6 > 0 \quad (c > 2)$$

したがって

$$(左辺) - (右辺) = f(a) > f(2) = g(b) > g(2) > 0$$

となるので与えられた不等式は証明された． □

　上の例題の場合，まず a の関数と考え最小値を求め，つぎにその最小値を b の関数と考え最小値を求め，最後はその最小値を c の関数と考えて正であることを示しました．本問の場合は (左辺) − (右辺) を a_n の関数と考え最小値を求め，その最小値を a_{n-1} の関数と考え最小値を求め，その最小値を a_{n-2} の関数と …… と繰り返すことになります．しかしこの繰り返しを n 回行うことはできないので，この繰り返しを省略するために帰納法を用います．繰り返していく作業ができたときに利用できるのが帰納法の仮定です．この方針で別解ができます．

(ホ) 確率において「少なくとも一方が～」というのは，余事象を用いることが多いです．これが証明問題で直接示しにくいときは，背理法を用います．これらはともに反対のことの方が求めやすいとか，反対の条件の方が表現しやすいという感覚です．

解答

(1) $\quad S_n T_n = (a_1 + a_2 + \cdots + a_n)\left(\dfrac{1}{a_1} + \dfrac{1}{a_2} + \cdots \dfrac{1}{a_n}\right)$

$= \underbrace{1 + 1 + \cdots + 1}_{n \text{個}} + \displaystyle\sum_{1 \leqq k < j \leqq n} \left(\dfrac{a_k}{a_j} + \dfrac{a_j}{a_k}\right)$

$\left(\displaystyle\sum_{1 \leqq k < j \leqq n} \text{は } 1 \leqq k < j \leqq n \text{ をみたす}_n\mathrm{C}_2 \text{通りの}(k, j)\text{に関する和}\right)$

$$\geqq n + \sum_{1 \leqq k < j \leqq n} 2\sqrt{\frac{a_k}{a_j} \cdot \frac{a_j}{a_k}} \qquad \text{(相加相乗平均の関係)}$$

$$= n + \sum_{1 \leqq k < j \leqq n} 2 = n + 2 \cdot {}_n C_2 \qquad (\sum \text{は } 2 \text{ を } {}_n C_2 \text{ 回加えている})$$

$$= n + 2 \cdot \frac{n(n-1)}{2} = n^2$$

よって，$S_n T_n \geqq n^2$ である． □

(2) 「$S_n < n$ かつ $T_n < n$」と仮定する．$S_n > 0$，$T_n > 0$ はわかっているので，$S_n T_n < n^2$ となり(1)に矛盾する．ゆえに背理法より「$S_n \geqq n$ または $T_n \geqq n$」であり，S_n, T_n のうち少なくとも一方は n 以上である． □

別解 (1) ［1］ $n = 1$ のとき，$S_1 = a_1$，$T_1 = \dfrac{1}{a_1}$ だから，$S_1 T_1 = 1$ となるので不等式は成立する．

［2］ $n = k$ のとき不等式が成立すると仮定すると $S_k T_k \geqq k^2$．このとき

$$S_{k+1} T_{k+1} = (S_k + a_{k+1})\left(T_k + \frac{1}{a_{k+1}}\right)$$

$$= S_k T_k + \frac{S_k}{a_{k+1}} + a_{k+1} T_k + 1$$

$$\geqq S_k T_k + 2\sqrt{\frac{S_k}{a_{k+1}} \cdot a_{k+1} T_k} + 1 \qquad \text{(相加相乗平均の関係)}$$

$$= S_k T_k + 2\sqrt{S_k T_k} + 1$$

$$\geqq k^2 + 2k + 1 = (k+1)^2$$

これより $n = k + 1$ のときも不等式は成立する．

［1］［2］を合わせて帰納法より与えられた不等式は成立する． □

フォローアップ

1. $A^2 \leqq BC$ の不等式の証明に $Bx^2 \pm 2Ax + C$ の判別式が利用できることがあります．

> **例** $a_1 > 0$，$a_2 > 0$，$b_1{}^2 - a_1 c_1 < 0$，$b_2{}^2 - a_2 c_2 < 0$ のとき
> $$(b_1 + b_2)^2 - (a_1 + a_2)(c_1 + c_2) < 0$$
> が成り立つことを証明せよ．

《解答》 $f_1(x) = a_1 x^2 + 2b_1 x + c_1$ とおくと，条件より $a_1 > 0$ であり，さらに $f_1(x) = 0$ の判別式が負だから $y = f_1(x)$ のグラフは右の通り．よって任意の x に対して $f_1(x) > 0$ が成立する．

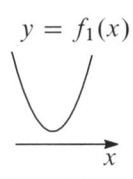

同様に $f_2(x) = a_2 x^2 + 2b_2 x + c_2$ とおくと条件より $f_2(x) > 0$ である．

これらより，任意の x に対して
$$f_1(x) + f_2(x) > 0 \quad \therefore \quad (a_1 + a_2)x^2 + 2(b_1 + b_2)x + (c_1 + c_2) > 0$$
となり，$a_1 + a_2 > 0$ とあわせて，$f_1(x) + f_2(x) = 0$ の判別式が負だから
$$(b_1 + b_2)^2 - (a_1 + a_2)(c_1 + c_2) < 0$$
が成り立つ． □

この考え方を利用すると本問の示すべき式は
$$n^2 - S_n T_n \leq 0$$
という形をしているので
$$S_n x^2 + 2nx + T_n \geq 0 \cdots ①, \quad S_n > 0 \cdots ②$$
が示せれば後は判別式で解決しそうです．②は自明で①の不等式ですが，S_n, T_n が和であることを考えると，x の係数 n も同様に和 $\sum_{k=1}^{n} 1$ と考えることにします．すると
$$① \iff \sum_{k=1}^{n} \left(a_k x^2 + 2x + \frac{1}{a_k} \right) \geq 0$$
となるので，結局この $\sum$ の中身からスタートすれば，さかのぼって示すべき不等式までたどり着けることがわかります．

別解 $a_k > 0$ だから，すべての実数 x に対して
$$\left(\sqrt{a_k} x + \frac{1}{\sqrt{a_k}} \right)^2 \geq 0 \iff a_k x^2 + 2x + \frac{1}{a_k} \geq 0$$
がいえる．これらを辺々加えると，すべての実数 x に対して
$$\sum_{k=1}^{n} \left(a_k x^2 + 2x + \frac{1}{a_k} \right) \geq 0 \iff S_n x^2 + 2nx + T_n \geq 0$$
が成立する．x^2 の係数 $S_n > 0$ だから上の不等式が成り立つならば
$$(判別式)/4 = n^2 - S_n T_n \leq 0 \iff S_n T_n \geq n^2$$
が成立する． □

2. 上の1.の解法は一度は経験しておいて欲しいものです．それはつぎのコーシー・シュワルツの不等式を証明するときに登場するからです．

> **例** a_k, b_k が実数のとき $(k = 1, 2, \cdots, n)$
> $$\left(\sum_{k=1}^{n} a_k b_k\right)^2 \leqq \left(\sum_{k=1}^{n} a_k^2\right)\left(\sum_{k=1}^{n} b_k^2\right)$$

《解答》(i) $a_1 = a_2 = \cdots = a_n = 0 \cdots (*)$ のとき (左辺) = (右辺) = 0 となり成立する．

(ii) $(*)$ 以外のとき任意の実数 x に対して
$$(a_k x + b_k)^2 \geqq 0 \quad \therefore \quad a_k^2 x^2 + 2 a_k b_k x + b_k^2 \geqq 0$$
が成立するので，これらを $k = 1, 2, \cdots, n$ について辺々加えると
$$\therefore \quad x^2 \sum_{k=1}^{n} a_k^2 + 2x \sum_{k=1}^{n} a_k b_k + \sum_{k=1}^{n} b_k^2 \geqq 0$$
も成立し，また $(*)$ ではないので x^2 の係数は正となる．よって上の不等式が成立することより，左辺の判別式から
$$\left(\sum_{k=1}^{n} a_k b_k\right)^2 - \left(\sum_{k=1}^{n} a_k^2\right)\left(\sum_{k=1}^{n} b_k^2\right) \leqq 0$$
$$\therefore \quad \left(\sum_{k=1}^{n} a_k b_k\right)^2 \leqq \left(\sum_{k=1}^{n} a_k^2\right)\left(\sum_{k=1}^{n} b_k^2\right) \qquad \square$$

3. (2)で用いた背理法のありがたみをもう少し感じてもらいます．

> **例** n 個の任意の実数 $x_1, x_2, \cdots, x_n$ に対して，下の不等式のいずれかが成立することを証明せよ．
> $$|\sin x_1 \sin x_2 \cdots \sin x_n| \leqq \left(\frac{1}{\sqrt{2}}\right)^n$$
> $$|\cos x_1 \cos x_2 \cdots \cos x_n| \leqq \left(\frac{1}{\sqrt{2}}\right)^n$$
> 〔名古屋大〕

《解答》 二つの不等式がともに成立しないと仮定すると
$$|\sin x_1 \sin x_2 \cdots \sin x_n| > \left(\frac{1}{\sqrt{2}}\right)^n \text{ かつ } |\cos x_1 \cos x_2 \cdots \cos x_n| > \left(\frac{1}{\sqrt{2}}\right)^n$$
が成立する．この2式を辺々かけると
$$|\sin x_1 \sin x_2 \cdots \sin x_n| \cdot |\cos x_1 \cos x_2 \cdots \cos x_n| > \left(\frac{1}{\sqrt{2}}\right)^{2n}$$
$$\iff |\sin x_1 \cos x_1 \sin x_2 \cos x_2 \cdots \sin x_n \cos x_n| > \left(\frac{1}{\sqrt{2}}\right)^{2n}$$
$$\iff \left|\frac{\sin 2x_1}{2} \cdot \frac{\sin 2x_2}{2} \cdots \frac{\sin 2x_n}{2}\right| > \left(\frac{1}{2}\right)^n$$
$$\iff |\sin 2x_1 \sin 2x_2 \cdots \sin 2x_n| > 1$$
となる．しかしこれは $|\sin 2x_1 \sin 2x_2 \cdots \sin 2x_n| \leqq 1$ であることに矛盾．したがって，少なくとも一方の不等式が成り立つ．

4. (2)の S_n, T_n のうち少なくとも一方は n 以上というのは，S_n, T_n のうち大きい方（正確には小さくない方）は n 以上という意味です．そこで次のように示すこともできます．

別解 $S_n \geqq T_n (> 0)$ のとき，これと $S_n T_n \geqq n^2$ より
$$S_n \cdot S_n \geqq S_n T_n \geqq n^2 \qquad \therefore \quad S_n^2 \geqq n^2$$
これより $S_n \geqq n$ であることがいえる．$T_n \geqq S_n$ のときも同様に $T_n \geqq n$ であることがいえる．

以上より S_n, T_n の少なくとも一方は n 以上である． □

5. n 個の相加相乗平均の関係を用いて
$$S_n \geqq n \sqrt[n]{a_1 \cdot a_2 \cdots a_n}, \ T_n \geqq n \sqrt[n]{\frac{1}{a_1 \cdot a_2 \cdots a_n}}$$
これらの辺々をかけると
$$S_n T_n \geqq n^2$$
とできますが，これはさすがに答案とするのはマズイでしょう．入試において使ってよい相加相乗平均の関係は3個までとしておきましょう．

―― 多変数関数の最大最小：対称式で表された関数の最大最小 ――

43 三角形 ABC の各辺 AB，BC，CA 上に点 P，Q，R を
$$\frac{AP}{AB} + \frac{BQ}{BC} + \frac{CR}{CA} = t \ (0 < t < 3)$$
を満たすようにとる．三角形 ABC の面積を S とするとき，次の問に答えよ．

(1) $\dfrac{AP}{AB} = x, \ \dfrac{CR}{CA} = z$ とおくとき，三角形 APR の面積は $x(1-z)S$ で表されることを示せ．

(2) 三角形 PQR の面積の最大値を $M(t)$ とする．$M(t)$ を求めよ．

(3) $M(t)$ の最小値を求めよ．また，そのときの点 P，Q，R は各辺 AB，BC，CA 上のどのような点であるか．

〔旭川医科大〕

アプローチ

(イ) 次のように一つの内角が等しい三角形の面積比は，その内角をはさむ 2 辺の長さの比の積になります．

$$\frac{\triangle AB'C'}{\triangle ABC} = \frac{\frac{1}{2}AB' \cdot AC' \sin A}{\frac{1}{2}AB \cdot AC \sin A} = \frac{AB'}{AB} \cdot \frac{AC'}{AC}$$

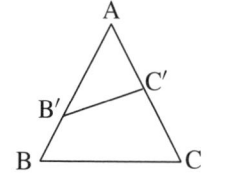

(1)で辺の比のおき方，三角形の面積のとらえ方を与えています．これから △PQR の面積は，△ABC の面積から 3 頂点にある三角形の面積を引いて求めることがわかります (x, y とおかずに x, z とおいてあるところが白々しいですね．どこかを y とせよとのメッセージです)．

(ロ) x, y, z の対称式の重要な関係式を確認しておきます．

① $x^2 + y^2 + z^2 = (x+y+z)^2 - 2(xy+yz+zx)$

② $x^3 + y^3 + z^3 - 3xyz = (x+y+z)(x^2+y^2+z^2-xy-yz-zx)$

③ $x^2 + y^2 + z^2 - xy - yz - zx = \dfrac{1}{2}\{(x-y)^2 + (y-z)^2 + (z-x)^2\}$

②，③を合わせて
$$x > 0, \ y > 0, \ z > 0 \text{ のとき } x^3 + y^3 + z^3 - 3xyz \geq 0$$
がいえます．そこで $x = \sqrt[3]{a}, \ y = \sqrt[3]{b}, \ z = \sqrt[3]{c}$ とおくと

$$a+b+c-3\sqrt[3]{abc} \geqq 0 \iff \frac{a+b+c}{3} \geqq \sqrt[3]{abc}$$

これが3個の相加相乗平均の関係です．

(ハ) 本問はもちろん条件式を利用して一文字消去を行い，平方完成などをすればできるでしょう．しかしそれができないこともあるので次のような技法をマスターしておきましょう．

> **例** x, y, z はすべて実数とする．
> (1) $x^2+y^2+z^2=1$ のとき xyz の最大値，最小値を求めよ．
> (2) $x^2+y^2+z^2=1$ のとき $x+y+z$ の最大値，最小値を求めよ．
> (3) $x+y+z=\dfrac{9}{2}$, $xy+yz+zx=6$ のとき xyz の最大値，最小値を求めよ．

《解答》 (1) $x^2 \geqq 0$, $y^2 \geqq 0$, $z^2 \geqq 0$ だから相加相乗平均の関係より
$$x^2+y^2+z^2 \geqq 3\sqrt[3]{x^2y^2z^2} \iff \sqrt[3]{(xyz)^2} \leqq \frac{1}{3} \quad (x^2+y^2+z^2=1 \text{ より})$$
$$\therefore \quad (xyz)^2 \leqq \frac{1}{27} \iff -\frac{1}{3\sqrt{3}} \leqq xyz \leqq \frac{1}{3\sqrt{3}}$$

等号成立は $x^2=y^2=z^2=\dfrac{1}{3}$ のときで，右側の等号成立は例えば $x=y=z=\dfrac{1}{\sqrt{3}}$ のとき，左の等号成立は例えば $x=y=z=-\dfrac{1}{\sqrt{3}}$ のときである．よって，

$$\text{最大値}\frac{1}{3\sqrt{3}}, \text{最小値} -\frac{1}{3\sqrt{3}}$$

(2) $\vec{a}=(1,1,1)$, $\vec{b}=(x,y,z)$ とし，$\vec{a}, \vec{b}$ のなす角を θ とおくと
$$x+y+z = \vec{a} \cdot \vec{b} = |\vec{a}||\vec{b}|\cos\theta = \sqrt{3}\sqrt{x^2+y^2+z^2}\cos\theta$$
$$= \sqrt{3}\cos\theta \qquad (x^2+y^2+z^2=1 \text{ より})$$

$-1 \leqq \cos\theta \leqq 1$ だから，$-\sqrt{3} \leqq x+y+z \leqq \sqrt{3}$

等号成立は $\cos\theta = \pm 1$ つまり $\vec{a} /\!/ \vec{b}$ のとき．右側の等号成立は，例えば $x=y=z=\dfrac{1}{\sqrt{3}}$ のとき，左の等号成立は，例えば $x=y=z=-\dfrac{1}{\sqrt{3}}$ のときである (☞ ㊷ フォローアップ 2.)．よって，

$$\text{最大値}\sqrt{3}, \text{最小値} -\sqrt{3}$$

(3) $xyz = k$ とおくと,解と係数の関係より (☞ 16 フォローアップ 3.)
$$t^3 - \frac{9}{2}t^2 + 6t - k = 0 \iff t^3 - \frac{9}{2}t^2 + 6t = k$$
の 3 解が x, y, z である.この方程式をみたす実数解が 3 個 (重解を含む,重複度をこめて 3 個,☞ 16 フォローアップ 3.) 存在するような k の範囲を求めればよい.そこで $y = t^3 - \frac{9}{2}t^2 + 6t$ と $y = k$ のグラフの共有点を考える.

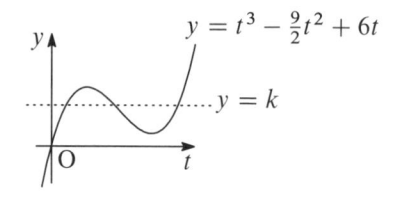

$y' = 3(t-1)(t-2)$ より

t		1		2	
y'	+	0	−	0	+
y	↗	$\frac{5}{2}$	↘	2	↗

したがって,最大値 $\dfrac{5}{2}$,最小値 2 □

本解答では,上にあるような技法が使えるように変形して最大値を求めることにします.

解答

(1) $\dfrac{\triangle\mathrm{APR}}{\triangle\mathrm{ABC}} = \dfrac{\frac{1}{2}\mathrm{AP}\cdot\mathrm{AR}\cdot\sin A}{\frac{1}{2}\mathrm{AB}\cdot\mathrm{AC}\cdot\sin A}$

$= \dfrac{\mathrm{AP}}{\mathrm{AB}}\cdot\dfrac{\mathrm{AR}}{\mathrm{AC}} = x(1-z)$

∴ $\triangle\mathrm{APR} = x(1-z)S$ □

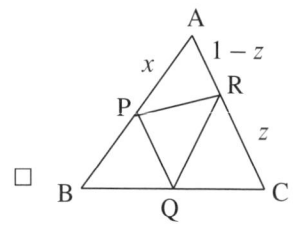

(2) $\dfrac{\mathrm{BQ}}{\mathrm{BC}} = y$ とおくと条件より
$$x + y + z = t \quad (0 < t < 3) \quad \cdots\cdots① $$
となる.

また,(1)と同様にして
$$\triangle\mathrm{BPQ} = y(1-x)S, \quad \triangle\mathrm{CQR} = z(1-y)S$$
だから
$$\triangle\mathrm{PQR} = S - x(1-z)S - y(1-x)S - z(1-y)S$$
$$= \{1 - (x+y+z) + (xy+yz+zx)\}S$$
$$= \{1 - t + (xy+yz+zx)\}S \quad \cdots\cdots(*)$$

$$= \left\{1 - t + \frac{(x+y+z)^2 - (x^2+y^2+z^2)}{2}\right\}S$$

$$= \left\{1 - t + \frac{t^2}{2} - \frac{1}{2}(x^2+y^2+z^2)\right\}S \qquad \cdots\cdots\cdots ②$$

ここで $\vec{a} = (1, 1, 1)$, $\vec{b} = (x, y, z)$ とし,$\vec{a}$, $\vec{b}$ のなす角を θ とおくと

$$\vec{a}\cdot\vec{b} = |\vec{a}||\vec{b}|\cos\theta \iff t = \sqrt{3}\sqrt{x^2+y^2+z^2}\cos\theta \quad (①より)$$

これより

$$t^2 = 3(x^2+y^2+z^2)\cos^2\theta \leqq 3(x^2+y^2+z^2) \quad \therefore \quad x^2+y^2+z^2 \geqq \frac{t^2}{3}$$

等号成立は $\qquad\qquad\qquad x = y = z = \dfrac{t}{3} \qquad\qquad\qquad \cdots\cdots\cdots ③$

のときである.よって,$x^2+y^2+z^2$ の最小値が $\dfrac{t^2}{3}$ だから②より求める最大値は

$$M(t) = \left(1 - t + \frac{t^2}{2} - \frac{1}{2}\cdot\frac{t^2}{3}\right)S = \left(1 - t + \frac{t^2}{3}\right)S$$

(3) $$M(t) = \left\{\frac{1}{3}\left(t - \frac{3}{2}\right)^2 + \frac{1}{4}\right\}S$$

だから $M(t)$ の最小値は $\dfrac{S}{4}$ で,このとき $t = \dfrac{3}{2}$ かつ③より

$x = y = z = \dfrac{1}{2}$ だから P,Q,R は**各辺の中点**のときである.

(フォローアップ)

1.本問は一文字消去の方針でも解答可能です.まず z を消去して x で平方完成し,最後に y で平方完成を行います.

別解

$$(*) = \{1 - t + xy + (x+y)z\}S$$
$$= \{1 - t + xy + (x+y)(t-x-y)\}S \qquad (①より)$$
$$= \{-x^2 + (t-y)x - y^2 + ty - t + 1\}S$$
$$= \left\{-\left(x - \frac{t-y}{2}\right)^2 - \frac{3}{4}y^2 + \frac{1}{2}ty + \frac{t^2}{4} - t + 1\right\}S$$
$$= \left\{-\left(x - \frac{t-y}{2}\right)^2 - \frac{3}{4}\left(y - \frac{t}{3}\right)^2 + \frac{t^2}{3} - t + 1\right\}S$$

よって,$x = \dfrac{t-y}{2}$, $y = \dfrac{t}{3} \iff x = y = \dfrac{t}{3}$ のとき最大値

$M(t) = \left(\dfrac{t^2}{3} - t + 1\right)S$ をとる.

2. このような対称式で表された関数が最大最小になるのは，すべての変数が等しいときに起こることが多いようです．等号が成り立つような x, y, z を1つでも見つけたいときには，$x = y = z$ となるような値であたりをつけてもよいでしょう．この知識と同次式にするという工夫を用いた解法で，(*)以降を考えてみます．

別解 (*)より①のもとで $xy + yz + zx$ の最大値を求めればよい．
[おそらく $x = y = z = \dfrac{t}{3}$ のとき最大だろうから，これを代入した $\dfrac{t^2}{3}$ が最大値であろう]

$$\dfrac{t^2}{3} - (xy + yz + zx) = \dfrac{1}{3}(x + y + z)^2 - (xy + yz + zx)$$
$$= \dfrac{1}{3}(x^2 + y^2 + z^2 - xy - yz - zx)$$
$$= \dfrac{1}{6}\{(x - y)^2 + (y - z)^2 + (z - x)^2\} \geq 0$$
$$\therefore \quad xy + yz + zx \leq \dfrac{t^2}{3}$$

ここで等号が成り立つのは $x = y = z = \dfrac{t}{3}$ のときだから，$xy + yz + zx$ の最大値は $\dfrac{t^2}{3}$ である． (以下略)

3. (2)の②において $x^2 + y^2 + z^2$ の最小値が求まれば，求めたい最大値が求まります．そこで2の考え方を利用すると，$x = y = z = \dfrac{t}{3}$ のとき最小値であろうから次のような解法も考えられます．式変形のイメージは $x^2 + y^2 + z^2$ を $\left(x - \dfrac{t}{3}\right)^2 + \left(y - \dfrac{t}{3}\right)^2 + \left(z - \dfrac{t}{3}\right)^2 + \cdots$ と平方完成しようとします．

別解
$$\left(x - \dfrac{t}{3}\right)^2 + \left(y - \dfrac{t}{3}\right)^2 + \left(z - \dfrac{t}{3}\right)^2$$
$$= x^2 + y^2 + z^2 - \dfrac{2t}{3}(x + y + z) + \dfrac{t^2}{3}$$

であり，$x + y + z = t$ を右辺に用いて変形すると

$$x^2 + y^2 + z^2 = \left(x - \dfrac{t}{3}\right)^2 + \left(y - \dfrac{t}{3}\right)^2 + \left(z - \dfrac{t}{3}\right)^2 + \dfrac{t^2}{3}$$

したがって，$x^2 + y^2 + z^2$ は $x = y = z = \dfrac{t}{3}$ のとき最小値 $\dfrac{t^2}{3}$ をとる．
(以下略)

―― 3次方程式の解の範囲：媒介変数の存在条件 ――

44 x に関する方程式 $a^2x^3 + x - a = 0 \cdots (*)$ について次の問いに答えよ．

(1) 方程式 $(*)$ が $x = \dfrac{1}{2}$ を解にもつような a の値を求めよ．

(2) a が正の数全体を動くとき，方程式 $(*)$ の実数解がとる値の範囲を求めよ．

〔工学院大〕

アプローチ

(イ) 方程式の解のとり得る値の範囲は，

　　解を求める，定数分離，解と係数の関係，媒介変数の存在条件

などで求めます．

> **例** (解を求める)
> a が正の数全体を動くとき，x の方程式 $x^2 - 3x - a^2 - a + 2 = 0$ の実数解がとる値の範囲を求めよ．

《解答》　(与式) $\iff \{x - (a+2)\}\{x - (1-a)\} = 0$

　　∴　$x = 1 - a,\ a + 2$

$a > 0$ より $1 - a < 1,\ a + 2 > 2$ だから，解のとる値の範囲は

$$x < 1,\ 2 < x \qquad \square$$

> **例** (文字定数分離)
> a が正の数全体を動くとき，x の方程式 $x^2 - ax - a = 0$ の実数解がとる値の範囲を求めよ．

《解答》 (与式) $\iff x^2 = ax + a$
だから $y = x^2$ と $y = a(x+1)$ との共有点の x 座標が方程式の解である．$y = a(x+1)$ は点 $(-1, 0)$ を通り傾き $a\ (> 0)$ の直線だから右図より

$$-1 < x < 0,\ 0 < x \quad \square$$

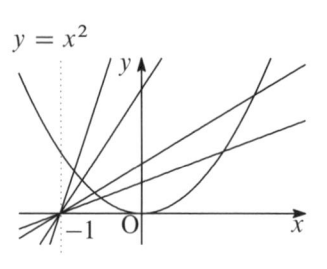

例 (解と係数の関係)
　a が正の数全体を動くとき，x の方程式 $x^2 - ax + \dfrac{a^2}{2} - 1 = 0$ の実数解がとる値の範囲を求めよ．

《解答》 2 実数解を α, β とおくと解と係数の関係より

$$\alpha + \beta = a,\ \alpha\beta = \dfrac{a^2}{2} - 1$$

これと $a > 0$ より a を消去すると

$$\alpha + \beta > 0,\ \alpha\beta = \dfrac{(\alpha+\beta)^2}{2} - 1$$
$$\iff \alpha^2 + \beta^2 = 2,\ \beta > -\alpha$$

よって，点 (α, β) の存在範囲は右図の通り．これより $-1 < \alpha \leq \sqrt{2},\ -1 < \beta \leq \sqrt{2}$ だから実数解のとる値の範囲は $\boldsymbol{-1 < x \leq \sqrt{2}}$ 　　$\square$

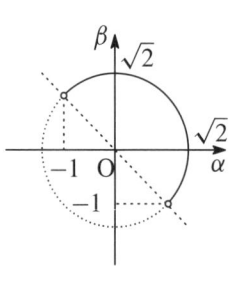

(口)　(1)はどういう練習かわかりますか？ $x = \dfrac{1}{2}$ という解をもつのは $a = 4 \pm 2\sqrt{3}\ (> 0)$ のときです．だから $a > 0$ の範囲を変化したとき (∗) は $x = \dfrac{1}{2}$ を解にもつことが可能です．また，$x = 1$ を代入すると $a^2 - a + 1 = 0 \iff a = \dfrac{1 \pm \sqrt{3}i}{2}$ となり a は実数となりません．ということは (∗) は $x = 1$ を解にもちえないことがわかります．またある x の値を代入すると，$a = 3, -1$ と出てきたとしましょう．$a = 3$ のときその値を解にもつことが可能です．結局どういう解をもつのかの判断は a に委ねられることがわかります．ある x の値を代入したときの a の方程式が，$a > 0$ の範囲に解を 1 つでももてば，その値を解にもつことができます．では逆に

a の方程式とみたとき，$a > 0$ の解をもつような x の範囲内なら解になることができます．ということで結論は次の問題を解くことになります．
「a の方程式 $x^3 a^2 - a + x = 0$ が $a > 0$ の解をもつような x の範囲を求めよ．」

一般に「$f(x, y) = 0$ をみたす x のとり得る値の範囲は，y の方程式 $f(x, y) = 0$ をみたす解が存在する条件を求めればよい」ということになります．相方の存在条件から自分の範囲が分かるという高級なものの考え方です．これはとても応用範囲の広いものの考え方で非常に重要です．ぜひ理解するようにして下さい．

(ハ) x の 2 次方程式 $f(x) = (x - p)^2 + q = 0$ が，$x > a$ となる解を少なくとも 1 つもつ条件は「区間 $x > a$ の端点 $f(a)$ の符号で場合分け」によりおこないます．まず $f(a) < 0$ なら $x > a$ に解はあるので，つぎに $f(a) \geqq 0$ のときにつけ加えるべき条件として，軸の位置 $x = p$ と頂点の y 座標 $f(p) = q$ を考えて，

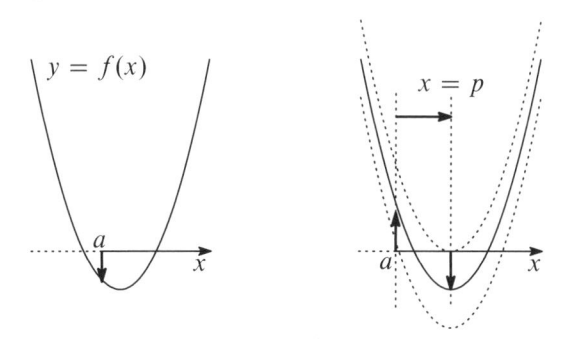

$f(a) < 0$ または 「$f(a) \geqq 0$, $a < p$, $f(p) = q \leqq 0$」

となります．また，2 次関数の最大・最小のときのように「軸の位置で場合分け」でもできます．

(ニ) 2 次方程式の解の符号は解と係数の関係と判別式で考えることができます．

2 次方程式の 2 解を α, β と判別式を D とおくと

(i) すべての解が正 $\iff \alpha + \beta > 0, \alpha\beta > 0, D \geqq 0$

(ii) すべての解が負 $\iff \alpha + \beta < 0, \alpha\beta > 0, D \geqq 0$

(iii) 異符号の解 $\iff \alpha\beta < 0$

(iii)には判別式は不要です．例えば $x^2 + px + q = 0$ なら，$\alpha\beta = q < 0$ のとき $D = \underbrace{p^2}_{0\text{以上}} \underbrace{-4q}_{\text{正}} > 0$ となるからです．

(ホ) $ax^2 + bx + c = 0$ の解を考えるときは，$a = 0, a \neq 0$ の場合分けが必要になります．さらに解の配置問題を解くときに，$a \neq 0$ で a の符号がきまっていない場合は，両辺を a で割って x^2 の係数を 1 にしておきます．

解答

(1) $x = \dfrac{1}{2}$ を (∗) に代入して
$$\frac{1}{8}a^2 + \frac{1}{2} - a = 0 \iff a = \mathbf{4 \pm 2\sqrt{3}}$$

(2) (∗) $\iff x^3 a^2 - a + x = 0$ を a の方程式とみて，これが $a > 0$ の範囲に解をもつような条件を求めればよい．

(i) $x = 0$ のとき
$$(*) \iff a = 0$$
となり $a > 0$ の解をもたないので不適．

(ii) $x \neq 0$ のとき (∗) の 2 解を α, β とおくと $\alpha\beta = \dfrac{x}{x^3} = \dfrac{1}{x^2} > 0$ だから結局 2 解がともに正になる条件を求めればよい．それは
$$D = 1 - 4x^4 \geq 0, \ \alpha + \beta = \frac{1}{x^3} > 0 \quad \therefore \quad 0 < x \leq \frac{1}{\sqrt{2}}$$

(i)(ii)をあわせて解のとり得る範囲は
$$\mathbf{0 < x \leq \frac{1}{\sqrt{2}}}$$

フォローアップ

1. 媒介変数が存在する条件で考える方針は非常に応用範囲が広いです．その例を示します．

> **例** 実数 x, y について $x^2 + xy + y^2 = 1$ のとき x のとり得る値の範囲を求めよ．

《解答》 y の方程式とみて $y^2 + xy + x^2 - 1 = 0$ をみたす実数 y が存在するような条件を求めればよい．

$$D = x^2 - 4(x^2-1) \geqq 0 \iff -\frac{2}{\sqrt{3}} \leqq x \leqq \frac{2}{\sqrt{3}}$$

□

> **例** 実数 t が変化したとき直線 $y = tx + t^2$ が通り得る範囲を求めよ．

$f(x, y, t) = 0$ なる関係式から通り得る点 (x, y) を求める問題で，それはとり得る x, y を求めるのと同じ考え方ができます (☞ 39)．

《解答》 t の方程式とみて $t^2 + xt - y = 0$ をみたす実数 t が存在する条件を求めて
$$D = x^2 + 4y \geqq 0 \iff y \geqq -\frac{1}{4}x^2$$

□

> **例** $y = \dfrac{2x+1}{x^2+1}$ のとき y のとり得る値の範囲を求めよ．

《解答》 (与式) $\iff yx^2 - 2x + y - 1 = 0$ は $y = 0$ のとき $x = -\dfrac{1}{2}$ となり x は存在する．$y \neq 0$ のとき実数 x が存在する条件は

(判別式)$/4 = 1 - y(y-1) \geqq 0$ $\therefore$ $\dfrac{1-\sqrt{5}}{2} \leqq y \leqq \dfrac{1+\sqrt{5}}{2}$ $(y \neq 0)$

以上あわせて y のとり得る値の範囲は
$$\frac{1-\sqrt{5}}{2} \leqq y \leqq \frac{1+\sqrt{5}}{2}$$

□

> **例** t を実数とする．動点 (t^2+1, t^4) の軌跡を求めよ．

《解答》 求める軌跡の点の座標を (x, y) とおくと
$$x = t^2 + 1 \cdots\cdots ①, \quad y = t^4 \cdots\cdots ②$$
となる．求める軌跡は①，②を同時にみたす実数 t が存在する条件である．それは①をみたす実数 t が②をみたす条件である．

① $\iff t^2 = x - 1$ をみたす実数 t が存在するのは $x \geqq 1$ のときで，これを②に代入して
$$y = (x-1)^2 \ (x \geqq 1) \qquad \square$$

軌跡は「媒介変数 t を消去すればよい」と習ったと思います．それは結局「t の存在条件を求めている」ことになります．つまり，t が存在できるような点 (x, y) の集合が軌跡といえます．

このほか x, y の条件が不等式で与えられ，ある式 $f(x, y)$ のとり得る値の範囲を求めるときにもこの考え方を利用しています．意識をしていたでしょうか．それは不等式を xy 平面に図示して，$f(x, y) = k$ とおきこの方程式で表される図形が領域と共有点をもつような k の範囲を求めるという方法で（☞ 21 フォローアップ 4.），教科書にでも載っている話ですが実は高級なものの考え方をしています．これは x, y, k の関係式をみたす k のとり得る値の範囲を，条件式を同時にみたす x, y (共有点) の存在する条件から求めているのです．一言でいうなら

相方の存在条件で自分の範囲がわかる

です．

索引

●記号
max ……………………… 20, 21, 220
min ……………………… 19–21, 209, 212, 220
| · | ……………………… 73, 88

●あ
アポロニウスの円 …………… 156

●か
角
　回転—— …………………… 159
　2 直線のなす—— ………… 39, 40
　——の二等分線 …………… 148
確率
　原因の—— ………………… 85, 88
　条件つき—— ……………… 84
　乗法定理 …………………… 88
　——の漸化式 ……………… 75
　反復試行の—— …………… 70

●き
帰納法 …………… 119, 188, 196, 201, 237

●さ
最大・最小
　3 次関数の—— …………… 207
　折れ線関数の—— ………… 18
　3 変数関数 ………………… 243
　独立 2 変数関数 … 108, 116, 137, 140
　分数関数 …………… 114, 117, 251
　離散変数関数の—— ……… 59
座標
　円と直線 …………………… 123
　円と放物線 …… 217, 226, 229–231, 233
　円の接線 …………………… 129
　傾き ………………… 115, 124
　共通弦 ……………………… 128
　極線 ………………………… 131
　交点を通る図形 …………… 126
　——軸の設定 ……………… 143

接線
　3 次関数 …………………… 213
　4 次関数 …………………… 215
　通過範囲 ……… 135, 217–220, 251
　2 曲線が接する …………… 206
　法線 ………………………… 233
三角関数
　三角方程式 ………………… 94, 99
　3 倍角の公式 ……………… 45, 95
　次数下げ …………………… 105, 115
　——の定義 ………………… 39, 113
　和 $\rightleftarrows$ 積公式 ……………… 106
三角形
　チェバの定理 ……………… 166
　中線定理 …………… 91, 110, 146
　内心 ………………………… 150
　——の内接円の半径 ……… 27
　ヘロンの公式 ……………… 29
　傍心 ………………………… 151
　メネラウスの定理 ………… 166

●し
次数下げ ……………………… 34, 35
実数・虚数 …………………… 41
四面体 ………………………… 162, 174
　内接球の半径 ……………… 188
小数部分 ……………………… 48, 49

●す
数列
　余りの—— ………………… 192
　階差—— …………………… 80
　群—— ……………………… 178
　漸化式 ……… 75, 119, 184–187, 196
　　n 乗の和 ………………… 201
　　係数に n をふくむ—— …… 200
　　分数 ……………………… 182
　　連立—— ………………… 191
　　和をふくむ—— ………… 199
　等差——の和 ……………… 57

索引

——の和の計算 ……………… 197

●せ
整数
　——解の個数 ……………… 51, 56
　格子点 ………………………… 38, 41
　格子点の個数 ………………… 57
　素数 …………………………… 35, 37
　互いに素 ……………………… 44–45
　——の余り …………………… 27, 29
　ピタゴラス数 ………………… 29
　不等式 ………………………… 30
　平方剰余 ……………………… 29
　ペル方程式 …………………… 205
　連続整数の積 ………………… 31, 32
整数部分 ………………………… 48, 202
積分
　絶対値関数 …………………… 221–224
　面積
　　2次関数 …………………… 226, 232
　　3次関数 …………………… 216
　　4次関数 …………………… 215
絶対値 …………………………… 18
　——関数 ……………………… 18, 221
　不等式 ………………………… 128

●た
対称式 …………………… 136, 201, 242
対数関数
　対数方程式 …………………… 94

●ち
チェビシェフ多項式 …………… 118

●は
場合の数
　組分け ………………………… 51
　重複組合せ …………………… 51
背理法 ………………… 39, 42, 50, 237, 241
パスカルの三角形 ……………… 83
鳩の巣原理 ……………………… 47

●ひ
引き出し論法 …………………… 47
必要・十分
　必要条件 …………………… 26, 142, 145

●ふ
不等式
　コーシー・シュワルツの—— … 240
　三角—— ……………………… 24, 25

(相加平均) $\geq$ (相乗平均) ……………
　　　　　　　　107, 116, 235, 241, 243
　——の証明 …………………… 235
　——の変形 …………………… 23

●へ
平行四辺形 ……………………… 144, 156
ベクトル
　1次独立 ……………… 165, 168, 174
　交点の位置—— ……………… 162
　三角形の面積 ………………… 163
　——の回転 …………………… 159
　——の内積 …………………… 153
　分点公式 ……………………… 153, 172
　平面の表現 …………………… 169
部屋割り論法 …………………… 47

●ほ
包含排除原理 …………………… 70, 73
方程式
　2次——の解の配置 … 99, 103, 134, 249
　2次——の解の符号 ………… 249
　3次——の解と係数の関係 … 98
　3次——の解の公式 ………… 46
　3次——の解の範囲 ………… 247
　3次——の解の個数 …… 213, 217
　共通解 ………………………… 34
　重複度をこめた個数 ………… 98
　——の有理数解 ……………… 42, 43

●も
文字定数の分離 ………… 101, 218, 247

●ゆ
有理数・無理数 ………… 38–39, 42, 43, 49

●出典大学

大学	ページ
愛知医科大	15, 235
秋田大	4, 64
旭川医科大	15, 242
岩手大	44
愛媛大	10, 153
大阪医科大	12, 191
大阪市立大	7, 11, 113, 169
大阪教育大	46
お茶の水女子大	2, 27
金沢大	2, 30
関西大	62, 187
岐阜大	7, 105
九州大	8, 44, 67, 118, 173, 236
京都大	144
京都府立医科大	233
群馬大	14, 221
慶應大	5, 6, 68, 75, 84
工学院大	15, 247
神戸学院大	34
神戸大	4, 59
札幌医科大	9, 132
産業医科大	3, 34
島根大	7, 99
信州大	9, 142, 210
千葉大	3, 13, 47, 206
中央大	212
東京工科大	74
東京工業大	9, 136
東京大	4, 51, 190
東北大	5, 6, 11, 13, 69, 70, 89, 174, 213
徳島大	8, 14, 123, 226
名古屋市立大	64, 82
名古屋大	12, 181, 240
奈良女子大	8, 129
鳴門教育大	13, 201
一橋大	10, 145, 158
弘前大	3, 42
広島大	10, 147
福井工業大	127
福井大	13, 196
福島県立医科大	11, 162
法政大	63
北海道大	33
山口大	2, 3, 18, 38
横浜国立大	2, 6, 14, 23, 81, 94, 146, 217
早稲田大	12, 87, 178

ハイレベル数学Ⅰ・A・Ⅱ・Bの完全攻略

著　　者	米村　明芳
	杉山　義明
発　行　者	冨田　豊
印刷・製本	三美印刷株式会社
発　行　所	駿台文庫株式会社

〒101-0062　東京都千代田区神田駿河台1-7-4
小畑ビル内
TEL. 編集　03(5259)3302
販売　03(5259)3301
《①-264pp.》

©Akiyoshi Yonemura and Yoshiaki Sugiyama 2013
落丁・乱丁がございましたら，送料小社負担にてお取
替えいたします。
ISBN978-4-7961-1319-9　　Printed in Japan

http://www.sundaibunko.jp
駿台文庫携帯サイトはこちらです→
http://www.sundaibunko.jp/mobile